DeepSeek

架构详解与应用实战

薛栋 刘昌鑫 陶阳 万锋 编著

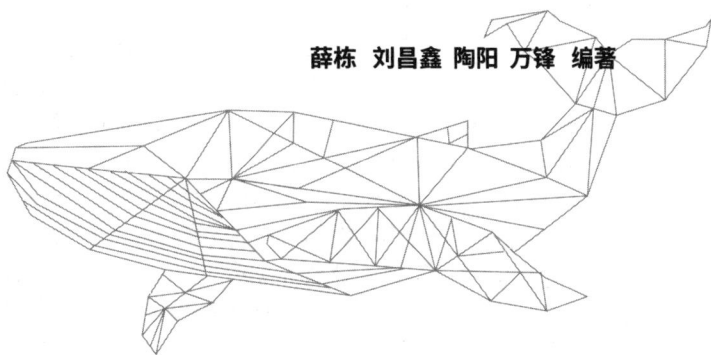

人民邮电出版社

北 京

图书在版编目（CIP）数据

DeepSeek 架构详解与应用实战 / 薛栋编著 ; 刘昌鑫,
陶阳, 万锋编著. -- 北京 : 人民邮电出版社, 2025.
ISBN 978-7-115-66930-8

Ⅰ. TP18

中国国家版本馆 CIP 数据核字第 20256F698M 号

内 容 提 要

随着人工智能技术的飞速发展，大模型逐渐成为推动智能化革命的核心动力。DeepSeek 作为业界领先的大模型架构，凭借其高效的架构设计、强大的计算能力及广泛的应用场景，吸引了众多开发者和研究者的关注。本书全面解析 DeepSeek 的技术细节，从底层架构到硬件优化，从模型训练到推理部署，涵盖了 DeepSeek 的核心技术与应用实践。全书共 10 章，内容涵盖人工智能及大模型的基础知识、DeepSeek 的底层架构技术、硬件协同优化、DeepSeekMoE 的模型设计与微调、多模态大模型的创新、推理模型的优化策略、稀疏矩阵技术的应用、DeepSeek 模型的本地部署、DeepSeek 应用开发实战等。书中不仅详细讲解了 DeepSeek 的关键技术，如混合专家（MoE）架构、动态任务分配、稀疏激活机制等，还深入剖析了分布式计算、量化训练、蒸馏优化等核心知识。

本书适合大模型开发者、企业技术人员、人工智能研究人员及爱好者、开源工程师与爱好者阅读。无论是理论研究还是工程实践，本书都能为读者提供全面的知识体系与实操指南，助力读者掌握 DeepSeek 的技术精髓。

◆ 编　著　薛　栋　刘昌鑫　陶　阳　万　锋
　责任编辑　张　涛
　责任印制　王　郁　焦志炜

◆ 人民邮电出版社出版发行　　北京市丰台区成寿寺路 11 号
　邮编　100164　电子邮件　315@ptpress.com.cn
　网址　https://www.ptpress.com.cn
　涿州市京南印刷厂印刷

◆ 开本：800×1000　1/16
　印张：15　　　　　　　　　　2025 年 7 月第 1 版
　字数：311 千字　　　　　　　2025 年 7 月河北第 1 次印刷

定价：89.80 元

读者服务热线：(010)81055410　印装质量热线：(010)81055316
反盗版热线：(010)81055315

前言

近年来，人工智能技术迎来了爆发式发展，特别是在自然语言处理、计算机视觉和多模态等领域取得了突破性进展。大模型的兴起，标志着人工智能迈入了一个全新的时代。从OpenAI 的 ChatGPT 到 Google 的 Gemini，从 Meta 的 Llama 到 Anthropic 的 Claude，各大科技公司都在积极推动人工智能技术的创新，竞相拓展人工智能的新边界。

大模型的核心优势在于其强大的泛化能力、复杂任务的理解与处理能力，以及在多种应用场景中的广泛适用性。在智能对话、自动编程、文案创作、医疗诊断、法律咨询、科研探索等诸多领域，大模型都展现出了前所未有的潜力。随着算力的提升、数据的积累，以及算法的优化，人工智能正在从"工具"向"智能体"演进，逐步成为推动社会生产力发展的重要引擎。

市场调研机构预测，到 2030 年，全球人工智能市场规模将突破 1 万亿美元，其中大模型技术将占据核心地位，并在企业级应用、云计算、自动驾驶、金融科技等领域创造很大的经济价值。各国政府、科技巨头及创业公司纷纷加码投资，推动大模型技术的快速迭代和落地应用。

在这一背景下，如何构建高效、可扩展、安全可靠的大模型，如何优化训练和推理效率，如何让大模型更好地理解和生成多模态数据，成为当前人工智能研究和产业落地的关键课题。

DeepSeek 横空出世

DeepSeek 横空出世，迅速成为业界的焦点。作为一款高性能、开源的大模型，DeepSeek 不仅具备卓越的自然语言处理能力，还在代码生成与编程辅助等领域展现出强劲的竞争力。其独特的架构设计、优化的训练策略，以及高效的推理能力，使其在众多大模型中脱颖而出。

DeepSeek 的推出，填补了国内在大模型领域的部分技术空白，并为开发者、企业和研究机构提供了一个高质量、低成本的解决方案。与传统的大模型相比，DeepSeek 在以下几个方面展现出明显优势。

- 高效的模型架构：DeepSeek 在 Transformer 架构的基础上进行了深度优化，能够在保持强大生成能力的同时，具备更优的计算效率和更低的推理成本。
- 卓越的代码生成能力：DeepSeek 在编程领域表现出色，能够自动生成高质量代码，支持多种编程语言，并能提供智能补全、代码优化等功能，极大地提升了开发者的工作效率。
- 开放性与可扩展性：DeepSeek 以开放的方式提供 API 支持，开发者可以轻松将其集成至各种应用，如社交媒体应用、办公软件、智能助手等，从而极大地扩展了大模型的应用边界。

随着 DeepSeek 的持续优化和生态完善，其应用范围正在快速扩展，从智能对话到软件开发，从企业级应用到个性化助手，DeepSeek 在大模型时代发挥越来越重要的作用。本书正是在这一背景下诞生的，旨在帮助开发者深入理解 DeepSeek 的底层架构与核心技术，并探索其在实际应用中的无限可能。

本书内容

本书系统性地介绍了 DeepSeek 大模型的技术体系与创新实践。全书从人工智能基础理论切入，深入剖析了 Transformer 架构、混合专家系统等核心技术，重点讲解了 DeepSeekMoE 模型如何通过细粒度专家细分和动态负载平衡实现高效计算。书中还涵盖了强化学习驱动的推理优化、稀疏矩阵技术等前沿技术，并提供了从本地部署到 API 开发的完整实践指南，包括 Ollama 部署、微信机器人开发等实战案例。通过理论解析与工程实践的结合，本书不仅展现了 DeepSeek 在模型架构上的创新突破，更为读者提供了从技术原理到产业应用的全方位指导，是 AI 从业者深入理解和应用大模型技术的参考指南。

致谢

本书在编写过程中，得到了人民邮电出版社编辑的大力支持，正是编辑的求实、耐心和高效，才使本书能够在这么短的时间内出版。另外，也十分感谢我们的家人给予的巨大支持。编者水平有限，书中难免存在纰漏，诚请读者提出宝贵的意见或建议，以便修订并使之更加完善。

最后感谢您购买本书，希望本书能成为您编程路上的领航者，祝您阅读愉快！

可通过专属 QQ 群获取本书的配套资源，QQ 群号为 1032631105，读者加入该 QQ 群后，即可获取本书的配套资源。

注：书中有些图来自官方网站，为了与其保持一致，没有对图中的英文进行翻译。

编者

目 录

第6章　DeepSeek 推理模型解析 ··············· 110

第7章　稀疏矩阵技术 ……………………………………………… 136

第8章　DeepSeek 模型的本地部署 …………………………… 152

第 **9** 章　DeepSeek 应用开发实战 ··· **177**

第 **10** 章　推理技术解密：DeepSeek-Prover-V2 全景分析 ······ **212**

第1章 人工智能和 DeepSeek 全景概览

DeepSeek 是由 DeepSeek 公司开发的一种先进的大模型，基于深度强化学习理论，旨在通过智能体与环境的交互学习最优决策策略。DeepSeek 大模型的核心在于状态与动作空间的数学建模，以及奖励机制的设计，以实现长期累积奖励的最大化。DeepSeek 公司通过开源大模型，积极促进社区贡献与技术创新，推动大模型在多个领域的应用。

1.1 人工智能介绍

人工智能（Artificial Intelligence，AI）是计算机科学的一个分支，致力于创造能够模拟人类智能的机器和系统。

1.1.1 人工智能的核心概念与应用领域

人工智能是指由计算机系统或机器所表现出的智能行为，包括学习、推理、解决问题、理解语言、识别模式等能力。人工智能通过设计算法和模型，使机器能够执行通常需要人类智能才能完成的任务。

1. 核心概念

- 智能代理（Intelligent Agent）：一个能够感知环境并采取行动以实现特定目标的系统。
- 学习（Learning）：机器通过数据和经验改进性能的能力，包括监督学习（如分类、回归）、无监督学习（如聚类、降维）和强化学习（通过与环境交互学习策略）。
- 推理（Reasoning）：基于已知信息推断新信息的能力，包括逻辑推理、概率推理等。
- 自然语言处理（Natural Language Processing，NLP）：使机器理解和生成人类语言的技术。

2. 应用领域

- 语音识别：将语音转换为文字。
- 图像识别：识别和分析图像中的物体、场景或特征。

- 推荐系统：根据用户的行为和偏好提供个性化建议。
- 医疗诊断：辅助医生进行疾病诊断和优化治疗方案。
- 自动驾驶：使车辆能够在无需人工干预的情况下自动驾驶。
- 智能助手：如 Siri 等，帮助用户执行各种任务。

总之，人工智能是一种让机器（通常是计算机）模拟人类智能行为的技术。简单来说，就是让机器像人一样思考、学习、解决问题，甚至做出决策。以下是人工智能的几个关键点，它们可以帮助读者更好地理解人工智能。

1.1.2 人工智能的四个阶段

概括来说，人工智能（AI）的起源与发展历程可以分为以下几个阶段。

1. 起源与早期探索

人工智能的概念最早可追溯到 20 世纪 50 年代。1956 年，在达特茅斯会议上，科学家们首次提出了"人工智能"这一术语，标志着 AI 研究的正式开始。早期的 AI 系统主要基于符号逻辑和简单的规则，例如，ELIZA 聊天机器人和 SHAKEY 机器人，这些成果展示了 AI 的初步潜力。然而，当时计算机硬件性能有限，算法也不够成熟，AI 未能满足人们的过高期望。

2. 机器学习的兴起

20 世纪 80 年代，机器学习开始兴起，成为 AI 的一个重要分支。这一时期的 AI 系统通过统计方法从数据中学习，而非依赖预定义的规则。1982 年，Hopfield 网络的出现为神经网络的研究奠定了基础。1997 年，IBM 的"深蓝"计算机击败国际象棋世界冠军卡斯帕罗夫，标志着 AI 在特定任务上的突破。

3. 深度学习的突破

随着计算能力的提升、大数据的普及，以及算法的改进，深度学习取得重大突破。2012 年，基于深度学习的 AlexNet 在图像识别领域取得了革命性进展。这大大推动了深度学习在图像识别、语音识别和自然语言处理等领域取得显著成就，AI 进入快速发展阶段。

4. 生成式 AI 与大模型时代

近年来，生成式 AI 和大语言模型（Large Language Model，LLM）（简称大模型）成为 AI 发展的新焦点。2018 年，OpenAI 发布了 GPT 模型，这是大模型时代的一个重要里程碑，展示了大模型在多种自然语言处理任务上的卓越性能。2023 年，ChatGPT 等生成式 AI 工具的出现，进一步展示了 AI 在语言生成、内容创作等领域的强大能力。如今，AI 已广泛应用于医疗、金融、交通等多个行业，并深刻改变着人们的生活和工作方式。总体来看，AI 从早期的符号逻辑系统到如今的深度学习和生成式 AI，经历了多次起伏与发展，正逐步实现人类对机器智能的最初设想。

1.1.3　从规则驱动到数据驱动的范式转变

早期人工智能主要基于规则驱动，依赖人类专家的知识和经验，将问题领域的规则 encoded（编码）成计算机可以理解的形式，如 IF-THEN 规则。这种方式需要明确且完备的规则定义，例如，在医疗诊断专家系统中，医生依据病症、检查结果等制定诊断和治疗方案的规则，系统据此进行推理和决策。规则驱动阶段的优势和局限性如下。

- 优势：规则驱动的系统具有可解释性强、规则明确易于理解和修改等优点，在一些规则清晰、确定性强的领域，如棋类游戏、数学定理证明等，取得了显著成果。
- 局限性：然而，现实世界中很多问题的规则并不明确，难以穷尽所有可能的情况，规则的获取和维护成本较高，且面对复杂多变的环境时，系统的适应性和灵活性较差，泛化能力有限，无法应对规则之外的复杂状况，如日常对话、图像识别等。

随着计算机技术的发展、互联网的普及以及大数据时代的到来，数据量呈爆发式增长，为数据驱动的人工智能发展提供了丰富的"燃料"。机器学习算法逐渐取代规则系统，成为人工智能的主流方法，进而推动了人工智能从规则驱动向数据驱动的范式转变。

数据驱动的人工智能通过大量的数据来训练模型，让模型自动学习数据中的模式、规律和特征，从而实现对新数据的预测和决策。它不再依赖于人工制定的固定规则，而是能够从海量数据中自动发现知识和规律，具有更强的适应性和泛化能力，可处理复杂的、不确定的现实问题。

范式转变的意义如下。

- 技术突破：数据驱动使人工智能在图像识别、自然语言处理、语音识别等领域取得了重大突破，性能和准确率大幅提升，推动了人工智能从实验室走向实际应用，如自动驾驶、智能客服、智能推荐系统等，为人们的生活和工作带来了极大的便利和变革。
- 学科交叉与融合：这一转变促进了计算机科学与数学、统计学、物理学、生物学等多学科的交叉与融合，为人工智能的发展提供了更丰富的理论基础和方法支持，推动了人工智能技术的不断创新和演进。
- 产业变革：引发了相关产业的深刻变革，催生了新的商业模式和业态，如大数据产业、云计算产业、人工智能芯片产业等，同时也对传统行业产生了巨大的冲击和影响，促使各行业加速数字化转型和智能化升级。

目前人工智能正处于从数据驱动迈向知识内化的阶段，大模型技术的出现进一步推动了人工智能的发展，其应用场景和影响力不断扩大，大语言模型在文本生成、问答对话、代码生成等方面展现出了强大的能力。

1.2 大模型介绍

大模型是指具有海量参数和复杂计算结构的深度学习模型，通常基于 Transformer 架构，能够处理自然语言文本、图像识别等多种复杂任务。大模型通过大规模数据训练，展现出强大的多任务学习和泛化能力，被广泛应用于自然语言处理、图像识别、自动驾驶、医疗诊断等领域。

1.2.1 大模型的原理和作用

大模型通常基于深度神经网络构建，拥有数十亿甚至数千亿个参数。其核心原理包括如下。

- 大规模参数与复杂结构：大模型通过海量参数和复杂的网络结构，能够学习和捕捉数据中的复杂模式和特征，从而提高模型的表达能力和泛化能力。
- 自监督学习与预训练：大模型通常采用自监督学习，在大规模未标注数据上进行预训练，学习通用的语言或图像模式。然后通过微调，适应特定的任务。
- 涌现能力：当模型的参数和训练数据达到一定规模时，会涌现出一些意料之外的复杂能力，例如更深层次的推理和理解。

大模型在多个领域展现了广泛的应用价值，主要包括以下几方面。

- 自然语言处理：大模型可以完成文本分类、情感分析、机器翻译、文本生成等任务，例如生成新闻、小说等。
- 图像与视频处理：在图像分类、目标检测、图像生成、视频分析等任务中表现出色，能够生成各种风格的图像或视频。
- 推荐系统：通过分析用户行为和兴趣，为用户推荐个性化的内容或商品，提升用户体验和平台效益。
- 科学研究：大模型能够模拟复杂的系统和现象，例如，物理学中的分子运动、生物学中的基因序列分析等，为科学研究提供新的方法。
- 智能决策：在金融、交通等领域，大模型可以通过分析历史数据和实时数据，预测未来趋势，为决策提供支持。

大模型凭借其强大的学习和泛化能力，正在深刻改变各个行业的运作方式，并推动人工智能技术的进一步发展。

1.2.2 主流大模型介绍

2025 年，市面上主流的大模型及其特点如下所示。

1. 国际主流大模型

（1）OpenAI 的 GPT 系列

- 特点：GPT 系列是目前最知名的大模型之一，具有强大的文本生成和多语言处理能力，被广泛应用于聊天机器人、内容创作、代码生成等领域。其最新版本在性能和效率上都有显著提升，推理成本也大幅降低。
- 应用：智能客服、内容创作、教育辅助等。

（2）Google 的大模型

- 特点：Google 的大模型以强大的多语言支持和知识图谱整合能力著称，能够提供更丰富的上下文理解和信息检索功能。
- 应用：搜索引擎优化、知识问答、学术研究辅助等。

（3）Meta 的 Llama 系列大模型

- 特点：Llama 系列大模型注重模型的轻量化和训练的高效性，适合在资源受限的环境中运行，同时保持较高的性能。
- 应用：移动设备端的智能助手、轻量级内容生成等。

2. 国内主流大模型

（1）百度的文心一言

- 特点：文心一言是国内最早推出的大模型之一，具备强大的中文理解和生成能力。
- 应用：智能搜索、企业数字化转型、智能客服等。

（2）阿里巴巴的通义千问

- 特点：通义千问在多模态融合方面表现出色，能够处理文本、图像等多种数据类型。
- 应用：内容生成、教育、科研、电商推荐、金融风险预测、智能办公等。

（3）腾讯的混元大模型

- 特点：混元大模型专注于自然语言处理和多模态任务。
- 应用：游戏内容生成、社交平台智能推荐、数字人交互等。

（4）华为的盘古大模型

- 特点：盘古大模型以强大的算力支持和高效训练架构为优势，适用于工业、能源等领域的复杂任务。
- 应用：内容生成、教育、科研等。

（5）DeepSeek

- 特点：DeepSeek 采用开源策略，支持多语言和多模态能力。
- 应用：智能机器人、内容生成、教育、科研等领域。

上面列出的这些主流大模型正在不断推动人工智能技术的发展，并在各个领域得到广泛的应用。

1.3 DeepSeek 的创新之光

DeepSeek 的核心技术包括多头潜在注意力（Multi-head Latent Attention，MLA）和专家混合模型（Mixture-of-Experts，MoE），旨在降低训练和推理成本，同时提升模型性能。DeepSeek 模型在多个公开评测中表现出色，超越同类模型，展现出强大的应用潜力。

1.3.1 DeepSeek 公司简介

2020 年，人工智能领域正处于快速发展阶段，深度学习和强化学习技术不断取得突破。在这一背景下，DeepSeek 公司应运而生。公司由一群在人工智能、机器学习和计算机科学领域有着深厚学术背景和丰富实践经验的科学家和工程师创立。他们看到了深度强化学习在解决复杂决策问题中的巨大潜力，决心以此技术为基础开发一种能够推动智能决策技术发展的先进平台。

1. 早期发展

公司成立之初，面临诸多挑战，包括技术难题、资金筹集和市场认可等。然而，凭借团队成员的专业知识和创新精神，DeepSeek 迅速取得了初步成果。2021 年，公司发布了第一个版本的 DeepSeek 平台，这是一个基于深度强化学习的智能决策系统，能够在模拟环境中学习并执行复杂的任务。该平台的发布引起了学术界和工业界的广泛关注，为公司赢得了初步的市场认可。

2. 技术突破与市场拓展

2022 年，DeepSeek 在技术研发上取得了重大突破。公司成功开发了一系列高效的强化学习算法，这些算法能够帮助大模型在更复杂的环境中做出更优的决策。同时，公司还推出了多个开源模型，这些模型不仅展示了 DeepSeek 的技术实力，也为全球的开发者和研究人员提供了宝贵的资源。通过开源合作，DeepSeek 积极与社区互动，不断吸收新的想法和技术，进一步推动了平台的发展。

在市场拓展方面，DeepSeek 也取得了显著成效。公司与多个行业的领先企业建立了合作关系，包括机器人制造、自动驾驶汽车、金融科技和游戏开发等领域。这些合作项目不仅为公司带来了稳定的收入，也为 DeepSeek 提供了实际应用场景，进一步验证了其在解决实际问题中的有效性。

3. 近年发展与未来展望

- 技术突破与创新：2025 年 1 月，DeepSeek 发布了开源推理模型 DeepSeek-R1，其性能超越 OpenAI 的 o1 模型。该模型采用强化学习框架和蒸馏技术，显著提升了复杂问题推理能力，且训练成本少于 OpenAI 同类模型，支持数学推理、代码生成等任务。此外，2025 年 2 月，DeepSeek 还提出了 Native Sparse Attention（NSA）技术，解决了传统稀疏注意力训练与推理阶段能力下降的问题，实现了训练与推理全流程兼容，在 64K 上下文理解任务中大幅提升了后向传播速度和解码速度，显著降低了计算成本。

- 合作与拓展：2025 年 1 月，AMD 宣布将 DeepSeek-V3 模型集成至 Instinct MI300X GPU。2025 年 2 月，DeepSeek-R1 等模型上线国家超算互联网平台，加速科研与产业落地，同时中国移动、电信、联通三大运营商也全面接入 DeepSeek，为其提供了专属算力方案。
- 行业应用与影响力：DeepSeek 的模型在多个行业取得了显著的应用成效，如在保险领域，已有多家领先保险公司接入并落地应用这个大模型，推动了行业智能化的全面升级。在医疗领域，多家三级医院完成了 DeepSeek 的本地化部署，其临床决策支持系统有效提升了工作效率和合规风险规避率，在癌症病例分析中还成功识别了罕见基因突变模式，为个性化治疗提供了新方向。

1.3.2　DeepSeek 对人工智能市场的影响

DeepSeek 的崛起对人工智能市场产生了深远影响，主要体现在以下几个方面。

1. 技术创新与成本降低

DeepSeek 通过算法优化和高效的模型训练方法，显著降低了人工智能模型的开发和运行成本。其 R1 模型在性能上可与 OpenAI 的 GPT-4 相媲美，但训练成本仅为其一小部分。这一突破使得更多企业和开发者能够用得起先进的 AI 技术，促进了 AI 的普及和应用。

2. 市场竞争格局的变化

DeepSeek 的成功挑战了美国科技巨头在 AI 领域的主导地位，其高性价比的 AI 模型引发了全球市场的关注。

3. 投资与产业链重塑

DeepSeek 的崛起促使全球投资者重新评估 AI 产业链的价值和风险。传统的 AI 硬件供应商面临新的竞争压力，投资者开始关注 AI 模型的效率和应用场景，而不仅仅是硬件性能。这种转变可能导致资金流向更具创新性的 AI 软件和服务领域。

综上所述，DeepSeek 的崛起不仅在技术层面带来了创新突破，也在市场竞争、投资策略等方面引发了深刻的变革，推动了全球人工智能产业的发展。

1.3.3　DeepSeek 的应用场景

DeepSeek 大模型凭借其卓越的性能和广泛的应用场景，正在推动人工智能技术在多个领域的创新和发展。

1. 自然语言处理领域

- 智能客服系统开发：DeepSeek-V3 能够准确分析并理解用户提问的意图，从而给予高质量的回复，显著提升客户满意度，解决企业客服环节的诸多问题。

- 长文本分析与摘要：DeepSeek-V3 对长文本的强大处理能力，如支持长达 128K 的输入文本，能有效应对复杂冗长的法律文件，帮助法律从业者快速获取文件的关键信息。

- 文本翻译：利用 DeepSeek 的多头潜在注意力机制能够准确理解源语言文本每个词在上下文中的准确含义，从而更精准地将文字翻译成目标语言。

2. 代码生成与编程辅助

DeepSeek-V3 在代码生成和多语言编程测评中表现优异，能够理解编程的逻辑需求并生成可用的代码段，适用于初学者进行基础代码编写，以及经验丰富的开发者用于快速生成代码模板等场景。

3. 多模态数据处理

DeepSeek-V3 采用的混合专家架构，支持高效的多模态数据处理，可以融合图像和文本信息进行深入分析，推动多模态 AI 应用的发展。

4. 金融领域

金融舆情分析：DeepSeek 与一些公司联合开发的金融舆情大模型，能够快速准确地分析金融舆情，为投资者提供有价值的参考信息。

5. 教育领域

某公司接入了 DeepSeek-Math 模型，推出了 AI 数学辅导应用，此应用能够根据学生的学习情况，提供个性化的数学学习计划和练习题。

6. 办公领域

某公司接入了 DeepSeek-Writer API，提升了办公软件的智能写作功能，公文生成效率提升 3 倍，错误率下降 90%。

7. 医疗领域

DeepSeek 大模型能够通过输入大模型中的患者主诉，检索相似病例，生成鉴别诊断列表，同时，支持私有化部署与严格的数据隔离。

8. 法律领域

法律文书处理：DeepSeek 大模型能够进行合同条款智能审查、争议焦点精准提取、判决书自动生成。

总之，DeepSeek 大模型凭借其强大的技术架构和广泛的应用场景，正在为各行业提供智能化解决方案，推动行业的数字化转型和创新发展。

1.3.4　DeepSeek 的未来展望

- 技术深化与创新：DeepSeek 有望在模型性能上取得更大突破，如对 Transformer 架构进行持续优化，进一步提高模型对长序列数据的处理能力，改进注意力机制以提升语义理解和文本生成的准确性。同时，还将进一步优化分布式训练算法，提高训练效率和模型的可扩展性，并探索新的混合精度计算方法以降低成本和内存占用。此外，多模态融合也是其未来的重要发展方向，将更好地融合图像、语音、视频等多种数据形式，实现更强大的功能，如在智能客服领域提供更个性化、贴心的服务，在教育领域结合多种学习资源帮助学生提高学习效率等。

- 应用拓展与行业渗透：DeepSeek 将在更多领域得到应用，如医疗、金融、教育等。在医疗领域，辅助医生进行疾病诊断、科研人员进行药物研发等工作；在金融领域，用于风险评估、投资决策等；在教育领域，提供个性化学习、智能辅导等功能。

- 开源生态与全球化布局：DeepSeek 将继续坚持开源策略，通过开源生态的构建，降低行业门槛，吸引更多研究机构和企业加入 AI 创新的浪潮，推动 AI 技术的普及和开放发展。同时，其也将加快国际化与多语种能力的拓展，提升对多语种的支持能力，满足"一带一路"沿线国家和全球开发者的需求，进一步巩固其在国际上的影响力和竞争力。

- 应对挑战与可持续发展：在发展过程中，DeepSeek 也面临着一些挑战，如需进一步提升知识库的实时性与动态更新能力，以更好地满足金融、新闻、科研等对实时性要求极高的场景需求；加强多模态能力与跨模态创新，缩小与国际顶尖模型的差距；优化系统稳定性与用户体验，提升高并发场景下的负载能力和响应速度，降低使用门槛；深化国产硬件适配与自主可控，加强与国产硬件厂商的合作，推动 AI 算力自主可控；完善数据安全、隐私保护与伦理合规体系，建立严格的数据安全管理体系，防范模型滥用、虚假信息传播等社会风险，推动 AI 健康可持续发展。

1.3.5　DeepSeek 的主要产品和开源信息

1. 产品（大模型）介绍

（1）自然语言处理产品

- DeepSeek LLM：参数规模达到 67B，性能接近 GPT-4。
- DeepSeek-V2.5：性能表现出色，在 AlignBench 测试中排名前三，超过 GPT-4 并接近 GPT-4-Turbo 的水平。

（2）代码生成产品

- DeepSeek Coder：免费向研究人员和商业用户开放，代码以 MIT 许可协议开源。
- DeepSeek-Math：基于 DeepSeek-Coder-v1.5 7B 模型初始化条件下预训练得到，在竞赛级 MATH 基准测试中接近 Gemini Ultra 和 GPT-4 的性能水平。

（3）多模态产品

- DeepSeek VL：专为现实世界视觉和语言理解设计，是开源视觉语言模型，具有通用的多模态理解能力，能够处理多种类型的信息。
- DeepSeek-VL2：是 DeepSeek VL 的升级版，其视觉组件用动态平铺视觉编码策略处理不同分辨率图像；语言组件借助带多头潜在注意力的 DeepSeek-MoE 模型，压缩键值缓存实现高效推理。

（4）推理产品

- DeepSeek-R1：具有 6710 亿参数规模，激活参数为 370 亿，支持 128K 的上下文长度，性能对标 OpenAI 的 o1 模型。
- DeepSeek-Prover-V2：是定理证明模型，具有强大的数学推理和证明能力，能够高效地处理复杂的数学问题。

2. 开源信息

（1）开源模型：DeepSeek-R1 基于 MIT 协议开源，模型参数规模达到 6710 亿，激活参数为 370 亿，支持 128K 的上下文长度，性能对标 OpenAI 的 o1 模型。其他开源的多个蒸馏版本的小型化模型有 1.5B、7B、70B 等，这些小模型可适配不同算力环境的需求。

（2）训练方法：尽管训练数据未完全公开，但 DeepSeek 通过技术报告详细披露了关键算法，如用于模型训练的专家并行通信库 DeepEP 等，为开发者提供了参考。

（3）工具库及文件系统

- FlashMLA：是针对 NVIDIA Hopper GPU 深度优化的高效多层注意力解码内核，可动态适配变长序列，大幅提升大模型推理效率。
- DeepEP：是首个用于混合专家模型 MoE 的专家并行通信库，提供高吞吐量、低延迟的 all-to-all GPU 通信内核，支持节点内 NVLink 和节点间 RDMA 高速互联。
- DeepGEMM：面向通用矩阵乘法的轻量级高性能库，支持 FP8 精度，提升大规模矩阵运算效率。
- Optimized Parallelism Strategies：是一套并行训练优化方案，包括 DualPipe 双向流水线并行算法和 EPLB 专家并行负载均衡，显著提高大模型分布式训练效率。
- 3FS 和 Smallpond：3FS 是面向 AI 训练和推理的高性能分布式文件系统，提供极高的数据吞吐和强一致性支持，Smallpond 是基于 3FS 和 DuckDB 的轻量级数据处理框架。

总之，DeepSeek 的开源策略为开发者提供了丰富的资源和技术支持，降低了开发门槛和成本，推动了 AI 技术的普及和创新，促进了 AI 社区的发展和交流。

1.3.6　DeepSeek 与其他模型的对比

DeepSeek 模型在人工智能领域引起了广泛关注，其性能和特点与其他大模型相比，展现出独特的优势和差异。

1. 与 GPT 系列对比

- 训练成本：DeepSeek-V3 的训练成本比 GPT-4 的训练成本低。
- API 定价：DeepSeek 的 API 服务价格明显更低，例如，每百万输入 token 成本为 0.5 元至 2 元，输出 token 为 8 元 / 百万；GPT-4o 的定价预计为每百万 token 数十美元。
- 开源优势：DeepSeek-V3 开源了模型权重，支持本地部署和定制化开发，降低了企业及开发者的长期维护成本。
- 生成速度：DeepSeek-V3 的生成速度提升至 60 TPS（token Per Second，每秒生成的 token 数）远超 GPT-4o 的预估速度。
- 架构优化：DeepSeek 采用混合专家架构，仅激活 37B 参数用于处理任务，资源利用率更高；GPT-4 基于传统 Transformer 架构，参数规模更大但灵活性稍逊。
- 任务表现：DeepSeek 在数学竞赛、代码生成等任务上，以及中文翻译、诗歌创作等中文相关任务中表现更优；GPT-4o 在复杂推理、多模态处理和创意写作等通用任务上更稳定，语言风格更自然。
- 技术开发者：DeepSeek 的代码生成结构化、逻辑清晰，适合用户编程和撰写技术文档，且开源特性便于集成到企业开发流程中。
- 普通用户：GPT 的对话式交互更友好，DeepSeek 免费版在复杂问题解答中提供验证步骤，更易理解。
- 中文用户：DeepSeek 对中文语境的支持更深入，例如，在古文翻译、诗歌生成中能结合文化背景。

2. 与 Claude 对比

- 推理速度：根据测试结果，DeepSeek-V3 生成文本的速度为 60 TPS。在推理速度压力测试中，其吞吐量为 3420 token/s，首 token 延迟为 125ms，显存占用为 68GB。Claude 3.7 的吞吐量为 2380 token/s，首 token 延迟为 210ms，显存占用为 75GB。
- 代码能力：在代码能力测试中，DeepSeek-V3 获得 328.3 分，超越 Claude 3.7 普通版的 322.3 分。
- 数学推理：在 MATH-500 测试中，DeepSeek-V3 的得分为 68.4%，Claude 3.7 的得分为 60.1%。在 AIME 2024 测试中，DeepSeek-V3 的得分为 94.0%，Claude 3.7 的得分为 82.2%。

- API 定价：DeepSeek 的 API 服务价格明显低于 Claude。例如，DeepSeek-V3 每百万输入 token 成本为 0.5 至 2 元，输出 token 为 8 元 / 百万；Claude 3.7 每百万 token 输入 3 美元，输出 15 美元。

3. 与 Llama 对比

- 推理能力：DeepSeek-V3 在 BBH 基准测试中表现与 GPT-4o 相当；Llama 4 的通用推理能力较强，接近 GPT-4o，但整体稍逊于 DeepSeek-V3。

- 代码生成：DeepSeek-V3 在 LiveCodeBench 等基于推理的编码任务中表现出色；Llama 4 在结构化代码生成方面准确度较高，但在复杂逻辑和优化方面稍弱于 DeepSeek-V3。

- 数学推理：DeepSeek-V3 在 GSM8K、AIME 等数学测试中展现出更强的数学推理能力。

- 多语言支持：DeepSeek-V3 支持 100 多种语言，在非英语 MMMLU 任务中表现优于 Llama 4；Llama 4 则在多语言广度上占优。

4. 与 Gemini 对比

- 多模态能力：DeepSeek 主要专注于文本处理，在自然语言处理任务上表现出色，原生的多模态能力较弱，若要实现图像、音频等数据的处理，需借助外部工具集成。Gemini 是真正的多模态模型，支持处理文本、图像、音频、视频等多种模态数据，能够直接处理视频、语音、图片输入。

- 推理能力与速度：DeepSeek 在多步推理方面表现良好，其 DeepSeek-V3 在 BBH 基准测试中的表现与 GPT-4o 相当或更优。基于本地运行的特性，在处理本地数据时，能有效消除云端通信延迟，快速给出推理结果，适用于对响应速度要求极高的本地业务场景。而 Gemini 在多模态任务的准确性上表现优异，如在图像识别、视频内容理解等方面达到了较高的准确率。由于基于云端运行，大模型在返回响应前需将请求发送到外部服务器远程处理，网络速度、服务器负载及地理距离都会影响延迟时长，在网络不佳或服务器繁忙时，响应速度会大幅下降。

- 代码生成：DeepSeek 在代码生成任务中表现突出，如在 HumanEval 测试中准确率约为 55%，在 LeetCode Hard 问题上成功率达 87%，且在调试方面表现出色，准确率高达 90%。而 Gemini 的代码生成能力较强，特别是在框架特定模式中表现出更强的性能，如 Next.js 优化任务的成功率为 91%，但有时可能无法生成有效的代码。

- 数学推理：DeepSeek 的数学推理能力较强，在 MATH-500 测试中得分为 68.4%，在 AIME2024 测试中得分为 94.0%，能够提供问题的分步解决方案，擅长复杂逻辑推理，包括高级微积分、线性代数和符号数学。而 Gemini 由于注重速度和效率，更适合快速计算和简单的数学任务，在基本算术、代数和统计方面表现良好，可以快速准确地给出答案，但在分析某些类型的文档（例如 PDF 文件）方面可能较弱，处理需要深入分析的复杂的、多步骤推理任务时可能存在一定困难。

总之，DeepSeek 相较于其他模型，推理速度快、成本低且在数学推理、代码生成等任务中表现优越；开源特性使其可本地部署和定制，灵活适配不同需求；凭借高效推理与高性价比，在众多模型中脱颖而出。

第 **2** 章 DeepSeek 底层架构技术揭秘

DeepSeek 的底层架构技术融合了多种前沿创新，构建了高效、灵活且强大的模型体系。其核心技术包括基于 Transformer 架构的序列处理能力，通过自注意力机制实现高效并行计算等。同时，DeepSeek 引入了混合专家（MoE）架构，通过动态任务分配和稀疏激活机制，显著提升了计算效率和模型容量。此外，DeepSeek 还采用了多头潜注意力机制，优化了长文本处理能力，并结合低秩压缩和动态负反馈调节等创新，进一步提升了模型的性能和效率。本章将详细讲解 DeepSeek 的底层架构技术。

2.1 Transformer 架构技术

Transformer 架构是 DeepSeek 大模型（后文简称 DeepSeek 模型）的核心技术之一，它通过自注意力机制（Self-Attention Mechanism）处理序列数据，能够高效地捕捉长距离依赖关系。与传统的循环神经网络（Recurrent Neural Network，RNN）和卷积神经网络（Convolutional Neural Network，CNN）相比，Transformer 可以并行处理输入序列中的每个元素，大大提高了计算效率。

2.1.1 Transformer 介绍

Transformer 是一种基于深度学习的架构，主要用于处理序列数据，如自然语言处理和计算机视觉（Computer Vision，CV）任务。它在 2017 年由 Vaswani 等人首次提出，并在论文 "Attention Is All You Need" 中被详细介绍。Transformer 的核心思想是完全基于注意力机制（Attention Mechanism），摒弃传统的 RNN 或 CNN 架构，从而在处理长序列数据时表现出更高的效率和性能。

在 Transformer 出现之前，RNN 及其变体（如 LSTM 和 GRU）是处理序列数据的主要工具。然而，RNN 有如下两个主要缺点。

（1）计算效率低：RNN 是按时间步依次处理序列数据的，无法并行计算。

（2）难以捕捉长距离依赖：随着序列长度的增加，信息在传递过程中容易丢失或衰减。

为了解决这些问题，Transformer 架构应运而生。Transformer 通过引入自注意力机制，能够并行处理整个序列，并且能够更有效地捕捉长距离依赖关系。

2.1.2　Transformer 的核心组件

Transformer 架构主要由编码器（Encoder）和解码器（Decoder）组成，适用于序列到序列的任务（如机器翻译）。编码器负责将输入序列编码为上下文表示，解码器则根据编码器的输出生成目标序列。

1. 编码器

编码器由多个相同的层（通常称为"编码器层"）堆叠而成，每层包含两个主要模块。

- 多头自注意力机制（Multi-Head Self-Attention Mechanism）：这是 Transformer 的核心部分。它允许模型在不同的表示子空间中同时学习信息，从而捕捉序列中不同位置之间的关系。
- 前馈神经网络（Feed-Forward Neural Network）：对每个位置的表示进行非线性变换，进一步提取特征。

每个模块后面都接有残差连接（Residual Connection）和层归一化（Layer Normalization），以改善训练过程中的信息传递和优化性能。

2. 解码器

解码器的结构与编码器的类似，但有以下区别。

- 掩码多头自注意力机制（Masked Multi-Head Self-Attention Mechanism）：为了避免解码时看到未来的信息，解码器的自注意力模块会使用掩码（Mask）来屏蔽未来位置的输入。
- 编码器 – 解码器注意力机制（Encoder-Decoder Attention Mechanism）：解码器通过这一机制利用编码器的输出来生成目标序列。

3. 自注意力机制

自注意力机制是 Transformer 的核心思想，它允许模型在计算某个位置的表示时，同时考虑序列中所有其他位置的信息。具体来说，自注意力机制是通过以下步骤实现的。

（1）线性变换：将输入序列分别投影到查询（Query）、键（Key）和值（Value）3 个空间。

（2）计算注意力分数：通过查询和键的点积计算每个位置之间的相似度（注意力分数），并用 softmax 函数进行归一化。

（3）加权求和：根据注意力分数对值进行加权求和，得到每个位置的输出。

4. 位置编码（Positional Encoding）

由于 Transformer 不像 RNN 那样依赖序列的顺序，因此需要一种方法来引入位置信息。位置编码是一种向量，它被加到输入嵌入（Embedding）上，以帮助模型理解序列中单词的位置关系。位置编码可以是固定的，也可以是学习得到的。

5. 应用场景

Transformer 在自然语言处理领域取得了巨大的成功，广泛应用于以下任务。

- 机器翻译：如 Google 的 Transformer 模型在机器翻译任务中取得了超越以往模型的性能。
- 文本生成：如 GPT 系列模型能够生成高质量的文本。
- 文本分类、问答系统、命名实体识别等自然语言处理任务。
- 计算机视觉：Transformer 也被引入计算机视觉领域，如 Vision Transformer（ViT）用于图像分类等任务。

6. 发展与变体

Transformer 的提出引发了深度学习领域的变革，许多基于 Transformer 的变体和改进模型不断涌现，下面是一些例子。

- BERT（Bidirectional Encoder Representations from Transformers）：基于 Transformer 的编码器部分，用于预训练语言表示。
- GPT：基于 Transformer 的解码器部分，用于生成文本。
- ViT：将 Transformer 应用于图像处理，将图像划分为小块（Patch），然后作为序列输入。
- 多头注意力机制：自注意力机制的一种扩展，它通过将自注意力机制分解为多个"头"（Head），让模型能够从不同的角度学习序列中的信息。
- 其他改进：如稀疏注意力（Sparse Attention）机制、长序列处理（如 Longformer）等。

综上所述，Transformer 是一种革命性的架构，它通过自注意力机制和并行化处理，解决了传统序列模型的许多问题。它不仅在自然语言处理领域取得了巨大成功，还对计算机视觉等领域产生了深远影响。

2.1.3 聚焦智慧：多头注意力机制揭秘

多头注意力（Multi-Head Attention，MHA）机制是 Transformer 架构的核心组件之一，旨在通过多个独立的注意力头并行处理输入序列，从而捕捉不同子空间中的语义关联。DeepSeek 模型继承了多头注意力机制，通过多个并行的注意力头，该模型能够在不同的子空间中同时捕捉输入序列中不同位置元素之间的复杂关系。例如，在处理句子时，多头注意力机制可以同时关注词汇之间的语法关系和语义关系。

多头注意力机制的主要原理和流程如下。

（1）输入变换：输入序列首先通过 3 个不同的线性变换层，分别得到查询（Query, Q）矩阵、键（Key, K）矩阵和值（Value, V）矩阵。

（2）分头处理：将矩阵 Q、K、V 分割成多个"头"（即子空间），每个头独立计算注意力权重。

（3）注意力计算：每个头通过缩放点积注意力（Scaled Dot-Product Attention）计算查询和键的点积，再通过 softmax 函数得到注意力权重，最后加权求和值矩阵，生成每个头的输出。对于每个注意力头，计算缩放点积注意力的公式如下：

$$\text{Attention}(Q, K, V) = \text{softmax}\left(\frac{QK^{\mathrm{T}}}{\sqrt{d_k}}\right)V$$

这里 d_k 为每个头的维度。各头分别计算后，再将所有头的输出拼接起来，通过一个线性变换得到最终输出。

（4）拼接与融合：将所有头的输出拼接在一起，再通过一个线性变换层整合信息，得到最终的输出。

多头机制可以让模型同时关注输入序列中的不同位置和不同特征子空间，从而增强表示能力和捕捉长距离依赖的能力。

2.1.4　多头潜注意力概述

在 DeepSeek 模型中，多头注意力机制被广泛应用于其基础架构中，尤其是在 DeepSeek-V2 和 DeepSeek-V3 中。然而，为了进一步优化计算效率和内存占用，DeepSeek-V3 引入了多头潜注意力（MLA）机制。

MLA 机制的核心原理和优化点如下。

1. 低秩键值联合压缩

MLA 机制通过低秩分解技术，将键矩阵和值矩阵分解为低秩矩阵的乘积。这种方法显著减少了 KV 矩阵的存储和计算开销。具体来说，利用低秩矩阵分解技术，将原始的高维 KV 矩阵 A 分解为两个较小矩阵 B 和 C 的乘积（例如 $A \approx BC$）。其中矩阵 B 和 C 的维度远小于矩阵 A 的维度。这种压缩不仅节约了存储空间，也使后续的计算更加高效。

2. 旋转位置编码（RoPE）

MLA 机制使用旋转位置编码为查询和键添加位置信息，无需额外参数，同时能够更好地处理不同长度的序列。

3. 吸收式实现

MLA 机制进一步优化了注意力计算过程，通过将部分线性变换融入注意力分数计算中，减少了矩阵乘法操作，提升了计算效率。

由于 KV 缓存的体积大幅降低，DeepSeek 模型在处理长上下文（如 128K token 上下文）时能够更快地进行推理，内存和计算资源需求也明显降低，同时保持模型整体的性能不减，使

DeepSeek-V3 在处理大规模数据时更加高效。

总结来说，多头注意力机制是 Transformer 架构的核心，而 DeepSeek 模型通过引入多头潜注意力机制，进一步提升了模型在长序列处理中的效率和经济性。

标准多头注意力和 MLA 对比如下。

- 标准多头注意力：通过将查询、键和值分割到多个头中并并行计算，每个头关注输入的不同子空间，从而捕捉到丰富的上下文信息。
- DeepSeek 的创新（MLA）：在此基础上，DeepSeek（主要在 DeepSeek V2 和 DeepSeek V3 系列中）对 KV 部分进行了低秩键值联合压缩，从而大幅降低内存占用和计算开销，提高了长上下文推理的效率，是 DeepSeek 模型能够在高效推理和经济训练上取得优势的重要原因。

2.2 动态任务分配的核心法则

动态任务分配是一种在多任务系统、MoE 模型、分布式计算或其他复杂系统中，根据实时输入或系统状态动态调整任务分配的机制。

2.2.1 动态任务分配的特点和原理

动态任务分配允许系统根据当前的需求、资源可用性或输入特征，灵活地分配任务到不同的处理单元（如专家模型、计算节点或线程）。与静态任务分配（固定分配任务）不同，动态任务分配能够根据变化的条件实时调整，从而提高系统的灵活性和效率。

1. 主要特点

动态任务分配的主要特点如下。

- 灵活性：能够根据输入或环境的变化动态调整任务分配。
- 实时性：任务分配是实时进行的，能够快速响应系统状态的变化。
- 资源优化：通过动态调整任务分配，优化资源利用，避免资源浪费。
- 适应性：能够适应不同的输入特征和任务需求。

2. 工作原理

（1）输入感知

动态任务分配机制首先需要感知输入数据的特征或系统的当前状态，这些特征可能包括：

- 输入数据的类型或内容（如图像、文本、语音等）；
- 输入数据的复杂度或规模；
- 系统的当前负载情况（如 CPU、内存使用率）；
- 当前任务的优先级或紧急性。

（2）决策机制

根据输入感知的结果，动态任务分配机制需要做出决策，决定如何分配任务。这通常涉及以下步骤。

- 评估任务需求：根据输入特征评估当前任务的资源需求。
- 评估资源可用性：检查系统中可用的资源（如专家模型的容量、计算节点的负载）。
- 决策算法：根据任务需求和资源可用性，选择最优的任务分配方案。常见的决策算法如下。
  - 基于规则的决策：根据预定义的规则进行任务分配。
  - 基于学习的决策：通过机器学习模型（如神经网络）学习任务分配的最优策略。
  - 优化算法：如线性规划、动态规划等，用于求解最优的任务分配方案。

（3）任务分配

根据决策机制的决策结果，将任务分配到不同的处理单元。这些处理单元如下。

- 专家模型：在 MoE 架构中，动态选择最适合当前输入的专家模型。
- 计算节点：在分布式计算系统中，动态分配任务到不同的计算节点。
- 线程或进程：在多线程或多进程系统中，动态分配任务到不同的线程或进程。

（4）反馈与调整

动态任务分配通常需要一个反馈机制，用于评估分配结果的性能，并根据需要进行调整。例如：

- 性能监控——监控任务的执行时间和资源消耗。
- 动态调整——根据性能监控的结果，动态调整任务分配策略，以优化系统性能。

2.2.2　动态任务分配的应用场景

动态任务分配是一种灵活的资源管理策略，广泛应用于多个领域和系统中，以提高效率、优化资源利用并增强系统的适应性。下面是动态任务分配的主要应用场景（按领域和系统类型进行分类）。

1. 人工智能与机器学习领域

（1）大模型应用

在大模型应用中，动态任务分配使模型能够根据输入数据的特征动态选择最适合的方式来处理任务。

- 语言翻译：根据输入文本的语言特征（如语言种类、语义复杂度）动态选择专家模型，提高翻译质量和效率。
- 文本生成：根据生成任务的上下文动态分配任务，优化生成内容的多样性和连贯性。
- 图像分类：根据图像的内容（如场景类型、物体类别）动态选择专家模型，提高分类准确率。

- 目标检测：根据图像中目标的复杂度和分布动态分配任务，优化检测性能。
- 多模态学习：处理图像、文本、语音等多种模态数据时，动态任务分配可以根据模态特征选择最适合的专家模型，提升多模态任务的性能。

（2）多任务学习

在多任务学习中，动态任务分配可以根据任务的优先级、输入特征或资源可用性动态调整任务的处理顺序和分配方式。

- 多任务深度学习：根据任务的紧急性或输入数据的类型动态分配任务到不同的神经网络模块，优化模型的性能。
- 强化学习：在多智能体系统中，动态任务分配可以根据环境状态动态调整智能体的任务分配，提高系统的整体效率。

（3）自适应计算

在自适应计算系统中，动态任务分配可以根据输入数据的复杂度动态调整计算资源的分配，还可以根据输入数据的特征动态选择最适合的模型架构，减少计算资源的浪费。

2. 分布式计算与云计算

（1）云计算

在云计算环境中，动态任务分配可以根据当前的负载情况和资源可用性动态分配任务到不同的计算节点。

- 负载均衡：根据服务器的当前负载动态分配用户请求，避免某些节点过载而其他节点闲置。
- 弹性资源分配：根据用户的任务需求动态扩展或收缩计算资源，优化资源利用效率。
- 多租户环境：在多租户云环境中，动态任务分配可以根据租户的任务优先级和资源需求动态分配资源，确保公平性和效率。

（2）高性能计算（High Performance Computing，HPC）

在高性能计算中，动态任务分配可以优化大规模计算任务的执行效率。

- 并行计算任务分配：根据任务的依赖关系和计算节点的负载动态分配任务，减少等待时间和提高吞吐量。
- 动态调度：根据任务的优先级和资源可用性动态调整任务的执行顺序，优化整体计算效率。

（3）边缘计算

在边缘计算中，动态任务分配可以根据设备的资源限制和任务的实时性要求动态分配任务。

- 设备间任务分配：根据设备的计算能力和当前负载动态分配任务到不同的边缘设备，优化响应时间和资源利用。

- 云边协同：动态分配任务到云端或边缘设备，根据任务的复杂度和实时性要求灵活调整资源分配。

3. 实时系统与工业自动化

（1）自动驾驶

在自动驾驶系统中，动态任务分配可以根据传感器数据的实时变化动态调整任务的处理顺序和资源分配。

- 传感器数据处理：根据传感器数据的紧急性和重要性动态分配处理任务，确保系统的实时性和安全性。
- 路径规划与决策：根据实时交通状况动态调整路径规划任务的优先级，优化行驶路径。

（2）工业自动化

在工业自动化中，动态任务分配可以根据生产线的实时状态动态调整任务的分配。

- 生产任务调度：根据生产设备的当前状态和任务的优先级动态分配生产任务，优化生产效率。
- 故障检测与处理：根据实时检测到的故障信息动态调整任务分配，优先处理关键故障。

（3）智能监控系统

在智能监控系统中，动态任务分配可以根据监控数据的实时变化动态调整任务的处理顺序。

- 视频流处理：根据视频流中的异常事件动态分配处理任务，优先处理高优先级事件。
- 多传感器融合：根据传感器数据的实时性要求动态分配任务到不同的处理单元，优化系统响应时间。

4. 网络与通信系统

（1）网络流量管理

在网络流量管理中，动态任务分配可以根据网络的实时状态动态分配流量到不同的路径或节点。

- 负载均衡：根据网络链路的当前负载动态分配流量，避免拥塞。
- 服务质量（Quality of Service，QoS）管理：根据流量的优先级动态调整资源分配，确保高优先级流量的传输质量。

（2）无线通信

在无线通信系统中，动态任务分配可以根据信道状态和用户需求动态分配资源。

- 信道分配：根据信道的实时状态动态分配频段，优化通信效率。
- 用户资源调度：根据用户的任务需求和信道质量动态调整资源分配，确保公平性和效率。

（3）数据中心网络

在数据中心网络中，动态任务分配可以根据流量的实时变化动态调整资源分配。

- 流量工程：根据流量的动态变化动态调整流量路径，优化网络利用率。
- 资源池化：动态分配计算、存储和网络资源，根据任务需求灵活调整资源分配。

5．多智能体系统与机器人技术

（1）多智能体协作

在多智能体系统中，动态任务分配可以根据任务的需求和智能体的能力动态分配任务。

- 任务分配：根据任务的复杂度和智能体的能力动态分配任务，优化协作效率。
- 动态调整：根据任务的执行情况动态调整任务分配，确保系统的灵活性和适应性。

（2）机器人任务调度

在机器人系统中，动态任务分配可以根据任务的紧急性和机器人的状态动态调整任务分配。

- 任务优先级调整：根据任务的紧急性和机器人的当前状态动态调整任务的优先级。
- 资源优化：根据机器人的资源限制动态分配任务，优化任务执行效率。

（3）无人机群控制

在无人机群控制中，动态任务分配可以根据任务需求和无人机的状态动态调整任务分配。

- 任务分配：根据任务的复杂度和无人机的能力动态分配任务，优化任务执行效率。
- 动态调整：根据任务的执行情况动态调整任务分配，确保系统的灵活性和适应性。

总之，动态任务分配是一种极具灵活性和适应性的资源管理策略，广泛应用于人工智能、分布式计算、实时系统、网络通信和多智能体系统等领域。它通过根据实时输入或系统状态动态调整任务分配，优化资源利用效率，提高系统的整体性能和适应性。随着技术的不断发展，动态任务分配将在更多领域发挥重要作用，特别是在面对复杂多变的输入和资源限制时，其优势将更加明显。

2.3 稀疏激活机制探秘

稀疏激活机制是一种在深度学习和大规模计算系统中广泛使用的策略，旨在通过减少不必要的计算和存储，提高模型的效率和性能。它通过使网络的激活输出在大多数情况下接近于零，从而减少计算量和内存占用。稀疏激活机制在 MoE 架构、神经网络优化、自然语言处理和计算机视觉等领域都有重要应用。

2.3.1 稀疏激活机制介绍

稀疏激活机制是指在神经网络或其他计算模型中，通过设计激活函数或网络结构，使大部分神经元的输出为零或接近于零。这种机制的核心思想如下。

- 减少计算量：只有部分神经元被激活，从而减少不必要的计算。
- 减少存储需求：稀疏输出可以使用稀疏存储格式（如 CSR 或 COO），减少内存占用。
- 提高模型效率：通过减少计算和存储需求，提高模型的训练和推理效率。

稀疏激活机制的优势如下。

（1）减少计算量：稀疏激活机制通过减少激活的神经元数量，显著减少了计算量。例如：

- 在 MoE 架构中，每个输入只激活部分专家模型，计算量可以减少一个数量级；
- 在稀疏卷积网络中，只计算非零输入，减少了卷积操作的计算量。

（2）减少内存占用：稀疏激活机制通过稀疏存储格式存储输出，减少了内存占用。例如，在稀疏 Transformer 中，稀疏激活机制可以减少内存占用，优化模型的推理效率。

（3）提高模型效率：稀疏激活机制通过减少计算量和内存占用，显著提高了模型的训练和推理效率。例如，在 Switch Transformer 中，稀疏激活机制使模型能够扩展到万亿参数规模。

（4）增强模型适应性：稀疏激活机制通过动态选择激活的神经元或专家模型，增强了模型对多样化输入的适应性。例如，在多语言翻译中，不同的专家模型专注于处理不同的语言对或语言风格，通过稀疏激活机制动态选择最适合的专家模型。

总之，稀疏激活机制是一种通过减少不必要的计算和存储来提高模型效率的重要策略，通过使网络的激活输出在大多数情况下接近于零，显著减少了计算量和内存占用，同时增强了模型的适应性和灵活性。

2.3.2　稀疏激活机制的实现方式

本小节将介绍稀疏激活机制的几种常见的实现方式，按激活函数、门控机制、训练技术和系统优化分类介绍。

1. 基于激活函数的稀疏激活

（1）ReLU 函数及其变体

ReLU（Rectified Linear Unit）函数是最常用的激活函数之一，它通过将负值置为零，自然地引入了稀疏性。

- 公式

$$f(x) = \max(0, x)$$

- 变体

  - Leaky ReLU 函数：允许负值通过一个小的斜率，避免完全稀疏。

$$f(x) = \begin{cases} x, & x > 0 \\ ax, & x \leqslant 0 \end{cases}$$

■ Threshold ReLU 函数：设置一个阈值 θ，只有当输入大于这个阈值时才激活。

$$f(x) = \begin{cases} x, & x > 0 \\ 0, & \text{其他} \end{cases}$$

（2）sparsemax 函数

sparsemax 函数是一种改进的 softmax 函数，输出稀疏分布，使大部分输出为零。公式如下：

$$\text{sparsemax}(z) = \max(z - \tau(z), 0)$$

其中，$\tau(z)$ 是一个阈值函数，旨在确保输出的稀疏性。

（3）hard sigmoid 函数

hard sigmoid 函数是一种分段线性函数，输出值在 0 和 1 之间，旨在通过阈值化引入稀疏性。公式如下：

$$f(x) = \begin{cases} 0, & x < -2.5 \\ \dfrac{x + 2.5}{5} & -2.5 \leqslant x \leqslant 2.5 \\ 1, & x > 2.5 \end{cases}$$

2. 基于门控机制的稀疏激活

（1）Top-K 选择

在 MoE 架构中，可通过门控网络动态选择权重最高的 K 个专家模型进行激活，其余专家模型不参与计算。实现 Top-K 选择的具体步骤如下。

● 门控网络：计算每个专家模型的权重分布 $g(x)$。

● Top-K 选择：选择权重最高的 K 个专家模型。

● 稀疏激活：只有选中的专家模型被激活，其余专家模型的输出为零。

（2）稀疏门控网络

设计稀疏输出的门控网络，直接输出稀疏权重分布。这种设计的核心是通过特定的激活函数和动态调整机制，确保门控网络的输出具有稀疏性，从而实现稀疏激活机制。

● 激活函数：使用 sparsemax 函数或 Threshold ReLU 函数作为门控网络的激活函数。

● 动态调整：根据输入数据的特征动态调整门控网络的输出，确保稀疏性。

（3）动态门控机制

在某些情况下，门控网络可以根据输入数据的复杂度动态调整激活的专家模型数量。这种动态调整能力使模型能够更灵活地适应不同的输入场景，从而优化计算效率和性能。

● 自适应 K 值：为了实现这种动态调整，门控网络可以根据输入数据的复杂度动态选择激活的专家模型数量。具体来说，通过调整 Top-K 选择机制中的 K 值，模型可以在需要时激活更多的专家模型以处理复杂的输入，而在简单输入时减少激活的专家模型数量，从而节省计算资源。

- 负载均衡：除了动态调整激活的专家模型数量，合理的门控机制还需要确保专家模型之间的负载均衡。通过设计负载均衡策略，门控网络可以避免某些专家模型过载而其他专家模型闲置的情况，从而提高整个系统的效率和稳定性。

3. 基于训练技术的稀疏激活

（1）L1 正则化

通过在训练过程中引入 L1 正则化，惩罚权重的绝对值，使模型倾向于稀疏权重分布。L1 正则化的公式如下。

$$损失 = 原来的损失 + \lambda \sum_i |w_i|$$

其中，λ 是正则化系数。

（2）权重剪枝

训练完成后，移除权重较小的连接，使模型更加稀疏。

- 静态剪枝：一次性移除权重较小的连接。
- 动态剪枝：在训练过程中动态调整剪枝策略，进一步优化模型的稀疏性。

（3）稀疏训练

通过稀疏初始化和稀疏更新策略，使模型在训练过程中自然地倾向于稀疏激活。

- 稀疏初始化：初始化时设置部分权重为零。
- 稀疏更新：在反向传播中，只更新非零权重。

4. 基于系统优化的稀疏激活

为了进一步提升稀疏激活机制的效率和适用性，可以从系统层面进行优化。这些优化方法主要集中在稀疏存储、稀疏通信和动态调整策略上，以减少内存占用、通信开销，并根据系统状态灵活调整激活策略。

（1）稀疏存储

首先，优化存储方式是减少内存占用的关键。

- 稀疏存储格式：稀疏激活机制通常会产生大量零值输出，因此使用稀疏存储格式可以显著节省内存资源。采用 CSR 或 COO 等稀疏存储格式，仅存储非零值及其索引，从而减少内存占用。
- 稀疏张量：在深度学习框架中，利用稀疏张量来存储和处理稀疏输出。例如，TensorFlow 和 PyTorch 都支持稀疏张量操作，能够高效处理稀疏数据。
- 稀疏矩阵运算：借助专门的稀疏矩阵运算库（如 SciPy、PyTorch Sparse）优化计算效率。这些库提供了高效的稀疏矩阵运算功能，能够显著减少计算时间和内存占用。

（2）稀疏通信

在分布式系统中，通信开销往往是性能瓶颈之一。通过优化通信协议，可以减少不必要的数据传输，从而提高系统的整体效率。具体方法如下。

- 稀疏通信协议：仅传输激活的神经元或专家模型的输出，避免传输大量零值数据，从而减少通信量。
- 异步通信：允许不同节点异步处理任务，减少通信等待时间。这种机制特别适用于大规模分布式系统，能够有效提高系统的吞吐量和响应速度。

（3）动态调整

为了更好地适应不同的输入和系统状态，稀疏激活策略需要具备动态调整能力。通过实时监控系统的负载情况和任务执行效率，可以灵活调整激活策略，从而优化系统性能。具体方法如下。

- 负载监控：实时监控系统的负载情况，根据当前的资源使用状态动态调整激活策略。例如，当系统负载较高时，可以减少激活的专家模型数量，以避免过载。
- 性能反馈：根据任务的执行时间和资源消耗，动态调整稀疏激活策略，以达到最佳性能。

2.3.3 稀疏激活机制的应用领域

稀疏激活机制作为一种高效的计算优化策略，在多个领域得到了广泛应用。

1. 自然语言处理

（1）语言模型：现代语言模型（如 GPT、BERT）通常包含数十亿甚至数千亿个参数，计算和存储成本极高。稀疏激活机制通过动态选择激活的神经元或专家模型，显著减少了计算量和内存占用。具体应用如下。

- Switch Transformer：通过 Top-K 选择机制，每个输入只激活权重最高的 K 个专家模型而不是所有专家模型，计算量可以减少一个数量级。
- 稀疏 Transformer：通过稀疏注意力机制，将计算复杂度从 $O(n^2)$ 降低到 $O(n)$ 或更低，适用于长序列处理。

（2）多语言翻译：多语言翻译任务需要处理多种语言对，不同语言对的处理需求差异较大。稀疏激活机制可以根据输入语言动态选择最适合的专家模型。通过设计合理的门控机制，可以确保不同语言对的处理负载均衡，避免某些专家模型过载。

（3）文本生成：文本生成任务（如对话系统、内容生成）需要模型根据上下文动态生成多样化的输出。稀疏激活机制可以通过动态选择激活的神经元，提高生成内容的多样性和连贯性，具体应用如下。

- 动态上下文感知：根据输入上下文动态选择激活的专家模型，生成更符合语境的文本。
- 稀疏激活函数：使用函数 sparsemax 或 Thresholded ReLU 等稀疏激活函数，减少计算量并提高生成效率。

2．计算机视觉

（1）图像分类：图像分类任务需要处理大量图像数据，计算和存储需求较高。稀疏激活机制可以通过稀疏卷积和动态选择激活的神经元，减少计算量和内存占用，具体应用如下。

- 稀疏卷积网络：只计算非零输入，减少卷积操作的计算量，适用于处理稀疏图像数据（如点云）。
- 动态激活：根据图像内容动态选择激活的神经元，提高分类准确率。

（2）目标检测：目标检测任务需要处理复杂的图像场景，计算复杂度较高。稀疏激活机制可以通过动态选择激活的检测模块，减少计算量并提高检测效率，具体应用如下。

- 稀疏检测模块：根据输入图像的复杂度动态选择激活的检测模块，减少不必要的计算。
- 负载均衡：通过设计合理的门控机制，确保不同检测模块之间的负载均衡。

（3）图像分割：图像分割任务需要处理高分辨率图像，计算和存储需求极高。稀疏激活机制可以通过稀疏卷积和动态激活策略，减少计算量和内存占用，具体应用如下。

- 稀疏分割网络：使用稀疏卷积操作，只计算非零输入，减少分割操作的计算量。
- 动态激活分割模块：根据图像内容动态选择激活的分割模块，提高分割效率。

3．云计算与高性能计算

（1）云计算：云计算环境需要高效地分配计算任务，以优化资源利用。稀疏激活机制可以通过动态任务分配，减少计算量和通信开销，具体应用如下。

- 动态任务分配：根据当前的负载情况动态分配任务到不同的计算节点，优化资源利用。
- 稀疏通信：仅传输激活的节点的输出，减少通信量和通信开销。

（2）高性能计算：高性能计算任务通常需要处理大规模数据，计算复杂度极高。稀疏激活机制可以通过动态选择激活的计算节点，减少计算量并提高效率。通过设计合理的门控机制，可以确保不同计算节点之间的负载均衡。

4．实时系统与边缘计算

（1）自动驾驶：自动驾驶系统需要实时处理大量传感器数据，计算和存储需求极高。稀疏激活机制可以通过动态选择激活的处理模块，减少计算量并提高响应速度。通过设计合理的门控机制，可以确保不同处理模块之间的负载均衡。

（2）边缘计算：边缘计算环境需要在资源受限的设备上高效处理任务。稀疏激活机制可以通过动态选择激活的神经元，减少计算量并优化资源利用。

5．多智能体系统与机器人技术

（1）多智能体协作：多智能体系统需要动态分配任务，以优化协作效率。稀疏激活机制可以通过动态选择激活的智能体，减少计算量并提高协作效率。

（2）机器人任务调度：机器人系统需要高效处理多种任务，计算和存储需求较高。稀疏激活机制可以通过动态选择激活的任务模块，减少计算量并提高任务执行效率。

总之，稀疏激活机制在自然语言处理、计算机视觉、云计算、实时系统和多智能体系统等领域得到了广泛应用。通过减少不必要的计算和存储，稀疏激活机制显著提高了模型的效率和性能。在实际应用中，稀疏激活机制可以根据具体需求进行灵活设计和优化，从而在大规模模型和复杂任务中发挥更大的作用。

2.4 混合专家架构技术解析

DeepSeek 引入了混合专家（MoE）架构，将模型划分为多个专家子模型，每个子模型专注于处理不同的任务或领域。MoE 架构通过动态任务分配和稀疏激活机制，减少了不必要的计算量，提升了模型的效率和灵活性。例如，DeepSeek-V3 拥有 6710 亿个参数，但每个输入 token 仅激活 370 亿个参数。

2.4.1 MoE 架构介绍

MoE 架构是一种用于提升模型性能和效率的架构，广泛应用于深度学习领域，尤其是在自然语言处理和计算机视觉中。MoE 架构的核心思想是将多个专家模型组合在一起，通过一个门控机制动态地选择最适合处理当前输入的专家模型。

1. 动态任务分配的作用

在 MoE 架构中，动态任务分配的职责是通过门控网络根据输入数据的特征动态地决定每个专家模型对当前任务的贡献权重。这种分配方式不是固定的，而是根据输入的变化实时调整，从而实现"按需分配"的计算资源利用。

2. 门控网络的作用

门控网络是动态任务分配的核心组件，它的主要职责如下。

- 接收输入数据 x。
- 计算每个专家模型对当前输入的适用性，输出一个权重分布 $g(x) = [g_1(x), g_2(x), \cdots, g_K(x)]$。权重分布决定了每个专家模型对最终输出的贡献大小。

3. 权重计算方式

门控网络通常是一个简单的神经网络或线性层，其输出经过了归一化处理，以确保权重分布的和为 1。具体计算公式如下：

$$g_i(x) = \frac{\exp(f_i(x))}{\sum_{j=1}^{k} \exp(f_j(x))}$$

其中：

- $f_i(x)$ 是门控网络为第 i 个专家模型计算的原始分数。

- $g_i(x)$ 是归一化后的权重，表示第 i 个专家模型对当前输入的贡献。

4．动态任务分配的工作流程

（1）输入阶段：将输入数据 x 同时送入门控网络和所有专家模型。

（2）门控网络计算权重：门控网络根据输入数据 x 计算专家模型的权重分布 $g(x)$。权重分布反映了每个专家模型对当前输入的适用性。

（3）专家模型处理输入：每个专家模型独立处理输入数据 x，生成自己的输出 $E_i(x)$。

（4）加权求和生成最终输出：根据门控网络分配的权重，将所有专家模型的输出加权求和，生成最终的输出：

$$O_i(x) = \sum_{i=1}^{k} g_i(x) \cdot E_i(x)$$

2.4.2　MoE 架构的特点

MoE 架构的核心特点在于能够动态分配任务给多个专家模型，并通过门控网络实现稀疏激活，从而提高模型的性能和效率。

MoE 架构是一种高效且灵活的模型架构，广泛应用于自然语言处理、计算机视觉和多模态任务中。下面详细介绍 MoE 架构的特点。

1．动态任务分配

MoE 架构通过门控网络动态选择最适合处理当前输入的专家模型，这种动态分配机制使模型能够根据输入数据的特征灵活调整处理方式，从而更好地适应多样化的任务需求。例如：

- 在多语言翻译任务中，不同的专家模型可以专注于处理不同的语言对或语言风格；
- 在多模态任务中，不同的专家模型可以处理图像、文本或语音等不同模态的数据。

2．任务适应性

MoE 架构能够根据输入数据的复杂度动态调整任务分配策略。例如：

- 对于简单的输入，可以激活较少的专家模型，减少计算量；
- 对于复杂的输入，可以激活更多的专家模型，提高处理能力。

3．稀疏激活机制

MoE 架构通过稀疏激活机制显著减少了计算量和内存占用，具体方法如下。

- **Top-K 选择**：每个输入只激活权重最高的 K 个专家模型而不是所有专家模型。这种机制可以将计算量减少一个数量级。
- 稀疏门控网络：使用函数 sparsemax 或 Thresholded ReLU 等稀疏激活函数，直接输出稀疏权重分布，减少不必要的计算。

4．负载均衡

MoE 架构通过设计合理的门控机制，确保专家模型之间的负载均衡，避免某些专家模型过载而其他专家模型闲置。例如：

- 动态负载监控——实时监控专家模型的负载情况，动态调整任务分配；
- 启发式算法——使用遗传算法、蚁群算法等优化负载均衡策略。

5. 扩展性

MoE 架构通过增加专家模型的数量来扩展模型容量，而不是简单地增加单个模型的参数量。这种方法在不显著增加计算复杂度的情况下，提升了模型的表达能力。

6. 多样性

MoE 架构允许每个专家模型专注于处理输入数据的不同方面，从而提高了模型的多样性。例如：

- 在图像分类任务中，不同的专家模型可以处理图像的不同区域或特征；
- 在文本生成任务中，不同的专家模型可以生成不同风格的文本内容。

7. 灵活的架构设计

MoE 架构可以通过增加专家模型数量或扩展每个专家模型的复杂度来适应不同的任务需求。这种可扩展性使 MoE 架构能够灵活地应用于从小型任务到超大语言模型的各种场景。例如：

- 在小型任务中，可以使用较少的专家模型和简单的专家模型；
- 在大规模任务中，可以增加专家模型数量并使用复杂的深度神经网络作为专家模型。

8. 分布式计算支持

MoE 架构特别适合分布式计算环境，可以通过将专家模型分布在不同的计算节点上，高效利用分布式计算资源。例如：

- 在分布式训练中，通过稀疏通信协议减少通信开销，优化计算效率；
- 在云计算环境中，根据当前负载动态分配任务到不同的计算节点。

9. 实时性

MoE 架构特别适合实时系统，能够根据实时输入动态调整任务分配，优化响应时间和资源利用。例如：

- 在自动驾驶系统中，根据传感器数据的实时性要求动态调整任务分配；
- 在边缘计算环境中，根据设备的资源状态动态分配任务。

上述特点使 MoE 架构在自然语言处理、计算机视觉和多模态任务中表现出色，尤其在处理复杂任务和大规模数据时，能够显著提高模型的性能和效率。

2.4.3 MoE 架构的应用

MoE 架构因其灵活性、高效性和可扩展性，在多个领域得到了广泛应用。

1. 自然语言处理

- 语言模型：如 Switch Transformer，通过激活部分专家模型，减少计算量，提升效率。

- 多语言翻译：处理不同语言时，动态选择最适合的专家模型，提高翻译质量。
- 文本生成：根据上下文动态选择专家模型，生成更符合语境的文本。

2. 计算机视觉

- 图像分类：通过稀疏卷积和动态激活，减少计算量，提高分类准确率。
- 目标检测：动态选择激活的检测模块，减少计算量，提升检测效率。
- 图像分割：使用稀疏卷积和动态激活策略，减少计算量和内存占用。

3. 多模态任务

- 图像－文本生成：不同专家模型处理不同模态数据（图像或文本），动态选择专家模型，提高生成效率。
- 语音－文本翻译：动态选择专家模型处理语音和文本数据，优化翻译效率和质量。

4. 云计算与高性能计算

- 云计算：动态分配任务到不同计算节点，减少通信量，优化资源利用。
- 高性能计算：通过稀疏激活机制，减少计算量，提高效率。

5. 实时系统与边缘计算

- 自动驾驶：动态选择处理模块，减少计算量，提高响应速度。
- 边缘计算：动态分配任务，减少内存占用，优化资源利用。

6. 多智能体系统与机器人技术

- 多智能体协作：动态分配任务给不同智能体，优化协作效率。
- 机器人任务调度：根据任务优先级动态选择处理模块，提高任务执行效率。

总之，MoE 架构通过动态选择专家模型，显著提升了模型的灵活性、效率和适应性，广泛应用于自然语言处理、计算机视觉、多模态任务、云计算、实时系统和多智能体系统等领域。

2.4.4　DeepSeek 中的 MoE 架构介绍

在 DeepSeek 模型（如 DeepSeek-V2 和 DeepSeek-V3）中，MoE 架构主要被嵌入 Transformer 的前馈网络（Feedforward Network，FFN）部分，以替代传统的全连接层。

1. DeepSeek 中的 MoE 架构的特点

（1）专家模型的分类与分工

DeepSeek 中的 MoE 架构通常将专家模型分为两类。

- 共享专家（Shared Expert）：这些专家模型始终处于激活状态，负责捕捉全局、通用的知识信息。
- 路由专家（Routed Expert）：每个输入 token 通过门控网络动态选择激活少数几个专家模型，这些专家模型专注于处理更细粒度、专门化的特征信息。

例如，据报道，DeepSeek-V3 中使用了 1 个共享专家和 256 个路由专家，每个 token 大约会激活 8 个路由专家。

（2）门控路由机制

为了决定每个 token 应激活哪些专家模型，DeepSeek 使用了一个门控网络。

- 门控网络根据输入 token 计算每个专家模型的亲和度分数，并选择分数最高的 K 个专家模型。
- DeepSeek 在此基础上进一步创新，引入了一种无辅助损失的负载均衡策略。也就是说，当某个专家模型过载时，会动态调整其偏置项（例如降低偏置值，反之则增加偏置值），确保各个专家模型的负载尽量均衡，从而避免部分专家模型 "闲置" 或 "饱和" 的问题。

（3）低秩联合压缩

与传统 MoE 架构相比，DeepSeek 中的 MoE 架构对注意力模块中的键和值引入了低秩联合压缩技术。通过对高维 KV 矩阵进行低秩分解，模型将原始信息压缩到一个潜空间中。潜空间指的是机器学习和深度学习中，数据在高维特征经过压缩或编码后所处的低维抽象表示空间。之后，再在必要时还原，这一过程大幅减少了 KV 缓存的存储需求，提高了推理效率。

低秩联合压缩技术对于 DeepSeek 中的 MoE 架构非常关键，特别是在处理超长上下文（例如 128K token）时，可以显著降低内存占用和通信成本。

2. 工作流程

在 DeepSeek 中，MoE 架构的工作流程如下。

（1）输入与线性变换：在 Transformer 层中，输入首先经过标准的线性变换生成隐层表示，然后进入 MoE 层。

（2）门控网络路由：每个输入 token 经过门控网络，门控网络会计算出其与所有专家模型的亲和度分数。模型选出分数最高的 K 个专家模型（例如 K=2），并对选中的专家模型的输出进行加权融合。这种选择是动态的，允许模型根据输入内容选择最适合的专家模型进行处理。

（3）专家模型计算与输出合并：被选中的每个专家模型都是一个独立的前馈网络，分别计算输出后，MoE 层会按权重对这些输出加权求和，形成该 token 在该层的最终表示。整个专家模型计算是稀疏计算，即每个 token 只触发少量专家模型，从而大大降低了计算量。

（4）低秩联合压缩：在部分实现中，尤其在注意力模块中，对 KV 矩阵的低秩联合压缩进一步减少了内存和带宽消耗，使整个 MoE 层在推理时更加高效。

2.5　归一化技术

归一化技术是机器学习和深度学习中一种的重要预处理方法，用于调整数据的分布，使其具有统一的尺度或范围。归一化可以加速模型的收敛速度，提高模型的性能，并减少特征之间的量纲差异对模型训练的影响。在 DeepSeek 产品中，DeepSeekMoE 模型采用 RMSNorm 来替代传统的 LayerNorm。

2.5.1　归一化技术的必要性

在机器学习和深度学习中，数据通常来自不同的特征或维度，这些特征的量纲和范围可能差异很大。例如：

- 一个特征可能是价格（范围是从几元到几万元）；
- 另一个特征可能是年龄（范围是从 0 到 100）；
- 还有一个特征可能是评分（范围是从 0 到 1）。

这种量纲和范围的差异会导致以下问题。

- 梯度下降效率低：特征范围差异大时，梯度下降的收敛速度会变慢。
- 模型性能下降：某些算法（如 K 均值算法、KNN 算法、SVM 等）对特征的尺度非常敏感，未归一化的数据可能导致模型性能下降。
- 数值稳定性问题：在深度学习中，未归一化的数据可能导致数值计算不稳定。

因此，归一化技术是机器学习和深度学习中的重要预处理步骤，能够显著提升模型的训练效率和性能。常见的归一化技术包括最小 - 最大归一化、Z-Score 标准化、最大绝对值归一化、Robust Scaler、BatchNorm、LayerNorm、Instance Norm、Group Norm 和 RMSNorm。选择合适的归一化技术需要根据数据分布、任务需求和计算效率进行综合考虑。

2.5.2　微调脉动：LayerNorm 技术原理

LayerNorm 是一种归一化技术，广泛应用于深度学习模型中，尤其是在自然语言处理任务和 Transformer 架构中。它通过在每一层对输入数据进行归一化，确保数据具有零均值和单位方差，从而提高模型的训练效率和稳定性。

1. 归一化过程

LayerNorm 的核心思想是通过调整每一层的输入数据，使其具有零均值和单位方差。具体步骤如下。

（1）计算均值和方差：对于输入向量 $\boldsymbol{x} = [x_1, x_2, \cdots, x_H]$，计算其均值 μ_L 和方差 σ_L^2。

$$\mu_L = \frac{1}{H} \sum_{i=1}^{H} x_i$$

$$\sigma_L^2 = \frac{1}{H} \sum_{i=1}^{H} (x_i - \mu_L)^2$$

（2）标准化：使用均值和方差对输入数据进行标准化。

$$\hat{x}_i = \frac{x_i - \mu_L}{\sqrt{\sigma_L^2 + \varepsilon}}$$

其中，ε 是一个小的常数（如 10^{-5} 或 10^{-6}），用于防止除零。

（3）缩放和平移：为了增强模型的灵活性，LayerNorm 在标准化后引入了可学习参数 γ 和 β，分别用于缩放和平移。

$$y_i = \gamma \hat{x}_i + \beta$$

γ 和 β 通常分别初始化为 1 和 0。

2. LayerNorm 的优点

- 与小批量的大小无关：LayerNorm 的归一化过程独立于小批量的大小，适用于小批量训练和在线学习。这使它在处理单样本输入（如 Transformer 架构中的自注意力机制）时表现出色。

- 提高训练稳定性：通过调整每一层的输入数据，LayerNorm 能够显著提高模型的训练稳定性，减少梯度爆炸和梯度消失的问题。

- 适用于各种架构：LayerNorm 广泛应用于 RNN、Transformer 和其他深度学习架构中，尤其在处理序列数据时表现出色。

- 减少超参数调整：LayerNorm 的引入减少了对学习率等超参数的敏感性，使模型更容易训练。

3. LayerNorm 的缺点

- 计算开销：LayerNorm 需要在每一层计算均值和方差，增加了计算开销。对于大规模模型，这可能导致训练和推理速度变慢。

- 内存占用：LayerNorm 需要存储均值和方差，以及可学习参数 γ 和 β，这会增加模型的内存占用。

- 正则化效果不明显：与 BatchNorm 不同，LayerNorm 并没有显著的正则化效果，因此在某些任务中可能需要额外的正则化手段。

总之，LayerNorm 的引入显著提高了模型的训练效率和性能，是现代深度学习模型不可或缺的组件之一。

2.5.3 轻量替代：RMSNorm 技术探秘

RMSNorm（Root Mean Square Normalization）也是一种归一化技术，主要用在深度神经网络中，以稳定训练过程和加速收敛。DeepSeek 的 DeepSeekMoE 使用 RMSNorm 优化了模型的训练效率和稳定性。

作为一种改进的归一化技术，RMSNorm 仅使用均方根进行输入缩放，公式如下：

$$\mathrm{RMSNorm}(x) = \frac{x}{\sqrt{\mathrm{mean}(x^2) + \varepsilon}} \times w$$

其中，w 是可学习参数，ε 是一个小的常数，用于防止除零。

RMSNorm 与 LayerNorm 的对比如表 2-1 所示。

表2-1　RMSNorm与LayerNorm的对比

特性	LayerNorm	RMSNorm
标准化维度	每层各特征维度	每层各特征维度的 RMS
计算开销	较大	较小
对小批量的大小是否依赖	不依赖	不依赖
应用场景	RNN、Transformer 架构	各类神经网络，尤其适用于对计算效率和稳定性有要求的任务
正则化效果	无显著正则化效果	无显著正则化效果

总之，LayerNorm 和 RMSNorm 都是现代深度学习模型中常用的归一化技术。LayerNorm 通过调整数据的均值和方差来确保数值稳定性，适用于 RNN 和 Transformer 架构。RMSNorm 则通过标准化 RMS 值来稳定数据尺度，计算效率更高，尤其在深度神经网络中表现出更好的稳定性。在选择归一化方法时，可以根据具体任务的需求和模型架构来决定。

在 DeepSeek 的 DeepSeekMoE 中，RMSNorm 的使用不仅减少了计算开销，还显著提升了模型的训练效率。例如，13B 规模的 DeepSeekMoE 通过进行 RMSNorm 优化，使内存占用降低了 40%，训练成本也较同规模密集模型节省了 30%。

2.6　模型训练与优化技术

模型训练与优化技术是深度学习中的关键环节，旨在通过高效的算法和策略提升模型的性能和效率，用于加速模型收敛、防止过拟合，并优化模型的泛化能力。通过不断优化训练过程，可以显著提高模型在复杂任务中的表现，同时减少计算资源的消耗。

2.6.1　多令牌预测技术

多令牌预测（Multi-Token Prediction，MTP）是一种用于提升语言模型训练和推理效率的技术，与传统的单令牌预测（Single-Token Prediction，STP）相对。STP 一次仅预测一个 token，而 MTP 可以同时预测多个 token。这一方案在训练阶段可以提升数据的训练效率，在推理阶段可以实现显著的推理加速。DeepSeek-V3 中就引入了 MTP 技术。

1. 实现方案

MTP 由一个主模型（Main Model）及多个 MTP 模块构成。

（1）主模型与 MTP 模块协作：主模型负责基础的下一个 token 预测任务，MTP 模块用于预测多个未来 token。它们共同协作完成多 token 预测训练。

（2）输入与输出 token：输入 token（如 t_1、t_2、t_3、t_4 等）是模型的输入序列，输出 token（如 t_2、t_3、t_4、t_5 等）是模型预测需要匹配的真实 token 序列。

（3）共享机制：嵌入层（Embedding Layer）和输出头（Output Head）在主模型和 MTP 模块之间共享。这种共享机制确保了模型在不同预测任务中的参数一致性，同时减少了参数数量，提高了训练效率。

2. 核心价值

- 推理加速：MTP 技术在推理时能够显著加速生成速度，据称生成速度可提升 1.8 倍。

- 高效训练：由于一次可预测多个 token，在相同数据量的情况下，相比 STP 架构，模型可以学习到更多的信息，从而提升数据的利用效率，使训练更加高效。

- 提升训练效果：模型可以基于对多个 token 的预测，更合理地调整自身参数，学习到更丰富的语言模式和语义信息，有助于模型在训练中更好地收敛，提升训练效果。

2.6.2 高效并行策略

DeepSeek-V3 在训练过程中采用了多种高效的并行策略，以充分利用计算资源、提高训练效率并减少训练时间和成本。

1. 专家并行（Expert Parallelism，EP）

DeepSeek-V3 大量使用了专家并行而不是传统的张量并行（Tensor Parallelism，TP）。专家并行与 MoE 架构的结构特点高度匹配，能够显著提升训练效率。

- 专家模型并行计算：MoE 架构由多个专家网络和一个门控网络组成。EP 能够将不同的专家模型分配到不同的计算单元上进行并行计算，使大模型可以同时处理多个不同的任务或数据特征，从而提高处理能力和训练效率。

- 通信成本：在 EP 中，不同专家模型之间的通信相对较少，主要通信开销在于门控网络与专家网络之间的信息交互，以及模型参数更新时的全局通信。相比之下，TP 需要在多个设备之间频繁进行张量的切分和合并，通信量会随着模型规模和数据量的增加而显著增加，从而降低训练效率。

- 计算资源利用率：MoE 架构中的不同专家模型可能具有不同的计算复杂度和数据需求。EP 可以根据各个专家模型的特点灵活地分配计算资源，使不同性能的计算单元都能得到充分利用。

2. 流水线并行（Pipeline Parallelism，PP）

DeepSeek-V3 采用了 16 路流水线并行，通过将模型的不同部分分配到不同的计算单元上进行并行计算，进一步提高了训练效率。

- 通信计算重叠优化：DeepSeek-V3 的 PP 算法（如 DualPipe 算法）通过重叠计算和通信阶段，减少了流水线气泡，解决了跨节点专家并行引入的沉重通信开销的挑战。
- 高效资源分配：通过优化排列功能模块，并精确调控用于通信和计算的 GPU SM 资源分配比例，系统能够在运行过程中有效隐藏全节点通信和 PP 通信开销。

3. 数据并行（Data Parallelism，DP）

DeepSeek-V3 采用了 ZeRO-1 数据并行策略，显著降低了单个 GPU 的内存占用，同时加速了模型训练。

- 降低内存占用：ZeRO-1 数据并行策略通过将优化器状态划分到不同的设备上，每个设备只保存一部分优化器状态，显著减少了内存冗余。
- 加速模型训练：由于内存占用降低，模型可以处理更大批量的数据，提高了计算资源的利用率，从而加快了训练速度。此外，ZeRO-1 数据并行策略通过在不同 GPU 之间共享一部分状态变量，减少了 GPU 之间的通信开销，进一步提升了整体训练效率。

4. 通信优化

DeepSeek-V3 在通信优化方面也做了大量工作，以减少通信开销并提高训练效率。

- 网络拓扑优化：通过优化网络拓扑结构，减少了跨节点的通信流量。
- 资源分配优化：通过动态调整资源分配，使通信和计算能够高效地并行进行。

总之，DeepSeek-V3 通过采用专家并行、流水线并行和 ZeRO-1 数据并行等多种高效的并行策略，显著提高了模型的训练效率，减少了训练时间和成本。同时，通过通信优化，还进一步减少了通信开销，使模型能够在大规模分布式训练中高效运行。

2.6.3　混合精度训练与量化策略

在深度学习中，混合精度训练（Mixed Precision Training）与量化策略是用于优化模型训练效率和部署性能的重要技术。

1. 混合精度训练

混合精度训练是一种在训练过程中同时使用单精度浮点数（数据类型为 FP32）和半精度浮点数（数据类型为 FP16）的技术。其主要目的是在不显著影响模型精度的前提下，减少内存占用、加速训练过程。

（1）混合精度训练的优势

- 减少内存占用：使用 FP16 可以将显存占用减少一半，从而支持更大的模型和批量大小。
- 加速训练：FP16 计算通常比 FP32 计算更快，尤其是在支持 Tensor Cores 的硬件上。
- 保持精度：通过在关键步骤（如梯度更新）中使用 FP32，混合精度训练能够在加速的同时保持模型的精度。

（2）实现方法

混合精度训练广泛应用于大规模模型训练，如 Transformer 架构及需要高效利用硬件资源的场景。在 PyTorch 中，可以使用 torch.cuda.amp 模块中的 autocast 和 GradScaler 来实现混合精度训练。

2．量化策略

量化是将模型的权重和激活值从浮点数转换为定点数（如 8 位整数）的过程，主要用于减少模型大小和加速推理。

（1）常见量化策略

- 基础 8 位量化：将模型参数和激活值量化为 8 位定点数，实现简单，压缩率固定。
- 层间均衡量化：通过调整相邻层的数值范围来减小量化误差，适合相邻层数值分布差异大的网络。
- 混合精度量化：对不同层使用不同的量化位宽，平衡精度和效率。

（2）量化的优势

- 减少模型大小：量化可以显著减少模型的存储需求，便于在边缘设备上部署。
- 加速推理：量化后的模型在推理时速度更快，功耗更低。

3．混合精度训练和精细量化策略在 DeepSeek 中的应用

DeepSeek-V3 在训练过程中采用了混合精度训练，还结合了精细量化策略，以提升计算效率和降低显存开销。

- 混合精度训练：对计算量大的通用矩阵乘法（GEMM）操作采用 FP8 执行，同时对关键操作（如嵌入模块、注意力操作）保持高精度（BF16/FP32）计算。
- 精细量化策略：采用分块量化、块级量化和高精度累加等策略，减少量化误差，确保训练稳定性和模型性能。

总之，混合精度训练和量化策略是深度学习中用于优化训练效率和模型部署性能的重要技术。混合精度训练通过结合不同精度的浮点数，减少了内存占用并加速了训练过程；量化策略则通过将浮点数转换为定点数，减少了模型大小并加速了推理。这两种技术在大规模模型训练和边缘设备部署中都发挥了重要作用。

2.6.4 EMA 显存优化

EMA（Exponential Moving Average，指数移动平均）通过计算模型训练过程中每一步更新得到的参数的指数加权平均值，得到一组新的参数。这些参数用于监测训练方向，避免噪声对模型参数更新的影响，从而得到更稳定、泛化能力更强的参数。然而，EMA 需要额外维护一组参数，这会占用一定的显存空间。

在 DeepSeek-V3 的训练过程中，EMA 显存优化是一个重要的技术手段，用于减少显存占用并提高训练效率。DeepSeek-V3 通过异步处理和显存卸载优化了 EMA 的显存占用，具体说明如下。

（1）异步处理：由于 EMA 的计算过程并不需要训练过程中实时产生的数据，因此可以独立于前向传播和反向传播而开展。DeepSeek-V3 采用异步处理方式，让 EMA 计算过程与训练过程并行开展。这种异步处理方式使得 EMA 的计算不会干扰正常的训练流程，提高了整体的训练效率。

（2）显存卸载：基于异步处理，DeepSeek-V3 进一步优化了 EMA 的显存占用。具体来说，就是将 EMA 计算从 GPU 显存卸载至 CPU。在每一轮训练结束后，将模型参数传递给 CPU，在 CPU 上计算 EMA 参数，然后将更新后的 EMA 参数存储在 CPU 内存中。这种方法减少了 GPU 的显存占用，使得更多的显存可以用于模型训练，从而支持更大的模型和批量大小。

总之，通过异步处理和显存卸载，DeepSeek-V3 有效地优化了 EMA 的显存占用。这种优化不仅减少了显存的使用量，还提高了训练效率，使得模型能够在有限的硬件资源下实现更高效的训练。

2.6.5　结构创新：头尾参数共享策略

头尾参数共享是一种在自然语言处理模型中十分常见的优化策略，特别是在 Transformer 架构中。头尾参数共享的核心思想是让模型的输入嵌入层和输出层（通常是一个线性层，如 lm_head 层）共享同一个权重矩阵。这种设计不仅减少了模型的参数量，还提高了模型的效率和性能。

1. 头尾参数共享的基本概念

（1）输入嵌入层

输入嵌入层是模型的起始部分，负责将离散的输入 token（如单词或字符）映射为连续的向量表示。其权重矩阵的大小通常为 vocab_size × hidden_size。

（2）输出层（lm_head 层）

位于模型末端，用于将模型输出的嵌入向量重新映射回 token 的概率分布，以便计算损失函数，其权重矩阵大小同样为 vocab_size × hidden_size。

（3）共享机制

头尾参数共享的核心是让输入嵌入层和输出层使用同一个权重矩阵。通过共享同一个权重矩阵，模型在输入和输出阶段使用相同的参数，从而减少了模型的总参数量。

2. 头尾参数共享在 DeepSeek 中的应用

DeepSeek-V3 采用了输入嵌入层和 lm_head 层共享参数的优化策略。

- 减少参数存储量：通过共享参数，减少了与之相关的梯度、优化器状态和参数备份等占用的显存。
- 提高模型性能：共用权重矩阵有助于模型学习到更稳定和通用的 token 表示。

总之，头尾参数共享是一种高效的优化策略，通过让输入嵌入层和输出层共享同一个权重矩阵，减少了模型的参数量和显存占用，同时提升了模型的性能和泛化能力。这种设计在自然语言处理模型中得到了广泛应用，尤其是在 Transformer 架构中，显著提高了模型的效率和可扩展性。

第 3 章　DeepSeek 硬件协同架构分析

DeepSeek 的硬件协同架构通过深度融合软硬件优势,实现了异构计算支持、内存高效管理、分布式通信优化和 GPU 加速实践。该架构利用统一的 GPU/TPU/NPU 适配层和专用算子优化技术,解决了显存碎片化和梯度内存复用难题,同时通过高效的分布式框架和数据一致性同步机制,保障了多设备协同工作的高并发性与稳定性。结合低精度计算(如 FP8 计算)和定制化 GPU 编程模型,DeepSeek 在大规模集群环境下展现出卓越的计算性能和资源调度能力。

3.1　异构计算支持与适配

异构计算支持与适配通过将任务分配给最适合的计算单元,如 GPU、TPU、NPU 等,显著提升了模型性能,例如 GPU 的并行计算能力可加速深度学习模型的训练。同时,异构计算具备高度灵活性,能根据任务需求动态分配计算资源,如在视频编解码任务中 GPU 负责并行图像处理,而在对速度和延迟要求更高的任务中则可能更适合使用 CPU 或 FPGA。因此,异构计算具备节能高效、缩短开发周期等优势。

3.1.1　多加速器融合适配层设计

DeepSeek 通过设计多加速器融合适配层,实现了对 GPU、TPU、NPU 等不同加速器的统一抽象,使其能够协同工作。这一适配层的设计主要包括以下 3 个方面。

- 硬件无关的模型优化:DeepSeek 在训练和推理过程中努力实现硬件与底层平台的低耦合设计,以减少对特定硬件生态的单一依赖。例如,DeepSeek 主要基于 PyTorch 框架开发,通过 PyTorch 的抽象后端接口(如设备无关代码)兼容不同硬件。对于 NVIDIA GPU,默认使用 CUDA 和 cuDNN 加速;对于 AMD GPU,通过 PyTorch 的 ROCm 后端支持 Instinct 系列显卡;对于 TPU/其他加速器,借助 Google 的 XLA 编译器适配 TPU 集群。
- 跨平台框架适配:DeepSeek 采用跨平台框架适配策略,确保模型代码在不同硬件平台上具有良好的兼容性。例如,DeepSeek 避免使用 CUDA 专属算子,转而使用

PyTorch 原生 API 或开源替代品，确保模型代码在非 CUDA 环境中可编译。同时，通过 PyTorch 的 AMP（Auto Mixed Precision，自动混合精度）模块而非 NVIDIA 专属的 apex，减少对 CUDA 生态的依赖。

- 分布式训练标准化：DeepSeek 采用分布式训练标准化策略，通过抽象层兼容不同硬件集群的通信库。例如，采用 NCCL（NVIDIA）、RCCL（AMD）等通信库的抽象层，允许在不同硬件集群（如混合 NVIDIA-AMD 环境）中进行分布式训练。

1. FP8 混合精度在 DeepSeek 中的应用优势

FP8 混合精度在 DeepSeek 中的应用具有以下优势。

- 减少内存占用：FP8 格式的数值表示仅需 8 位存储空间，相比 FP32 减少了 75% 的内存需求。DeepSeek 通过将部分模型参数（如激活值、梯度）存储为 FP8 格式，并在训练过程中动态调整 FP8 和更高精度格式之间的转换，显著降低了 GPU 内存占用。
- 加速计算：FP8 格式的计算复杂度更低，能够显著提升训练速度。DeepSeek 使用支持 FP8 运算的硬件（如 NVIDIA Hopper GPU）加速矩阵乘法和卷积操作，并在关键计算（如梯度累积）中使用更高精度（FP16/FP32）以保证数值稳定性。
- 保证数值稳定性：通过混合精度策略，在关键计算中使用更高精度，避免因 FP8 的有限表示范围导致的数值溢出或下溢。例如，在前向传播中使用 FP8 表示激活值，在反向传播中使用 FP16 或 FP32 计算梯度。
- 提升硬件利用率：FP8 格式的低存储需求和高计算效率能够更好地利用硬件资源。在支持 FP8 的硬件上充分利用其专用的 Tensor Core 加速器，提升硬件利用率。

2. DeepSeek 在适配层中支持 FP8 混合精度计算

DeepSeek 主要通过以下方式在适配层中支持 FP8 混合精度计算。

- 硬件支持：DeepSeek 利用支持 FP8 运算的硬件加速矩阵乘法和卷积操作。这些硬件具备专用的 Tensor Core 加速器，能够高效处理 FP8 运算任务。
- 软件框架适配：DeepSeek 通过 PyTorch 的 AMP（自动混合精度）模块，实现 FP8 混合精度训练的标准化。AMP 模块能够在训练过程中自动调整 FP8 和更高精度格式之间的转换，确保模型训练的稳定性和效率。
- 数值稳定性保障：在适配层中，DeepSeek 通过混合精度策略，在关键计算中使用更高精度（如 FP16/FP32），以保证数值稳定性。

总之，DeepSeek 的这种设计不仅提升了模型训练的效率和性能，还为未来更多异构硬件环境下的深度学习优化提供了有力的技术支撑。

3.1.2　算子级优化与定制化指令集整合

算子级优化是指在深度学习模型中，对单个算子（如矩阵乘法、卷积等）进行优化，以提高其执行效率和资源利用率。常用的算子级优化方法如下。

- 内存管理优化：合理利用内存体系，将频繁访问的数据块缓存到较快的存储区域；对齐和合并访存请求，避免带宽浪费。例如，在 NPU 中，通过特定的编译器或工具，可以对神经网络中的多个卷积、池化等算子进行融合，形成一个更高效的计算单元，从而提高计算效率。

- 线程管理优化：最大化利用硬件计算资源，规划并行线程数量和线程束大小。例如，在 GPU 中，通过合理设置线程块的大小和数量，可以充分利用 GPU 的并行计算能力，提高算子的执行速度。

- 指令使用优化：使用硬件支持的高效指令，减少计算冗余。例如，在 CUDA 编程中，可以使用 shl.b32 指令进行位运算优化索引计算，相比普通的整数乘法（mul.wide.u32），减少了额外计算步骤，提高了执行效率。

定制化指令集整合是指根据特定硬件架构的特点，开发专用的指令集，以提高硬件的计算效率。优化方法如下。

- 指令集开发：根据硬件的微架构，开发专用的指令集。例如，Intel 的 AMX 指令集可以用于加速矩阵计算。

- 指令集与硬件架构的匹配：确保指令集与硬件架构的紧密配合，充分发挥硬件的性能优势。例如，在 GPU 中，可以使用 CUDA 指令集进行并行计算；在 TPU 中，可以使用 XLA 指令集进行编译优化。

- 指令集的优化：对指令集进行持续优化，提高其执行效率。例如，通过优化指令的调度和执行顺序，可以减少指令的延迟和提高吞吐量。

DeepSeek 通过算子级优化与定制化指令集整合，实现了内核级的高效优化，提高了算子执行速度与资源利用率。具体方法如下。

（1）针对 GPU 的算子优化与指令集定制

- 引入高性能算子：DeepSeek 引入了 Marlin 算子作为 GPU 计算的内核，它能够非常高效地进行量化后的矩阵计算。相比传统的计算量化后的矩阵乘法的库，使用 Marlin 算子完成在 GPU 上面的计算大概可以达到 3.87 倍的理想加速效果。

- PTX 代码优化：DeepSeek 团队优化了 PTX 代码，减少了冗余计算，提高了推理速度。例如，通过位运算（shl.b32）优化索引计算，相比普通的整数乘法（mul.wide.u32），减少了额外计算步骤，提高了执行效率。

- CUDA Graph 优化：DeepSeek 使用 CUDA Graph 降低 Python 调用开销，减少 CPU/GPU 通信造成的断点，提高推理性能。例如，在 KTransformers 框架中，通过 CUDA Graph 实现一次 decode 仅有一个完整的 CUDA Graph 调用的结果。

（2）针对 TPU 的算子优化与指令集定制

DeepSeek 通过 XLA 编译器对模型进行编译优化，生成针对 TPU 架构的高效计算指令。

XLA 编译器可以对模型的计算图进行优化，减少不必要的计算步骤，提高计算效率。

总之，DeepSeek 通过算子级优化与定制化指令集整合，实现了对 GPU、TPU 等不同加速器的高效优化。通过引入高性能算子、优化 PTX 代码、使用 CUDA Graph 等方法，DeepSeek 提高了算子执行速度与资源利用率，充分发挥了硬件性能优势。

3.2　内存管理与优化策略

内存管理与优化策略在高性能计算系统中至关重要。有效的内存管理能够提高资源利用效率，减少数据访问延迟，从而提升整体计算性能。通过采用动态内存分配、显存碎片化解决策略以及梯度内存复用等，可以在保障计算精度的同时，显著降低内存占用，加速数据处理流程，为深度学习等大规模计算任务提供有力支撑。

3.2.1　显存碎片化解决策略与动态内存分配

在深度学习模型训练过程中，显存碎片化是频繁的内存分配和释放导致的，这会降低显存利用率，影响模型训练效率。为解决这一问题，通常采用显存重构方法，如内存池技术，通过创建内存池来管理固定大小的内存块，减少频繁的内存分配和释放带来的性能损耗，并有效控制内存碎片的产生。此外，使用适应性算法，如最佳适应、最差适应或首次适应算法，也可以减少内存碎片的产生。在系统空闲时或检测到内存使用率下降时进行内存整理，将分散的内存块重新组织成大的连续块，也是显存重构的一种有效方法。

1. 针对 DeepSeek 深度学习模型训练过程中显存碎片化问题的解决方案

在 DeepSeek 深度学习模型训练过程中，显存碎片化问题尤为突出。为解决这一问题，DeepSeek 采用了结合模型特点的显存重构方法，通过动态内存分配策略，有效提高显存资源的利用率与模型训练效率。具体方法如下。

（1）精细化管理不同生命周期的张量

DeepSeek 通过精细化管理不同生命周期的张量，识别与分类不同生命周期的张量，针对性优化显存管理策略，从而减少显存碎片的产生并提高显存利用率。

- 首先，DeepSeek 采用 ZeRO-1 数据并行策略，将训练优化器的状态均分到多个 GPU 上，在前向和反向传播时只保留必要的参数和梯度，从而减少显存占用。
- 其次，DeepSeek 使用细粒度的 per-tile（1×128）和 per-group（128×128）量化策略，对激活和权重进行分组量化，以更好地处理特征异常值，提高量化精度，同时节省显存。
- 最后，DeepSeek 还通过优化自注意力的缓存张量的物理存储方式，减少显存碎片，提高推理吞吐率。

这些策略共同作用，使得 DeepSeek 能够有效管理不同生命周期的张量，缓解显存碎片化。

（2）优化自注意力的缓存张量的物理存储方式

在深度学习模型中，尤其是在 Transformer 架构中，自注意力机制是核心组件之一，用于捕捉序列中不同位置之间的依赖关系。在这一过程中，会生成大量的缓存张量（如 KV 缓存），这些张量在推理过程中需要被高效地存储和访问。传统的做法是为每个请求预分配一个具有请求最大长度的连续内存块，这可能导致严重的内部碎片，因为请求的实际长度可能远短于其最大长度。

为了解决这一问题，DeepSeek 采用了优化自注意力的缓存张量物理存储方式。具体来说，它借鉴了操作系统中的分页思想，引入了分页注意力（Paged Attention）机制。这种机制允许在非连续的内存空间中存储连续的键和值，从而减少了内存碎片。通过将请求划分为固定大小的逻辑块（类似于虚拟内存中的页），并在物理内存中动态分配和管理这些逻辑块，DeepSeek 能够更高效地利用显存资源。在推理过程中，通过块表（类似于虚拟内存到物理内存的映射表）来管理这些逻辑块和物理块之间的映射关系，从而在计算时能够高效地访问所需的缓存张量，提高了推理的吞吐率。

（3）虚拟内存和分页技术

虚拟内存和分页技术是操作系统中用于有效管理内存资源的经典方法，DeepSeek 将其应用于显存管理，以减少显存碎片和过度预留内存的问题。虚拟内存技术通过将部分数据暂时存储在磁盘上，从而减少显存的占用。当显存不足时，系统可以将一些不常用的数据块从显存中移出，存储到磁盘上，当需要时再将其调入显存。

分页技术则将显存划分为固定大小的页，通过页调度来管理显存的使用。在 DeepSeek 中，显存被划分为多个固定大小的页，当需要分配显存时，系统会根据请求的大小，动态地分配一个或多个页。这种动态分配方式可以有效地减少显存碎片，因为即使请求的大小不同，也可以通过组合多个小页来满足需求，避免分配大块连续内存而导致的内存浪费。

2. 实际训练场景中的应用效果与优势

在实际训练场景中，DeepSeek 的显存重构方法和动态内存分配策略取得了显著的效果。

- 提高显存利用率：通过动态内存分配策略，显存利用率显著提高，减少了显存碎片化带来的性能损耗。例如，在 DeepSeek-V3 的训练中，采用 FP8 精度执行 GEMM 操作，显著提升了计算效率，降低了显存开销。

- 提升模型训练效率：显存碎片化问题的解决，使得模型训练过程更加顺畅，训练效率显著提升。例如，DeepSeek-V3 通过使用定制化的 PTX，对 GPU 的 SM 进行了改造，专门划分出部分 SM 用于处理服务器间通信任务，并根据训练流和通信流的具体特点和需求，对指令执行进行优化，减少 SM 资源分配和 L2 缓存抢占现象的发生，从而提高了模型训练效率。

- 支持大规模模型训练：优化后的显存管理策略，使得 DeepSeek 能够支持更大规模的模型训练，进一步提升了模型的性能和泛化能力。例如，DeepSeek-V3 通过动态资源调整，根据训练流和通信流在不同时刻的资源需求动态地分配 SM 和 L2 缓存资源，从而支持更大规模的模型训练。

3.2.2　梯度内存复用与跨设备一致性管理

在分布式训练中，内存共享与回收策略是优化内存使用、提高训练效率的关键。内存共享策略通过在多台设备之间共享内存资源，减少内存冗余，提高内存利用率。例如，ZeRO（Zero Redundancy Optimizer）技术框架通过将优化器状态划分到不同的设备上，每台设备只保存一部分优化器状态，从而显著降低单个 GPU 的内存占用。内存回收策略则通过在训练过程中及时释放不再使用的内存，避免内存泄漏，确保内存资源的高效利用。

DeepSeek 在分布式训练过程中，通过内存共享与回收策略，实现了梯度内存复用与跨设备一致性管理，优化了内存使用，确保了分布式训练的高效协同与稳定性。具体方法如下。

- 梯度内存复用：DeepSeek 通过 ZeRO-1 数据并行策略，将优化器状态划分到不同的设备上，每台设备只保存一部分优化器状态。在反向传播计算完成后，各台设备会交换自己所负责的参数的梯度信息，然后根据这些梯度更新各自保存的部分优化器状态和模型参数。通过这种方式，虽然每台设备只保存了部分信息，但最终所有设备上的模型参数会保持一致。

- 跨设备一致性管理：DeepSeek 通过在不同 GPU 之间共享一部分状态变量，减少了 GPU 之间的通信开销，进一步提升了整体训练效率。同时，通过内存共享策略，确保了不同设备之间的内存资源能够高效协同，提高了内存利用率。

- 激活重计算：DeepSeek 在训练时不会缓存所有中间激活值供反向传播使用，而是采用"现用现算，用完就扔"的策略。前向计算每一层的输出（激活值），但只选择性保存部分关键数据。反向计算梯度时，遇到没保存的中间结果，就临时重新计算对应的部分，从而节省大量存储空间（时间换空间）。

- 参数分片优化：DeepSeek 将模型按层进行垂直分割，并按张量维度进行水平切片，需要时通过 AllGather 操作快速拼接。
  - 延迟加载：只有当计算流程到达某分片时才加载对应参数（用时才加载）。
  - 动态分片重组：根据显存余量自动调整分片粒度（如从每层分片改为每两层合并分片）。
  - 分片生命周期管理：对即将被复用的参数分片实施缓存保留，对暂时不用的实施内存回收。

- DualPipe 算法：DeepSeek 采用 DualPipe 算法，将模块细粒度化为注意力、全连接调度、MLP（Multilayer Perceptron，多层感知机）等组件，并重新排列计算与通信阶段，实现无依赖关系的计算与通信任务的并行处理，显著减少流水线停滞（气泡）。

- 通信隐藏：进行 GPU 流式多处理器的任务分配，并行地完成当前的计算和通信任务，从而避免 GPU 空闲等待，使跨节点通信完全隐藏在执行过程中，保持较高的计算 – 通信比。

在不同的分布式架构下，DeepSeek 的内存共享与回收策略取得了显著的应用与优化效果。

- 数据并行架构：在数据并行架构中，DeepSeek 通过 ZeRO-1 数据并行策略，显著降低了单个 GPU 的内存占用，让模型能够在有限的显存中进行训练。同时，由于内存占用降低，模型可以处理更大批量的数据，提高了计算资源的利用率，从而加快训练速度。

- 模型并行架构：在模型并行架构中，DeepSeek 通过内存共享策略，减少了模型参数在不同设备之间的传输，提高了模型训练的效率。同时，通过内存回收策略，确保了内存资源的高效利用，避免了内存泄漏。

3.3　分布式计算与通信优化框架

分布式计算与通信优化框架通过整合多节点、多 GPU/CPU 资源，优化数据通信、构建同步机制、实现负载均衡，以及增强可扩展性和容错性，显著提升了训练效率，加速了模型训练过程。这些框架采用多种通信优化技术，如参数子集同步、计算与通信重叠、低精度外梯度量化等，有效降低通信带宽需求，减少训练时间。在不同分布式架构下，如数据并行架构、模型并行架构等，这些优化策略能够提高资源利用率，确保分布式训练的高效协同与稳定性，从而提升整体计算性能。

3.3.1　分布式架构设计原则与网络拓扑优化

Fat-Tree（胖树）拓扑是一种高效的互联方案，它通过增加从叶子到根的上行链路带宽，缓解了传统树形拓扑中根交换机的交通拥塞问题。在基于 Fat-Tree 的互联网络中，叶节点代表处理器，内部节点代表交换机，边缘对应于父节点和子节点之间的双向链接。这种拓扑结构确保了在一对处理节点之间存在唯一的最短路径，从而使得路由相对容易。在 Fat-Tree 中，路由包括上升阶段和下降阶段，消息从源节点通过内部交换机向上传递，直至找到最小共同祖先，然后通过内部交换机向下传递到目标节点。

1. DeepSeek 分布式架构设计原则

DeepSeek 分布式架构设计原则旨在通过高效的节点通信、动态任务分配和资源管理策略，实现大规模模型的高效训练。具体来说，DeepSeek 采用了以下分布式架构设计原则。

- 高效的节点通信：DeepSeek 采用了自研的 RDMA（Remote Direct Memory Access，远程直接内存访问）通信协议，结合 3D 超立方体网络拓扑，实现了节点间通信延迟小于 1μs，带宽利用率达 98%。这种高效的通信方式，使得节点之间能够快速地传输数据和同步参数，大大提高了训练效率。

- 动态任务调度：DeepSeek 采用了动态任务调度算法，根据节点的计算能力和负载情况，智能地分配训练任务。当某个节点的计算能力较强且负载较低时，会分配更多的任务给它；而当某个节点负载过高时，任务会被分配到其他节点，从而确保整个集群的负载均衡。
- 资源统一管理：DeepSeek 利用了分布式资源管理系统，对计算资源、存储资源和网络资源进行统一管理和调度。通过实时监控资源的使用情况，动态调整资源的分配，确保资源的高效利用。

2. 网络拓扑优化

DeepSeek 结合基于 Fat-Tree 等高效互联方案的网络拓扑优化，确保分布式计算过程中的高效通信与协同。具体来说，DeepSeek 采用了以下网络拓扑优化策略。

- 3D 超立方体网络拓扑：DeepSeek 采用了 3D 超立方体网络拓扑，这种拓扑结构具有低延迟和高带宽的特点，能够有效地支持大规模分布式训练。通过这种拓扑结构，DeepSeek 实现了节点间通信延迟小于 $1\mu s$，带宽利用率达 98%。
- 跨节点全对全通信的高效实现：DeepSeek 定制了高效的跨节点全对全通信内核，通过 PXT 连接 CUDA 和底层 GPU 硬件，实现了跨节点通信的高效性。具体来说，跨节点 GPU 通过 IB（InfiniBand）完全互联，节点内通信通过 NVLink 处理。NVLink 提供 160 Gbit/s 的带宽，大约是 IB（50 Gbit/s）的 3.2 倍。为了有效利用 IB 和 NVLink 的不同带宽，DeepSeek 限制每个 token 最多被分发到 4 个节点，从而减少 IB 流量。

3. 提升 DeepSeek 分布式训练的性能与可扩展性

通过分布式架构设计与网络拓扑优化技术，可以显著提升 DeepSeek 分布式训练的性能与可扩展性。

- 性能提升：通过高效的节点通信和动态任务调度，DeepSeek 训练效率大大提高。例如，在训练 DeepSeek-V3 时，实现了千卡集群 92% 的线性加速比，使模型能够在更短的时间内完成训练。
- 可扩展性增强：DeepSeek 的分布式架构设计能够轻松扩展到数千个计算节点，支持大规模模型的训练。通过动态任务调度和资源统一管理，DeepSeek 能够根据模型的大小和计算需求，动态调整计算资源的分配，确保资源的高效利用。

3.3.2　主流分布式框架的适配与改进

在目前的技术条件下，主流分布式框架（如 PyTorch Distributed、TensorFlow Distributed 等）在 DeepSeek 应用场景下各有优缺点。

- PyTorch Distributed 以其灵活性和动态图特性，适合快速迭代和调试，但在大规模分布式训练中，其静态图优化和资源管理不如 TensorFlow Distributed。

- TensorFlow Distributed 以其稳定性和对大规模计算的支持，适合工业级应用，但在灵活性和快速迭代方面稍显不足。

1. 针对 DeepSeek 特点定制的分布式训练框架

DeepSeek 团队针对 DeepSeek 特点进行了分布式训练框架的定制化优化，提出了改进方案，以更好地满足分布式训练的需求。该框架通过动态任务调度、资源统一管理和高效的节点通信，实现了不同规模模型的高效能训练。

2. 分布式训练框架优化效果

- 性能提升：DeepSeek 的定制化框架在计算效率与资源消耗方面表现优异。通过优化资源消耗，DeepSeek 适合在资源有限的环境中部署，相比 TensorFlow 和 PyTorch，在大规模模型训练中能够更高效地利用资源。
- 可扩展性增强：DeepSeek 的分布式训练框架在可扩展性和灵活性方面表现出色。面对不同规模的模型时，框架能够根据模型的大小和计算需求，动态调整计算资源的分配。对于较小的模型，可以在较少的计算节点上进行训练；而对于像 DeepSeek-V3 这样的大规模模型，则可以轻松扩展到数千个计算节点，实现高效的训练。

3.3.3 异步通信、数据一致性与同步机制

在分布式系统中，异步通信、数据一致性与同步机制是确保多个系统组件高效通信的关键。异步通信允许发送方在发送数据后继续执行其他任务，无须等待接收方的确认，从而提高系统的响应速度和吞吐量。数据一致性则确保所有节点在同一时间点上拥有相同的数据，通常通过同步机制实现。同步机制要求发送方在接收到确认信号之前等待，确保数据在多个节点之间立即更新，适用于需要实时更新的场景。

1. 高并发环境下的通信调优策略

在高并发环境下，通信调优策略主要包括路由范围限制、网络拓扑优化、资源分配优化和动态资源调整。路由范围限制可以减少节点间的通信流量，避免通信拥塞。网络拓扑优化通过多轨组网方案，确保服务器收发数据时在不同节点的同号卡之间实现最少跳数的互联，最大化利用高速互联网络带宽。资源分配优化通过定制化的 PTX 对 GPU 的 SM 进行改造，专门划分出部分 SM 用于处理服务器间通信任务，减少资源争抢。动态资源调整则根据训练流和通信流的资源需求动态分配 SM 和 L2 缓存资源，提高资源利用率。

2. DeepSeek 高并发分布式训练环境中的通信调优

在 DeepSeek 高并发分布式训练环境中，通过异步通信、数据一致性与同步机制，可以实现高效的通信调优，确保数据的准确传输与模型训练的稳定性。DeepSeek 采用了全对全通信方案，并通过路由范围限制、网络拓扑优化、资源分配优化和动态资源调整等通信优化手段，解

决了全对全通信方案在通信效率方面的劣势。

3.4　高性能计算优化与资源调度

高性能计算优化与资源调度是提升大规模分布式训练效率的核心环节。DeepSeek 通过采用并行计算模型，显著提高了计算资源的利用率和数据处理速度。同时，结合动态负载均衡与资源智能调度策略，DeepSeek 能够根据实时任务需求和硬件状态灵活分配计算、存储和网络资源，确保训练过程的高效协同与稳定性，进一步优化整体性能表现。

3.4.1　并行计算模型

并行计算模型是提升大规模模型训练效率的关键技术，策略主要有模型并行、专家并行和混合并行等。

- 模型并行：DeepSeek 通过将模型的不同层分配到多个 GPU 上，解决了单个 GPU 内存无法容纳整个模型的问题。例如，在训练大规模 Transformer 模型时，Transformer 模型的不同层被划分到不同的 GPU 上，每个 GPU 负责计算分配到的层的前向传播和反向传播。这种策略使得 DeepSeek 能够训练超大规模的模型，突破了单设备的限制。

- 专家并行：MoE 架构通过将一个大模型拆解成多个小模型（即专家模型），并动态选择激活其中一部分专家模型进行计算，从而减少计算量和存储需求。在分布式训练中，MoE 结合数据并行和模型并行策略，进一步提升了训练效率。例如，"MoE + 数据并行"通过将门控网络和专家网络复制到每个计算单元上，实现大规模并行计算；"MoE + 模型并行"则将专家网络分布到不同的计算单元中，通过网络通信确保不同计算单元间的信息交换。

- 混合并行：DeepSeek 还采用了混合并行策略，将模型并行与数据并行相结合。在训练过程中，不同的 GPU 组负责模型的不同部分（模型并行），而每个 GPU 组内的多个 GPU 则对不同的数据分片进行计算（数据并行）。这种协同工作方式充分发挥了模型并行和数据并行的优势，既解决了模型规模过大的问题，又提高了训练效率。

模型并行适用于模型规模较大、单个 GPU 无法容纳整个模型的情况。通过将模型的不同层分配到多个 GPU 上，解决了内存限制问题。优化方法包括合理划分模型层，确保各 GPU 之间的负载均衡，以及优化通信策略，减少层间通信的开销等。

专家并行适用于需要减少计算量和存储需求的场景。通过动态选择激活部分专家模型进行计算，减少了计算资源的浪费。优化方法包括设计高效的门控网络，确保专家模型选择的准确性和效率，以及优化专家网络的分布和通信策略，减少通信开销等。

混合并行适用于需要同时解决模型规模和数据规模问题的场景。优化方法包括合理划分模型和数据，确保各 GPU 之间的负载均衡，以及优化通信策略，减少模型和数据之间的通信开销等。

总之，DeepSeek 通过应用多种并行计算模型，显著提升了模型训练的速度和性能。这些并行计算模型在不同的应用场景中发挥了关键作用。DeepSeek 团队还通过合理的优化方法，确保了各 GPU 之间的负载均衡和通信效率。

3.4.2 动态负载均衡与资源智能调度

动态负载均衡与资源智能调度是分布式系统中确保计算资源高效利用和系统性能优化的关键技术，具体说明如下。

- 动态负载均衡：通过实时监测各计算节点的负载情况，动态调整任务分配，使各节点的负载保持在合理范围内，避免部分节点过载而其他节点空闲的情况。常见的负载均衡算法包括轮询、最少连接、加权轮询等。
- 资源智能调度：通过智能调度算法和策略，根据任务的需求和资源的可用性，合理分配计算、存储和网络资源，确保资源的高效利用和系统的高性能运行。常见的资源智能调度策略包括基于规则的调度、基于性能的调度和基于机器学习的调度等。

1. 软硬件协同下的资源分配策略

在软硬件协同的资源分配策略中，通过结合软件层面的智能调度算法和硬件层面的资源管理机制，实现对计算资源的精细化管理和动态分配。软件层面，采用智能感知和决策机制，根据应用层的需求和资源的实时状态，动态调整任务分配和资源调度策略。例如，基于应用层的智能感知技术可以实时监测任务的计算需求和数据流量，从而做出更合理的资源分配决策。硬件层面，通过定制化的硬件架构和资源管理机制，提高资源的利用率和系统的性能。例如，DeepSeek 通过定制化的 PTX 对 GPU 的 SM 进行改造，专门划分出部分 SM 用于处理服务器间通信任务，减少资源争抢。

2. DeepSeek 中的资源分配策略

DeepSeek 在实现动态负载均衡与资源智能调度方面，采用了多种创新的方法和技术。

- DeepSeek 引入了无辅助损失的负载均衡策略，通过动态调整专家模型接收输入的概率来平衡各个专家模型的负载。这种策略不依赖额外的辅助损失函数，而是直接基于专家模型的实际负载情况进行概率调整，避免了引入辅助损失函数可能带来的模型训练复杂性增加和潜在的收敛问题。
- DeepSeek 采用了动态资源分配机制，如 Token Dropping 机制，在负载过高时跳过非关键计算，配合 FP8 量化技术降低显存占用。
- DeepSeek 还通过软硬件协同的资源分配策略，确保各计算节点的高效协同与资源的充分利用。例如，在训练过程中，DeepSeek 根据训练流和通信流的资源需求动态分配 SM 和 L2 缓存资源，提高资源利用率。

　　在实际应用中，DeepSeek 的动态负载均衡与资源智能调度策略取得了显著的效果。例如，在 MATH-500 测试中，DeepSeek 的准确率达 90.2%，Codeforces 推理速度提升 51.6%，分布式部署吞吐量提升 3 倍。这些成果表明，DeepSeek 的资源调度策略不仅提高了模型的性能，还显著提升了系统的吞吐量和推理速度。此外，DeepSeek 的无辅助损失负载均衡策略在 140T tokens 的预训练任务中表现出色，仅需 2.6 天即可完成训练。这些实际应用案例充分证明了 DeepSeek 在动态负载均衡与资源智能调度方面的优势和效果。

3.4.3　缓存优化与内存访问加速技术

　　缓存优化与内存访问加速技术是提升计算性能的重要手段，主要包括缓存替换策略、数据预取、缓存一致性维护等。缓存替换策略［如最近最少使用（Least Recently Used，LRU）算法］通过淘汰最少使用的缓存项，提高缓存命中率。数据预取根据访问模式，通过提前将数据加载到缓存中，减少访问延迟。缓存一致性维护则确保多处理器或多设备间缓存数据的一致性。

　　1. 数据局部性优化与内存层次管理

　　数据局部性优化通过优化数据访问模式，提高数据在缓存中的命中率，减少内存访问延迟。内存层次管理则通过合理利用不同层次的内存（如 CPU 缓存、GPU 显存、硬盘存储等），优化数据存储和访问策略，提高内存访问效率。

　　2. DeepSeek 中的缓存优化与内存访问加速技术

　　DeepSeek 通过数据局部性优化与内存层次管理，显著提高了内存访问效率，减少了内存访问延迟，从而提升了模型训练性能。具体方法如下。

- 数据局部性优化：DeepSeek 通过优化数据访问模式，提高数据在缓存中的命中率。例如，在模型训练过程中，将频繁访问的数据块缓存到较快的存储区域，对齐和合并访存请求，避免带宽浪费。此外，DeepSeek 还采用了低秩 KV 缓存联合压缩技术，进一步优化了缓存效率。

- 内存层次管理：DeepSeek 通过合理利用不同层次的内存，优化数据存储和访问策略。例如，采用内存池技术，预先分配一定的内存空间，并在需要时进行复用，减少内存分配和释放的开销。此外，DeepSeek 还将模型参数的指数移动平均等数据存储到 CPU 内存中，减少 GPU 显存的占用。

- 缓存机制：DeepSeek 引入了"磁盘上缓存上下文"技术，将用户输入中重复出现的内容（如长对话、角色设定或频繁查询的数据）缓存到分布式硬盘阵列中。当用户再次输入时，系统会检查缓存中是否存在重复内容，如果存在，则直接从缓存中读取，而无须重新计算。

　　上述技术在 DeepSeek 中取得了显著的优化效果。

- 提高内存访问效率：通过数据局部性优化和内存层次管理，DeepSeek 显著提高了内存访问效率，减少了内存访问延迟。

- 降低内存占用：通过将模型参数的指数移动平均等数据存储到 CPU 内存中，DeepSeek 减少了 GPU 显存的占用，提高了内存资源的利用率。
- 提升模型训练性能：这些优化措施显著提升了 DeepSeek 的模型训练性能，使得模型能够更快地收敛，加速了模型的研发和迭代过程。

3.5 DeepSeek 的专属 GPU 优化与异构加速实践

DeepSeek 通过专属的 GPU 优化与异构加速技术，在硬件架构、编程模型和平台搭建等方面实现了创新和优化。从实验室环境到大规模集群部署，DeepSeek 积累了丰富的实战经验，包括硬件选型、软件环境配置和平台优化等方面，为读者提供了有价值的参考与借鉴，助力更好地应用 DeepSeek 进行模型训练与研究。

3.5.1 GPU 计算架构优化与深度集成

GPU 计算架构优化旨在通过改进 GPU 的硬件架构和软件层面的编程模型，提升其在深度学习等高性能计算任务中的效率和性能。深度集成则涉及让 GPU 与系统中的其他组件（如 CPU、内存、网络等）紧密协同工作，以实现整体计算系统的高效运行。这包括优化数据传输路径、减少数据搬运的延迟和开销，以及通过硬件和软件的协同设计，充分发挥 GPU 的并行计算能力。

1. 多 GPU 协同与高速互联技术应用

在多 GPU 协同方面，DeepSeek 通过采用"3D 混合并行"策略（数据并行、模型并行和流水线并行的结合），使万卡集群的算力利用率超过 50%，远高于行业平均水平的 30%。这种策略通过将数据、模型的不同部分以及计算流程的不同阶段分配到多个 GPU 上，实现了高效的并行计算。在高速互联技术应用方面，DeepSeek 利用 GPUDirect RDMA 技术，让 GPU 直接访问其他 GPU 的显存，绕过 CPU 中转，从而将延迟降低至微秒级。此外，通过梯度压缩技术，将传输的梯度数据从 32 位浮点数压缩至 8 位，带宽占用减少了 75%。

2. DeepSeek 的 GPU 计算架构优化与深度集成方法

DeepSeek 在 GPU 计算架构优化方面采取了多项创新措施。首先，通过进行 PTX 指令的优化，DeepSeek 实现了显存带宽的"时间折叠"技术，使有效显存带宽达到理论值的 183%，在 70B 参数模型训练中，每迭代步长时间从 210ms 降至 137ms。其次，DeepSeek 开发了"细胞级频率控制"技术，通过实时监测每个 SM 的 IPC（Instructions Per Cycle，每周期指令数）并动态调整 SM 电压，实现了跨 SM 的负载均衡，使 NVIDIA H800 在持续满载时的能效比（TOPS/W）提升 41%。这些技术在 DeepSeek 中的应用场景包括大规模模型训练和分布式训练，通过硬件架构优化，显著提升了模型训练速度和性能。

通过这些优化措施，DeepSeek 在 GPU 计算架构方面取得了显著的性能提升。在模型训练中，DeepSeek 能够更高效地利用 GPU 资源，减少了训练时间，提高了训练效率。例如，在 70B 参数模型训练中，通过"时间折叠"技术，每迭代步长时间显著减少。此外，通过"细胞级频率控制"技术，DeepSeek 持续满载时的能效大幅提升，打破了 NVIDIA 固件设置的功耗墙限制。这些优化措施不仅提升了模型训练速度，还提高了硬件资源的利用率和能效比。

3.5.2　GPU 编程模型、FP8 精度与量化策略

GPU 编程模型主要包括 CUDA 编程模型和 OpenCL 编程模型等，其中 CUDA 是 NVIDIA 推出的并行计算平台和编程模型，允许开发者利用 NVIDIA GPU 进行通用计算。FP8 是一种 8 位浮点数格式，具有较低的内存占用和更快的计算速度，适用于深度学习中的低精度计算。量化策略则旨在将高精度（如 FP32 精度）的数据转换为低精度（如 FP8 精度）的数据，以减少内存占用和加速计算，同时尽量保持模型的精度。

针对深度学习模型的低精度训练，DeepSeek 采用了多种优化方案。首先，通过细粒度量化策略，将激活值按 1×128 tile 分组并缩放，权重按 128×128 block 分组并缩放，相比传统的张量级量化，这种细粒度处理方式能更好地应对异常值，提高量化精度。其次，提升累加精度，在 GEMM 中，将部分结果定期提升到 FP32 寄存器进行累加，有效减少了因低比特宽度累加在张量核心中产生的误差，保证了计算的准确性。再次，DeepSeek 统一采用 E4M3 格式，通过细粒度量化，实现元素间指数位共享，简化训练框架，提升训练效果。最后，采用在线量化，训练时动态计算每个 1×128 激活 tile 或 128×128 权重 block 的缩放因子，无须依赖历史最大值的延迟量化方法，简化了框架，还提高了模型精度。

在实际训练中，DeepSeek 的低精度训练与优化方案取得了显著的效果。通过 FP8 量化计算流程的优化，DeepSeek 在保持较高计算效率的同时，显著减少了量化误差。例如，在某些应用场景中，反量化后的模型精度与原始 FP32 模型的差距小于 1%，这表明 FP8 量化方案在精度和效率之间取得了良好的平衡。此外，DeepSeek 的低精度训练方案还显著降低了内存和通信开销。例如，使用 FP8 格式缓存和传输激活值，同时用 BF16 格式存储优化器状态，比全程用高精度格式节省了约 40% 的内存和通信资源，平衡了效率与稳定性。

3.5.3　异构计算平台搭建及实战案例

在搭建 DeepSeek 异构计算平台的过程中，从实验室环境到大规模集群部署，笔者积累了丰富的实战经验。以下是一些关键的实践经验与注意事项，涵盖硬件选型、软件环境配置、平台优化等方面，旨在为读者提供有价值的参考与借鉴，从而更好地应用 DeepSeek 进行模型训练与研究。

1. 硬件选型

在硬件选型方面，搭建 DeepSeek 异构计算平台，需要根据具体的部署场景和需求选择合适的硬件设备。例如，在昇腾、海光等国产 GPU 上，GPUStack 也提供适配支持。在 8 卡海光 K100_AI 上运行 DeepSeek R1 671B 量化或蒸馏版本，能够充分发挥国产硬件的计算能力，实现自主可控的私有化部署。此外，对于不同的模型、量化方式、上下文大小、推理参数设置或多卡并行配置，显存需求各不相同。对于 GGUF 模型，可以使用模型资源测算工具 GGUF Parser 来手动计算显存需求。实际部署时，GPUStack 会自动计算并分配适合的显存资源，无须用户手动配置。

2. 软件环境配置

在软件环境配置方面，DeepSeek 异构计算平台需要安装和配置相应的软件框架和依赖项。例如，KTransformers 作为一个开源框架，专门为优化大语言模型的推理过程而设计。它支持 GPU/CPU 异构计算，并针对 MoE 架构的稀疏性进行了特别优化，可以有效降低硬件要求，允许用户在有限的资源下运行像 DeepSeek-R1 这样庞大的模型。在实践环境中，硬件配置包括 Intel Xeon Silver 4310 CPU、DDR4 内存和 NVIDIA GeForce RTX 3090 GPU。软件环境包括 Ubuntu 22.04 操作系统、CUDA 12.1、KTransformers v0.2.1 等。

3. 平台优化

在平台优化方面，DeepSeek 异构计算平台需要进行多方面的优化，以提高模型训练和推理的效率。例如，GPUStack 不仅支持大语言模型，还支持多种生成式 AI 模型，覆盖更广泛的应用场景。此外，DeepSeek 通过引入 FP8 和 PTX 进行模型训练和编程优化，降低了芯片成本要求，提高了芯片利用率。在推理部署方面，DeepSeek 将计算过程和生成 KV 缓存的部分分离，部署在不同的芯片中，提高计算效率。

4. 实战案例

在实际应用中，DeepSeek 异构计算平台在多个场景下取得了显著的效果。例如，在 2 台 8 卡 NVIDIA A100 服务器上，利用 GPUStack 多机分布式推理，运行 DeepSeek R1 671B 量化版本，突破单机显存限制，高效执行超大规模模型推理。在需要高并发、高吞吐、低延迟的生产环境中，使用 vLLM 高效部署推理 DeepSeek R1 全量版或蒸馏版，充分利用推理加速技术支撑大规模并发请求，提升推理效率。这些实战案例充分证明了 DeepSeek 异构计算平台在不同场景下的高效性和灵活性。

总之，搭建 DeepSeek 异构计算平台，在硬件选型上，应根据具体场景和需求选择合适设备。在软件环境配置方面，应安装和配置相应的软件框架和依赖项。在平台优化方面，应进行多方面优化，提高模型训练和推理效率。实战案例中，DeepSeek 在多场景下取得显著效果，证明了其高效性和灵活性。

第 **4** 章 DeepSeekMoE 模型全景剖析

DeepSeek 的基础大语言模型 DeepSeekMoE 通过专家细分和共享专家策略优化传统 MoE 架构的专家专业化问题，进而灵活激活部分专家模型，减少冗余，提高计算效率。实验表明，DeepSeekMoE 2B 在计算成本远低于 GShard 2.9B 的情况下实现了与之旗鼓相当的性能，并且模型能力接近同等参数量的密集模型。扩展至 16B 参数后，其性能与 LLaMA2 7B 相当，但计算量仅为后者的 40%。

4.1 DeepSeekMoE 架构介绍

DeepSeek 通过创新的 MoE 架构设计，创造出了 DeepSeekMoE 架构技术，显著提升了模型的计算效率和灵活性，同时降低了资源消耗。

4.1.1 背景介绍

近年来的研究和实践不断证明，在拥有足够训练数据的前提下，通过大幅增加模型参数和计算预算来扩展语言模型，可以显著提升模型的性能。然而，将模型扩展到极大规模的努力往往伴随着极高的计算成本，这成为进一步提升模型性能的一大瓶颈。正是在这种背景下，混合专家（MoE）架构应运而生。MoE 架构实现了语言模型向更大规模的跃升，从而展现出其在扩展模型参数时兼顾计算效率的独特优势。

尽管 MoE 架构为大规模模型提供了极具吸引力的扩展方案，但在实际应用中，其专家专业化的问题仍然突出。传统的 MoE 模型通常在 Transformer 中用 MoE 层替换标准的前馈网络（FFN），每一个 MoE 层都包含多个结构与 FFN 类似的专家模型，并将每个输入标记分配给一两个专家模型处理。这种设计在扩展参数数量的同时，却容易引发如下两个关键问题。

（1）知识混合问题。当前实践中常用的专家模型数量（如 8 个或 16 个）相对有限，分配给单个专家模型的标记往往涉及多个知识领域，导致该专家模型必须同时容纳多种不同类型的知识，这使其在处理特定领域问题时难以实现深度专业化。

（2）知识冗余问题。不同专家模型在处理输入标记时不可避免地需要捕捉一些通用知识，导致多个专家模型在其参数中逐渐收敛于同一知识内容，从而产生参数冗余，削弱了整体模型的高效利用率。

上面的两个问题共同限制了 MoE 模型达到理论上性能上限的可能性。为了突破上述限制，DeepSeek 团队提出了全新的 DeepSeekMoE 架构，旨在实现专家模型的极致专业化。该架构在传统 MoE 模型的基础上进行创新：一方面，通过将每个专家模型进一步细分为更小的子专家模型，并在运行时仅激活其中一部分，从而实现了专家模型组合的灵活性和针对性；另一方面，引入专门的共享专家模块，用以捕捉通用知识，减少各个专家模型间的不必要冗余。通过这种双管齐下的策略，DeepSeekMoE 能够在保持较低计算成本的同时，实现更高程度的专家专业化，从而为大语言模型的高效扩展提供更为稳健和可持续的解决方案。

4.1.2 架构解码：DeepSeekMoE 的策略蓝图

为了解决前述知识混合与冗余问题，DeepSeek 团队提出了具有突破性的 DeepSeekMoE 架构，其核心目标在于实现专家模型的极致专业化，从而在大规模模型扩展过程中兼顾性能与计算成本。DeepSeekMoE 架构主要通过两个策略来达成目标：细粒度专家细分和共享专家隔离。

1. 细粒度专家细分

这一策略将传统 MoE 模型中的每个专家模型进一步拆分为多个子专家模型。这种拆分通过降低 FFN 中间层的隐藏维度，在不改变总参数量的情况下，使每个子专家模型能够更专注于特定知识领域。与此同时，在相同计算预算内，激活更多的细粒度专家单元，使模型在组合专家单元时更加灵活和具有适应性，从而实现针对性更强的知识获取。通过这种方式，不同领域的知识得以更精细地分解，确保每个专家单元都能保持高度专业化，减少了传统 MoE 架构中专家模型数量有限导致的知识混合问题。

2. 共享专家隔离

为了进一步避免多个专家模型在捕捉通用知识时产生参数冗余，我们设计了一组专门的"共享专家"，这些专家模型在每次前馈过程中始终被激活。共享专家的主要职责在于整合和压缩不同上下文中的通用知识，从而让其他路由专家可以专注于学习各自独特的、专业化的知识。这种隔离机制不仅提高了参数利用效率，还能确保每个专家模型在面对特定任务时能够输出更加精准和专一的知识表示。

总之，DeepSeekMoE 架构不仅通过细粒度专家细分和共享专家隔离两大创新策略实现了专家模型的极致专业化，同时也为在有限计算预算下扩展模型参数提供了高效且可持续的发展路径。这一架构为未来大语言模型在性能和效率之间找到了一条更加平衡的道路，展示了 MoE 模型在实际应用中的巨大潜力。

4.1.3　异同论剑：与传统 MoE 架构的关键差异

DeepSeekMoE 架构与传统 MoE 架构的主要区别在于以下几个方面。

- 专家细分的粒度：传统 MoE 架构通常使用较粗粒度的专家划分，而 DeepSeekMoE 架构采用了更细粒度的专家细分。例如，DeepSeekMoE 的每个 MoE 层包含 1 个共享专家和 256 个路由专家。这种设计使每个专家模型能够处理更具体的任务，提升了模型的灵活性和表达能力。

- 共享专家机制：DeepSeekMoE 引入了共享专家的概念，共享专家负责处理所有 token 的通用特征，而路由专家则根据 token 的具体特征进行动态分配。这种分工减少了模型的冗余，提高了计算效率。

- 稀疏激活机制：DeepSeekMoE 采用稀疏激活机制，每个 token 只激活少数专家模型（如 8 个路由专家），而不是所有专家模型。这种机制不仅降低了计算开销，还使模型能够更灵活地处理不同类型的输入。

- 动态路由机制：DeepSeekMoE 通过动态路由机制，为每个 token 选择最相关的专家模型进行处理。例如，使用 Top-K 策略从所有专家模型中选择 K 个最相关的专家模型。这种机制相比于传统 MoE 的固定分配方式，能够更好地适应不同输入的特征。

- 训练与推理优化：DeepSeekMoE 在训练和推理阶段进行了优化，例如引入多头潜注意力机制和 RMSNorm，进一步提升了模型的性能和效率。

总之，DeepSeek 通过创新的 MoE 架构设计，显著提升了模型的计算效率和灵活性，同时降低了资源消耗。

4.2　DeepSeekMoE 原理透视

前面曾经说过，DeepSeekMoE 架构采用了两个关键策略：细粒度专家细分和共享专家隔离。这两个策略共同作用，显著提高了专家模型的专业化水平，进而提升了模型的整体效率和性能。本节将详细讲解 DeepSeekMoE 模型的原理，涵盖细粒度专家细分和共享专家隔离的有关知识。

4.2.1　细粒度专家细分

DeepSeek 提出了细粒度专家细分策略，其核心思想是在不增加总参数量和计算成本的前提下，将每个专家模型进一步划分为多个更小的子专家模型。具体来说，通过将传统 MoE 架构中每个专家模型的 FFN 的中间隐藏层维度缩减为原来的 $1/N$，将每个专家模型分解为 N 个较小的子专家模型。这意味着每个子专家模型的参数量和容量都大幅减少，但由于每个子专家模型只需专注于学习某一单一知识领域，故其专业化水平显著提高。

通过细粒度专家细分，MoE 层的输出可以表示为

$$h_l^{(i)} = \sum_{k=1}^{K \times N} g_{k,l} \cdot \text{FFN}_k(u_l^{(i)}) + u_l^{(i)}$$

$$g_{k,l} = \begin{cases} s_{k,l} & \text{如果} s_{k,l} \in \text{topk}(\{s_{k',l} | 1 \leqslant k' \leqslant K \times N\}, C \times N) \\ 0 & \text{其他情况} \end{cases}$$

$$s_{k,l} = \text{softmax}_k(u_l^{(i)} \text{e}_k^{(i)})$$

其中，专家模型的总参数量等于标准 FFN 参数数量的 K 倍，而 $K \times N$ 表示细粒度专家的总数。通过细粒度专家细分策略，非零门控值的数量也增加到 $C \times N$。从组合角度来看，细粒度专家细分策略显著提高了激活专家模型组合的灵活性。举个例子，假设 $K=16$，典型的 Top-2 路由策略可以产生 $\begin{pmatrix} 16 \\ 2 \end{pmatrix} = 120$ 种可能的组合。相比之下，如果每个专家模型被拆分为 4 个更小的子专家模型，细粒度路由策略可以产生 $\begin{pmatrix} 64 \\ 8 \end{pmatrix} = 4\,426\,165\,368$ 种潜在组合。激活专家模型的组合灵活性的大幅增加提升了实现更准确、更有针对性的知识获取的潜力。

这样一来，虽然单个子专家模型较小，但整体上参与计算的专家模型数量增多，使得模型依旧拥有与原始 MoE 层相近的计算量和参数总量。通过这种方式，MoE 层的输出不仅更加稀疏，而且每个专家模型的输出都能更精准地反映特定领域的知识，从而实现了更高效的知识分布和利用。

总之，细粒度专家细分不仅有效缓解了传统 MoE 架构中专家模型因知识混合而专业化不足的问题，还在不增加额外计算资源的前提下，大幅提升了模型的表达和泛化能力，为 MoE 模型设定了一个更高的性能上限。

4.2.2 共享专家隔离

在传统的路由策略下，分配给不同专家模型的标记可能需要一些通用知识或信息。因此，多个专家模型可能会在其各自的参数中收敛于获取共享知识，从而导致专家模型参数之间的冗余。然而，如果存在专门用于捕捉和整合不同上下文中的通用知识的共享专家，那么其他路由专家之间的参数冗余将得到缓解。这种冗余的减少将有助于构建更参数高效的模型，使其他路由专家能够更加专注于独特方面。

为了实现这一目标，在细粒度专家细分策略的基础上，DeepSeek 进一步隔离了 M 个专家模型作为共享专家。无论路由模块如何，每个标记都将被确定性地分配给这些共享专家。为了保持计算成本不变，其他路由专家中被激活的专家模型数量将减少 M 个。在完整的 DeepSeekMoE 架构中，包含共享专家隔离策略的 MoE 层可以表示为

$$h_l^{(i)} = \sum_{k=1}^{M} \text{FFN}_k\left(u_l^{(i)}\right) + \sum_{k=1}^{K \times N} g_{k,l} \cdot \text{FFN}_k\left(u_l^{(i)}\right) + u_l^{(i)}$$

$$g_{k,l} = \begin{cases} s_{k,l} & \text{如果} s_{k,l} \in \text{topk}(\{s_{k',l} \mid M+1 \leqslant k' \leqslant K \times N\}, C \times N - M) \\ 0 & \text{其他情况} \end{cases}$$

$$s_{k,l} = \text{softmax}_k(u_l^{(i)} \mathbf{e}_k^{(i)})$$

最终，在 DeepSeekMoE 中，共享专家的数量为 M，路由专家的总数为 $K \times N - M$，非零门控值的数量为 $C \times N - M$。

4.2.3　负载平衡

在自动学习的路由策略中，模型会根据输入的特征动态选择激活哪些专家模型。然而，训练数据的分布以及路由决策机制的局限，这一自动学习过程可能会出现负载不平衡的问题，导致如下两个显著的缺陷。

- 路由崩溃风险：负载不均衡可能导致模型总是只选择少数几个专家模型来处理大部分输入（即所谓的"路由崩溃"），从而使其他专家模型无法获得足够的训练信号。这种情况不仅降低了整体模型的利用率，而且可能使模型在遇到多样化任务时缺乏足够的专业化能力。
- 跨设备通信瓶颈：在分布式训练环境中，不同专家模型通常分布在多个设备上。如果某些设备上的专家模型被过度激活，而其他设备上的专家模型几乎闲置，负载不平衡问题将进一步加剧跨设备的通信开销和计算瓶颈。这种不均衡不仅降低了整体训练效率，也会增加系统的延迟风险。

为了解决上述问题，现有方法通常依赖于引入额外的辅助损失项来鼓励路由器在专家模型之间实现均衡分布，但这往往会带来额外的超参数调节负担，甚至可能在一定程度上损害模型性能。为此，DeepSeek 提出了一种无辅助损失的负载平衡策略，通过在路由决策中动态调整专家偏置，使模型能在不引入额外辅助损失的前提下，自发实现负载均衡。这一策略既能防止路由崩溃，又能在多设备场景下有效缓解计算瓶颈，确保每个设备上的专家模型都能得到充分训练，从而充分发挥整体模型的性能优势。

1. 专家级平衡损失

为了防止路由器在自动分配输入标记时总是偏向于激活少数几个专家模型，我们引入了专家级平衡损失。这一损失项旨在鼓励路由器在各个专家模型间尽可能均衡地分配输入，从而确保每个专家模型都能获得足够的训练机会，提升整体模型的专业化水平并降低跨设备通信瓶颈。

具体来说，DeepSeek 定义专家级平衡损失为

$$L_{\text{ExpBal}} = \alpha_1 \sum_{i=1}^{K'} f_i P_i$$

其中：

- α_1 是超参数，称为专家级平衡因子，用于调控该损失项对整体训练目标的影响。
- K' 定义为 $mK-K_s$，也就是用经过细粒度分割后参与路由的专家模型总数，减去被隔离为共享专家的专家模型数量；类似地，为了简洁，我们还定义 $N'=mN-K_s$。

接下来，定义每个专家模型的激活频率 f_i 和平均亲和度得分 P_i。

（1）激活频率 f_i

f_i 表示在一个训练批次（或序列）中，选择了专家模型 i 的令牌数量，其计算方式为

$$f_i = \frac{1}{T'} \sum_{t=1}^{T'} 1(令牌t选择了专家模型i)$$

这里，T' 是参与路由决策的令牌总数，$1(\cdot)$ 是指示函数，当括号内条件满足时返回 1，否则返回 0。

（2）平均亲和度得分 P_i

P_i 表示在整个批次中所有令牌对所有参与路由决策的专家模型的亲和度得分总和，计算公式为

$$P_i = \frac{1}{T} \sum_{t=1}^{T} s_{i,l}$$

其中，T 是整个批次中令牌的总数，而 $s_{i,l}$ 则表示令牌 l 与专家模型 i 之间的亲和度得分，反映了两者之间的匹配程度。

直观上，若某个专家模型 i 在一个批次中很少被激活，其 f_i 会较低；此时，为了提高该专家模型在损失项中的贡献，从而促使路由器在后续训练中更多地分配令牌给该专家模型，模型会自动调整路由策略，达到负载均衡。与此同时，P_i 反映了专家模型 i 对其被选中令牌的亲和度水平。两个指标相乘后再由超参数 α_1 调节整体平衡损失的影响，最终形成一个自适应调节机制，既避免了少数专家模型过载，也保证了跨设备时各设备上专家模型负载的均衡分布。

这种设计不仅有效地缓解了路由崩溃的问题，而且在分布式训练中降低了因负载不平衡而引起的通信瓶颈，确保了所有设备上专家模型的充分训练，从而整体上提升了模型的性能和专业化水平。

2. 设备级平衡损失

除了专家级平衡损失，DeepSeek 还引入了设备级平衡损失。当目标是缓解计算瓶颈时，没有必要在专家模型级别施加严格的平衡约束，因为对负载平衡施加过多的约束会损害模型性能。相反，我们的主要目标是确保跨设备的计算平衡。如果把所有路由专家划分为 D 组 $\{E_1, E_2, \cdots, E_D\}$，并将每组部署在单个设备上，设备级平衡损失可以计算如下：

$$L_{\text{DevBal}} = \alpha_2 \sum_{i=1}^{D} f_i' P_i'$$

其中，α_2 是超参数，称为设备级平衡因子。f_i' 表示第 i 组专家模型的归一化激活频率，定义如下：

$$f_i' = \frac{1}{|E_i|} \sum_{j \in E_i} f_j$$

其中，$|E_i|$ 表示在第 i 个设备上被分配的专家模型数量，而 f_j 是专家模型 j 在该组内的激活频率。

P_i' 表示第 i 组专家模型的累计亲和度得分，计算公式为

$$P_i' = \sum_{j \in E_i} P_j$$

其中，P_j 表示专家模型 j 的平均亲和度得分。

在实际应用中，通常设置较小的专家级平衡因子来降低路由崩溃的风险，同时设置较大的设备级平衡因子，以推动跨设备的均衡计算。这不仅有助于缓解单一设备因过载而导致的通信瓶颈，还能确保所有设备上的专家模型都获得充分的训练信号，从而提高整个模型的稳定性和性能。

4.3 DeepSeekMoE 模型的微调

DeepSeekMoE 通过细粒度专家细分和共享专家隔离策略优化模型架构，提升计算效率和性能；同时采用 LoRA 技术、量化技术、ZeRO 优化等对模型进行微调，使其更好地适应指令和对话任务。

4.3.1 DeepSeekMoE 模型微调技术介绍

在 DeepSeekMoE 模型微调过程中，使用了如下关键技术。

1. LoRA 技术

LoRA（Low-Rank Adaptation）是一种高效的微调方法，通过在模型的关键层（如注意力层的 q_proj、v_proj、k_proj、o_proj 等）插入低秩矩阵，仅训练这些低秩矩阵的参数，从而减少训练的参数量，避免灾难性遗忘，并降低计算成本。

2. 量化技术（4 位 /8 位）

量化技术将模型权重从浮点型（如 32 位或 16 位）转换为更低精度的格式（如 4 位或 8位），显著减少模型在 GPU 或 CPU 上的内存占用，提高推理效率，同时保持模型性能。

3. ZeRO 优化

ZeRO（Zero Redundancy Optimizer）是一种显存优化技术，通过将模型的不同部分（包括参数、梯度和优化器状态）分片存储到多个 GPU 上，减少每个 GPU 的内存占用，支持更大规

模模型的训练。DeepSeekMoE 使用了 ZeRO 的第二阶段（优化梯度和优化器状态）和第三阶段
（优化所有数据）。

4. 混合精度训练

DeepSeek 团队使用混合精度训练技术（如 BF16 或 FP16），在训练过程中减少显存占用，
同时加速计算。BF16 是一种更高效的浮点格式，适合支持该格式的硬件。

5. 分布式训练（DeepSpeed）

DeepSpeed 是一个深度学习优化库，支持大规模分布式训练。DeepSeekMoE 使用 DeepSpeed
框架实现高效的分布式训练。

6. 数据预处理和分词

DeepSeek 团队对训练数据进行预处理，包括构建指令模板、分词、处理标签掩码等。使用
Hugging Face 的 AutoTokenizer 和自定义的 train_tokenize_function，将文本数据转换为模型可接
受的格式。

7. 自定义数据收集器（DataCollator）

DeepSeek 团队定义了 DataCollatorForSupervisedDataset，用于将多个数据实例整理成批量数据
格式，支持填充（padding）和注意力掩码（attention mask）的生成，确保训练数据格式的一致性。

8. 梯度累积和动态损失缩放

在训练过程中使用梯度累积技术，允许使用更大的全局批次大小，同时适应有限的显存。
动态损失缩放用于优化混合精度训练中的数值稳定性。

9. 检查点机制和恢复训练

支持从最新的检查点恢复训练，避免意外中断导致训练进度丢失。通过 SavePeftModelCallback，
在训练过程中定期保存 LoRA 适配器的权重。

10. 生成配置管理（GenerationConfig）

使用 Hugging Face 的 GenerationConfig 管理生成过程中的参数，如采样策略、最大生成
token 数量等，确保生成结果符合预期。

通过上述微调技术的结合使用，DeepSeekMoE 模型在微调过程中能够高效利用计算资源，
同时保持模型性能，并适应不同的下游任务需求。

4.3.2 ZeRO 加持：大模型优化

ZeRO 的核心原理在于通过将模型的不同部分（包括模型参数、梯度和优化器状态）划
分到多个 GPU 上，减少每个 GPU 上的内存占用，从而支持更大规模的深度学习模型训练。
ZeRO 技术的实现分为如下 3 个阶段，每个阶段在显存占用和通信开销之间实现了不同的平衡。

- ZeRO 第一阶段：仅对优化器状态进行分片存储，每个 GPU 保留完整的梯度和模型参
  数，易于实现，且通信量相对较小，适用于中等规模的模型训练，但显存节省有限。

- **ZeRO 第二阶段**：在第一阶段的基础上，进一步对梯度进行分片，每个 GPU 只存储自己负责的部分梯度和优化器状态，而模型参数仍然完整存储在每个 GPU 上，较大幅度降低显存需求，同时通信开销适中，是大多数大规模模型训练的理想选择，兼顾效率和资源节省。
- **ZeRO 第三阶段**：对所有相关数据（包括模型参数、优化器状态和梯度）进行分片存储，每个 GPU 只存储自己负责的一部分数据，显存需求最小，适合超大规模模型（如 GPT-3）的训练，但通信开销高，对网络带宽要求高。

总之，ZeRO 技术特别适用于训练大规模深度学习模型，尤其是在显存资源有限的情况下。在 DeepSeekMoE 模型的开源代码中，展示了第二阶段和第三阶段的优化配置信息。

1. 第二阶段优化配置

文件 ds_config_zero2_no_offload.json 是 DeepSpeed 的配置文件，用于在训练过程中启用 BF16 精度并采用 ZeRO 优化的第二阶段（不使用 offload 方案）。配置中设定了自动调整梯度累积步数、梯度裁剪、训练批量大小等参数，同时通过设置 allgather、reduce_scatter、overlap_comm 等选项来优化内存和通信效率，从而在保持高性能的同时降低计算资源的消耗。

```json
{
    "bf16": {
        "enabled": true
    },

    "zero_optimization": {
        "stage": 2,
        "allgather_partitions": true,
        "allgather_bucket_size": 1e8,
        "overlap_comm": true,
        "reduce_scatter": true,
        "reduce_bucket_size": 1e8,
        "contiguous_gradients": true
    },

    "gradient_accumulation_steps": "auto",
    "gradient_clipping": "auto",
    "steps_per_print": 2000,
    "train_batch_size": "auto",
    "train_micro_batch_size_per_gpu": "auto",
    "wall_clock_breakdown": false
}
```

上述各个参数的具体说明如下。

（1）bf16：配置 BF16 精度。设置为 true，表示启用 BF16 精度训练。

（2）zero_optimization：配置 ZeRO 优化器的相关参数，具体说明如下。

- stage：设置为 2，表示使用 ZeRO 优化的第二阶段。
- allgather_partitions：设置为 true，表示在需要时收集分散的模型参数分区，以减少内存占用。
- allgather_bucket_size：设置为 1e8（1 亿），指定 allgather 操作的桶大小，以控制通信开销和平衡性能。
- overlap_comm：设置为 true，表示在反向传播过程中重叠通信和计算，以提高效率。
- reduce_scatter：设置为 true，表示在反向传播时使用 reduce-scatter 操作，以优化梯度的聚合。
- reduce_bucket_size：设置为 1e8（1 亿），指定 reduce-scatter 操作的桶大小，以控制通信开销和平衡性能。
- contiguous_gradients：设置为 true，表示将梯度存储为连续的内存块，以提高内存访问效率。

（3）gradient_accumulation_steps：设置为 "auto"，表示自动确定梯度累积的步数，以实现所需的全局批量大小。

（4）gradient_clipping：设置为 "auto"，表示自动确定梯度裁剪的阈值，以防止梯度爆炸。

（5）steps_per_print：设置为 2000，表示每训练 2000 步打印一次日志信息。

（6）train_batch_size：设置为 "auto"，表示自动确定全局训练批量大小。

（7）train_micro_batch_size_per_gpu：设置为 "auto"，表示自动确定每个 GPU 的微批量大小。

（8）wall_clock_breakdown：设置为 false，表示不输出各部分训练时间的详细分解。

2. 第三阶段优化配置

文件 ds_config_zero3.json 也是一个 JSON 配置文件，用于 DeepSpeed 库的配置。它启用了 BF16 混合精度训练，设置了 AdamW 优化器和 WarmupLR 学习率调度器，并配置了 Zero 优化的第三阶段参数，包括优化器和参数的卸载、通信重叠、梯度连续性等，还设置了梯度累积步数、梯度裁剪、打印步数、训练批次大小等参数。

```
{
    "bf16": {
        "enabled": "auto"
    },
    "optimizer": {
        "type": "AdamW",
        "params": {
            "lr": "auto",
            "betas": "auto",
            "eps": "auto",
            "weight_decay": "auto"
        }
```

```
    },

    "scheduler": {
        "type": "WarmupLR",
        "params": {
            "warmup_min_lr": "auto",
            "warmup_max_lr": "auto",
            "warmup_num_steps": "auto"
        }
    },

    "zero_optimization": {
        "stage": 3,
        "offload_optimizer": {
            "device": "cpu",
            "pin_memory": true
        },
        "offload_param": {
            "device": "cpu",
            "pin_memory": true
        },
        "overlap_comm": true,
        "contiguous_gradients": true,
        "sub_group_size": 1e9,
        "reduce_bucket_size": "auto",
        "stage3_prefetch_bucket_size": "auto",
        "stage3_param_persistence_threshold": "auto",
        "stage3_max_live_parameters": 1e9,
        "stage3_max_reuse_distance": 1e9,
        "stage3_gather_16bit_weights_on_model_save": true
    },

    "gradient_accumulation_steps": "auto",
    "gradient_clipping": "auto",
    "steps_per_print": 20,
    "train_batch_size": "auto",
    "train_micro_batch_size_per_gpu": "auto",
    "wall_clock_breakdown": false
}
```

3. ZeRO 优化总结

在 DeepSeekMoE 模型中，ds_config_zero2_no_offload.json 和 ds_config_zero3.json 是 DeepSpeed
配置文件，分别对应 ZeRO 第二阶段和第三阶段。这两个配置文件的主要区别在于内存优化的
程度和策略。

（1）ZeRO 第二阶段（ds_config_zero2_no_offload.json）

- 优化范围：对优化器状态和梯度进行分片处理，内存进一步减少到原来的 1/8，同时通信开销和数据并行度仍然维持不变。
- 配置特点：在配置文件中，zero_optimization 的 stage 设置为 2，且未启用参数或优化器状态的卸载（offload），所有数据均保留在 GPU 显存中。

（2）ZeRO 第三阶段（ds_config_zero3.json）

- 优化范围：分片优化器状态、梯度和参数，内存减少的幅度和数据并行度成线性关系。举例来说，在 64 个 GPU（即 Nd 等于 64）的情况下，内存消耗可以降低 98.5%。通信量会增加 50%。
- 配置特点：在配置文件中，zero_optimization 的 stage 设置为 3，并启用了参数和优化器状态的卸载（offload），数据存储在 CPU 内存中，以进一步减少 GPU 显存占用。

总的来说，ds_config_zero3.json 相比于 ds_config_zero2_no_offload.json，通过更深入的内存优化策略，能够支持训练更大规模的模型，但也引入了更多的通信开销和复杂性。

4.4　DeepSeekMoE 模型性能评估

在特定任务和数据集上，DeepSeek 团队对 DeepSeekMoE 模型的性能进行了评估和验证。本节将详细介绍其验证实验过程。

4.4.1　训练数据和分词

在 DeepSeek 的验证实验中，训练数据来自 DeepSeek-AI 创建的超大规模多语种语料库。该语料库主要涵盖英文和中文，同时也包含其他多种语言的数据，旨在为多语言模型的训练提供丰富而多样的文本资源。数据来源广泛，包括网络文本、数学资料、编程脚本、已出版的文献以及其他各类文本材料，确保模型能够学习和理解不同领域和风格的语言模式。

为了进行模型的训练，DeepSeek 团队从整个语料库中抽取一个包含 1000 亿个标记的子集。如此大规模的数据子集有助于模型在训练过程中捕捉语言的细微差别和复杂结构，从而提高模型在多语言环境下的泛化能力。

在分词处理方面，DeepSeek 采用了 Hugging Face 的 Tokenizer 工具，对训练语料库的一个较小子集进行了字节对编码（Byte Pair Encoding，BPE）分词器的训练。BPE 分词算法通过迭代地合并频率最高的字符或子词对，逐步构建出高频词汇，从而有效地减少词汇表的规模，同时保持对罕见词汇的处理能力。这种方法在处理多语言文本时表现出色，能够平衡词汇表大小和模型性能之间的关系。

在验证实验中，DeepSeek 团队设定了一个包含 8000 个词汇的分词器词汇表。需要注意的是，词汇表的大小会对模型的性能产生直接影响。在训练更大规模的模型时，适当增加词汇表的容量，可以使模型更好地捕捉语言中的复杂模式和长尾词汇，从而提升其理解和生成能力。

总之，通过精心选择和处理训练数据，以及采用先进的分词技术，DeepSeek 团队为模型的训练奠定了坚实的基础，确保其在多语言、多领域的任务中表现出色。

4.4.2　硬件基础设施

在 DeepSeek 的验证实验中，采用了高效且轻量级的训练框架 HAI-LLM[1]，该框架集成了多种并行化策略，以提升大规模模型训练的效率和性能。具体而言，HAI-LLM 实现了以下并行化技术。

- 张量并行：将模型的权重矩阵在多个 GPU 间切分，允许各 GPU 并行计算，从而加速训练过程。
- ZeRO 数据并行：通过将优化器状态、梯度和模型参数在多个设备间分布式存储，减少单个设备的内存占用，支持更大规模模型的训练。
- PipeDream 管道并行：将模型按层级划分为多个阶段，各阶段在不同的 GPU 上顺序执行，实现流水线式的并行训练，提高资源利用率。
- 专家并行：结合数据并行和张量并行，将模型的不同部分分配给不同的专家模型，每个专家模型专注于处理特定的数据子集或模型组件，提升训练效率。

为了进一步优化性能，使用 CUDA 和 Triton 为门控算法和各专家模型的线性层计算开发了定制的 GPU 内核。这些定制内核充分利用了 GPU 的计算能力，减少了计算瓶颈，加速了模型训练过程。

DeepSeek 团队的所有实验均在配备 NVIDIA A100 或 H800 GPU 的高性能计算集群上进行。每个 A100 节点包含 8 个通过 NVLink 桥接的 GPU，提供高带宽、低延迟的 GPU 间通信，确保数据快速传输和同步。H800 集群的每个节点同样配备 8 个 GPU，节点内部通过 NVLink 和 NVSwitch 互联，进一步提升了通信效率和拓扑结构的灵活性。在节点之间，通信通过高速的 InfiniBand 网络实现，提供高带宽和低延迟的连接，满足大规模分布式训练的需求。

注意：NVIDIA A100 GPU 基于 Ampere 架构，采用 7nm 工艺，拥有 6912 个 CUDA 核心和高达 40/80 GB 的 HBM2 显存，带宽近 1.6Tbit/s，适用于深度学习和高性能计算任务。而 H800 GPU 则在带宽和算力方面进行了调整，以满足特定市场的需求。

---

[1]　High-flyer. HAI-LLM：高效且轻量的大模型训练工具 [EB/OL]. (2023-06-27)[2025-02-13].

总之，通过上述硬件配置和并行化策略的结合，能够高效地训练大规模、多语言模型，确保在性能和资源利用之间取得最佳平衡。

4.4.3 超参数配置

本小节将详细介绍 DeepSeek 验证实验中的模型和训练的超参数配置信息。

1. 模型配置

- Transformer 层数：采用 9 层的 Transformer 结构，以平衡模型的深度和计算资源。
- 隐藏层维度：隐藏层维度设置为 1280，这决定了模型中间表示的大小。
- 多头注意力机制：模型包含 10 个注意力头，每个注意力头的维度为 128，以捕捉输入序列中不同部分之间的相关性。
- 参数初始化：所有可学习参数均采用标准差为 0.006 的正态分布进行随机初始化，确保模型训练的稳定性。
- MoE 层设计：将所有 FFN 替换为 MoE 层，使专家模型参数的总量达到标准 FFN 的 16 倍。同时，激活的专家模型参数（包括共享和路由激活的专家模型参数）总量约为标准 FFN 的 2 倍。

在上述配置下，整个 MoE 模型包含约 20 亿个参数，其中激活参数约 3 亿个。

2. 训练配置

- 优化器选择：采用 AdamW 优化器，超参数设置为 β_1=0.9，β_2=0.95，权重衰减系数为 0.1。
- 学习率调度：使用预热和阶梯式衰减策略。初始阶段，学习率在前 2000 步内线性增加至最大值 1.08×10^{-3}。随后，在达到训练步骤的 80% 和 90% 时，将学习率分别乘以 0.316，以逐步降低学习率。
- 梯度裁剪：为了防止梯度爆炸，梯度裁剪的范数设置为 1.0。
- 批量大小和序列长度：每个训练批次的批量大小为 2048，最大序列长度为 2048，因此每个批次包含约 400 万个标记。
- 总训练步数：总训练步数设置为 25 000，以处理总计 1000 亿个训练标记。
- Dropout 策略：由于训练数据丰富且模型规模相对较小，在训练中未使用 Dropout 正则化。
- 参数部署：所有模型参数（包括专家模型参数）均部署在单个 GPU 上，以避免计算不平衡和通信开销。
- 标记丢弃和设备级平衡损失：在训练过程中未丢弃任何标记，也未使用设备级平衡损失函数。
- 专家级平衡因子：为防止路由崩溃，专家级平衡因子设置为 0.01。

上述超参数配置旨在确保模型训练的有效性和稳定性。为了便于参考和复现，在开源文档 DeepSeekMoE.pdf 中，DeepSeek 团队提供了 DeepSeekMoE 模型在不同规模下的超参数概览表，供研究者和实践者参考。

4.4.4　评估基准

在 DeepSeek 的验证实验中，评估基准涵盖了多种任务类型，以全面衡量模型的性能。下面的内容介绍了各个任务类型及其评估指标。

1. 语言建模

在 Pile 测试集上评估模型的语言建模能力。Pile 测试集是一个包含多样化文本的数据集，广泛用于训练和评估语言模型。评估指标采用交叉熵损失，衡量模型对测试集的预测准确性。交叉熵损失越低，表示模型对语言的理解和生成能力越强。

2. 语言理解和推理

选取以下基准数据集来评估模型的语言理解和推理能力。

- HellaSwag：旨在测试模型对日常情境的推理能力，要求模型从多个选项中选择最合理的情境延续。
- PIQA（Physical Interaction Question Answering）：评估模型对物理世界常识的理解，如日常物品的使用方式。
- ARC（AI2 Reasoning Challenge）：包含小学到初中水平的科学考试题目，分为挑战集（challenge）和简单集（easy），用于测试模型的科学推理能力。

这些任务的评估指标为准确率，即模型选择正确答案的比例。准确率越高，表示模型的理解和推理能力越强。

3. 阅读理解

采用 RACE（ReAding Comprehension from Examinations）数据集评估模型的阅读理解能力，RACE 源自我国英语考试，分为高中（high）和初中（middle）水平，要求模型阅读文章并回答多项选择题。阅读理解的评估指标为准确率，用于衡量模型在阅读理解任务中选择正确答案的能力。

4. 代码生成

为了评估模型的代码生成能力，使用以下数据集。

- HumanEval：由 OpenAI 发布的数据集，包含多种编程问题，要求模型根据问题描述生成正确的代码。
- MBPP：包含多样化的编程任务，用于评估模型的代码生成和理解能力。

评估指标为 Pass@1，即模型在首次尝试时生成正确代码的比例。该指标反映了模型在代码生成任务中的准确性。

5. 闭卷问答

选取以下数据集来评估模型的知识问答能力。

- TriviaQA：包含多种主题的问答对，测试模型对事实性知识的掌握程度。
- NaturalQuestions：由真实用户查询组成，要求模型从长文档中抽取答案，评估其信息检索和理解能力。

闭卷问答的评估指标为完全匹配（Exact Match，EM）率，即模型生成的答案与标准答案完全一致的比例。EM 率越高，表示模型在问答任务中的表现越好。

总之，通过在上述多种基准测试上的评估，我们能够全面了解模型在不同任务中的性能，为后续的优化和改进提供参考依据。

4.4.5 评估结果

DeepSeek 团队对包括 DeepSeekMoE 模型在内的 5 种模型进行了详细的性能对比分析，这些模型分别如下。

- Dense：一个标准的密集 Transformer 语言模型，总参数量为 2 亿。
- Hash Layer：基于 Top-1 哈希路由的 MoE 模型，总参数量为 20 亿，激活参数量为 2 亿。
- Switch Transformer：基于 Top-1 可学习路由的知名 MoE 模型，总参数量和激活参数量与 Hash Layer 相同。
- GShard：采用 Top-2 可学习路由策略，总参数量为 20 亿，激活参数量为 3 亿。
- DeepSeekMoE：包含 1 个共享专家和 63 个路由专家，每个专家模型的大小是标准 FFN 的 0.25 倍。

所有模型共享相同的训练语料库和训练超参数，且所有 MoE 模型的总参数量相同，GShard 的激活参数量与 DeepSeekMoE 相同。

本次 DeepSeekMoE 模型评估的具体评估结果如表 4-1 所示。

表4-1　DeepSeekMoE模型的评估结果

指标	样本数量	模型				
		Dense	Hash Layer	Switch Transformer	GShard	DeepSeekMoE
总参数量	N/A	0.2B	2.0B	2.0B	2.0B	2.0B
激活参数量	N/A	0.2B	0.2B	0.2B	0.3B	0.3B
每 2000 个标记的 FLOPs	N/A	2.9T	2.9T	2.9T	4.3T	4.3T
训练标记数量	N/A	100B	100B	100B	100B	100B
Pile（损失）	N/A	2.060	1.932	1.881	1.867	1.808
HellaSwag（准确率）	0-shot	38.8	46.2	49.1	50.5	54.8
PIQA（准确率）	0-shot	66.8	68.4	70.5	70.6	72.3

续表

指标	样本数量	模型				
		Dense	Hash Layer	Switch Transformer	GShard	DeepSeekMoE
ARC-easy（准确率）	0-shot	41.0	45.3	45.9	43.9	49.4
ARC-challenge（准确率）	0-shot	26.0	28.2	30.2	31.6	34.3
RACE-middle（准确率）	5-shot	38.8	38.8	43.6	42.1	44.0
RACE-high（准确率）	5-shot	29.0	30.0	30.9	30.4	31.7
HumanEval（Pass@1）	0-shot	0.0	1.2	2.4	3.7	4.9
MBPP（Pass@1）	3-shot	0.2	0.6	0.4	0.2	2.2
TriviaQA（完全匹配率）	5-shot	4.9	6.5	8.9	10.2	16.6
NaturalQuestions（完全匹配率）	5-shot	1.4	1.4	2.5	3.2	5.7

表 4-1 展示了在使用 1000 亿个训练标记后各模型的评估结果，从中可以观察到以下几点。

- 稀疏架构的优势：Hash Layer 和 Switch Transformer 采用稀疏架构，拥有更大的总参数量，与密集基线模型相比，性能显著提升。
- 激活参数的影响：GShard 模型的激活参数多于 Hash Layer 和 Switch Transformer，性能也略有提升。
- DeepSeekMoE 的优越性：在总参数量和激活参数量相同的情况下，DeepSeekMoE 明显优于 GShard。这表明 DeepSeekMoE 架构在现有 MoE 架构中具有显著的优势。

此外，DeepSeekMoE 在扩展到更大规模时，比如在 160 亿个参数和 2 万亿个标记的训练场景中，仅使用约 40% 的计算量，就能实现与更大规模密集模型相当的性能水平。这进一步证明了 DeepSeekMoE 在参数效率和性能上的卓越表现。

综上所述，DeepSeekMoE 通过细粒度专家细分和共享专家隔离等创新策略，不仅在小规模模型上表现出色，还在大规模场景中展现出强大的扩展性和效率优势。

4.4.6　与密集模型的对比

前文已经证明了 DeepSeekMoE 模型在性能上优于密集基线模型和其他 MoE 模型。为了更深入地理解 DeepSeekMoE 模型的性能优势，接下来将其与总参数量和激活参数量更大的大规模模型作比较。这些比较能帮助我们估计 GShard 模型或密集基线模型需要扩展到何种规模才能达到与 DeepSeekMoE 模型相当的性能水平。

1. 与 GShard×1.5 的比较

表 4-2 展示了 DeepSeekMoE 模型与一个专家模型规模扩大 1.5 倍的 GShard 模型的比较结果。对于后者，专家模型参数和计算量均增加了 1.5 倍。总体而言，我们观察到 DeepSeekMoE 模型的性能与 GShard×1.5 相当，这凸显了 DeepSeekMoE 架构的优势。

表4-2　DeepSeekMoE、GShard×1.5和Dense×16模型的比较

指标	模型		
	GShard×1.5	Dense×16	DeepSeekMoE
相对专家模型规模	1.5	1	0.25
专家模型数量	16	16	64
激活的专家模型数量	2	16	8
总专家模型参数量	2.83B	1.89B	1.89B
激活的专家模型参数量	0.35B	1.89B	0.24B
每 2000 个标记的 FLOPs	5.8T	24.6T	4.3T
训练标记数量	100B	100B	100B
Pile 损失	1.808	1.806	1.808
HellaSwag（准确率）	54.4	55.1	54.8
PIQA（准确率）	71.1	71.9	72.3
ARC-easy（准确率）	47.3	51.9	49.4
ARC-challenge（准确率）	34.1	33.8	34.3
RACE-middle（准确率）	46.4	46.3	44.0
RACE-high（准确率）	32.4	33.0	31.7
HumanEval（Pass@1）	3.0	4.3	4.9
MBPP（Pass@1）	2.6	2.2	2.2
TriviaQA（EM）	15.7	16.5	16.6
NaturalQuestions（EM）	4.7	6.3	5.7

为了进一步验证 DeepSeekMoE 模型的性能优势，将总参数量增加到 133 亿，并与总参数量分别为 159 亿和 198 亿的 GShard×1.2 和 GShard×1.5 进行比较。结果显示，在更大规模下，DeepSeekMoE 模型的性能甚至明显优于 GShard×1.5。

2. 与 Dense×16 的比较

表 4-2 还展示了 DeepSeekMoE 模型与更大规模密集模型的比较。为了确保比较的公平性，我们没有采用常见的注意力参数与 FFN 参数的比例（1 ：2）。相反，我们配置了 16 个共享专家，每个专家模型的参数量与标准 FFN 相同。这种架构模拟了一个拥有 16 倍标准 FFN 参数的密集模型。从表 4-2 中可以看出，DeepSeekMoE 模型的性能几乎达到 Dense×16 的水平，可将后者视为 MoE 模型的性能上限。这些结果表明，在大约 20 亿个参数和 1000 亿个训练标记的规模下，DeepSeekMoE 模型的性能已非常接近 MoE 模型的理论上限。

综上所述，这些比较结果清晰地表明，DeepSeekMoE 模型在保持相对较小参数规模的同时，能够实现与更大规模模型相当甚至更优的性能不平，体现了 DeepSeekMoE 架构在模型设计和资源利用方面的高效性。

4.4.7 / DeepSeekMoE 2B 测试

DeepSeekMoE 2B 是由 DeepSeek 团队开发的 MoE 模型中的一个产品，总参数量达到 20 亿，有 1 个共享专家和 7 个激活的路由专家。在 DeepSeek 团队实现的训练和评估测试中，DeepSeekMoE 2B 展示了其高效性和性能优势。例如，它在性能上接近具有相同参数量的密集模型，但计算量仅为后者的 17.5%。此外，DeepSeekMoE 2B 的性能与 GShard 2.9B 相当，后者的专家模型参数和计算量是前者的 1.5 倍。这表明 DeepSeekMoE 2B 在保持计算效率的同时，实现了接近甚至超越现有模型的性能水平。下面详细介绍 DeepSeek 团队对 DeepSeekMoE 2B 的测试结果。

1. 路由专家的冗余度更低

为了评估路由专家之间的冗余度，DeepSeek 设计了一个实验，禁用了不同比例的顶级路由专家，并测量了 Pile 损失的变化。具体而言，对于每个标记，屏蔽具有最高路由概率的一定比例的专家模型，然后从剩余的路由专家中选择 top-K 个专家模型进行激活。为了确保比较的公平性，选择 DeepSeekMoE 2B 和 GShard×1.5 进行对比，因为它们在未禁用专家模型时具有相同的 Pile 损失。

实验结果显示，DeepSeekMoE 2B 对禁用顶级路由专家的比例更为敏感。例如，当禁用比例增加时，DeepSeekMoE 2B 的 Pile 损失显著上升，而 GShard×1.5 的损失变化相对较小。这种敏感性表明 DeepSeekMoE 2B 中的路由专家具有更低的冗余度，每个专家模型都更为不可替代。相比之下，GShard×1.5 在其专家模型参数中表现出更高的冗余度，能够在禁用顶级路由专家时更好地缓冲性能下降。这一结果表明，DeepSeekMoE 2B 的专家模型设计更加高效，每个专家模型都承担了独特的任务，而不是简单地重复其他专家模型的功能。

2. 共享专家的关键作用

为了研究共享专家在 DeepSeekMoE 2B 中的作用，DeepSeek 进行了另一项实验，禁用了共享专家并激活了一个额外的路由专家，同时保持相同的计算成本。Pile 数据集上的评估结果显示，Pile 损失从 1.808 显著增加到 2.414。这一结果凸显了共享专家在 DeepSeekMoE 2B 中的关键作用。共享专家捕获了路由专家所没有的基本和核心知识，使其无法被路由专家替代。这表明共享专家在处理通用特征和提供全局信息方面发挥了不可替代的作用。

3. 更准确的知识获取能力

为了验证 DeepSeekMoE 2B 是否能够以更少的激活专家获取必要的知识，DeepSeek 团队研究了其激活专家组合的灵活性。具体而言，将激活的路由专家数量从 3 个增加到 7 个，并评估 Pile 损失的变化。实验结果显示，即使只有 4 个路由专家被激活，DeepSeekMoE 2B 也能实现与 GShard 相当的 Pile 损失。这一观察结果支持了 DeepSeekMoE 2B 能够更准确和高效地获取知识的主张。

进一步地，为了更严格地验证 DeepSeekMoE 2B 的专家专业化和准确的知识获取能力，DeepSeek 从头开始训练了一个新模型。这个模型包含 1 个共享专家和 63 个路由专家，但只有 3 个路由专家被激活。评估结果显示，即使在总专家参数相同且激活专家参数仅为一半的情况下，DeepSeekMoE 2B 仍然优于 GShard。这表明 DeepSeekMoE 2B 更有效地利用了专家参数，激活专家中有效参数的比例远高于 GShard。这一结果进一步证明了 DeepSeekMoE 2B 在知识获取和专家利用方面的优越性。

总之，通过一系列实验，DeepSeek 团队深入分析了 DeepSeekMoE 2B 中路由专家的冗余度、共享专家的作用及其知识获取能力。

上述实验结果不仅验证了 DeepSeekMoE 2B 架构设计的合理性，还展示了其在专家利用效率和知识获取准确性方面的显著优势。

4.5 消融研究

消融研究（Ablation Study）是一种在机器学习和深度学习领域广泛应用的研究方法，旨在评估模型各组成部分对整体性能的影响。通过有计划地移除或修改模型的某些组件，研究者可以确定每个部分在模型中的作用和重要性，从而深入理解模型的内部机制。

4.5.1　消融研究介绍

消融研究方法的起源可追溯至 20 世纪 60 年代和 70 年代的实验心理学领域，当时研究者通过切除动物大脑的特定部分来观察其对行为的影响。这一概念后来被引入人工智能领域，特别是复杂的神经网络研究中，用于分析各组件对模型性能的贡献。

在深度学习研究中，消融研究通常涉及以下步骤。

（1）确定模型的各个组成部分：明确模型中需要评估的模块或特征。

（2）逐一移除或修改组件：在保持其他部分不变的情况下，单独移除或改变某个组件。

（3）评估性能变化：比较修改前后模型在特定任务或数据集上的性能差异。

通过这样的研究流程，研究者可以量化每个组件对模型整体性能的影响，从而指导模型的优化和改进。

注意：消融研究类似于控制变量法，但在复杂的深度学习模型中，组件之间可能存在相互作用，仅仅移除可能无法全面反映其作用。因此，设计和解读消融研究时，需要谨慎考虑各组件之间的关系和潜在影响。

总之，消融研究是理解和优化复杂模型的重要工具，有助于揭示模型内部的关键因素，提升模型的性能和可靠性。

4.5.2　消融研究在大模型中的应用

在消融研究中，通过移除或修改模型的某些部分，研究者可以深入了解这些部分在模型功能和性能中的作用，从而指导模型的优化和改进。

在大模型的开发和应用中，消融研究尤为重要。由于大模型通常包含数以亿计的参数和复杂的架构，直接评估各个组件的贡献变得困难。通过消融研究，研究者可以：

- 评估特定组件的贡献——确定模型中哪些部分对性能提升起关键作用，而哪些部分可能是冗余的；
- 优化模型结构——根据消融研究的结果，简化模型结构，减少计算资源的消耗，同时保持或提升模型性能。
- 指导模型训练——了解不同训练策略或数据处理方法对模型效果的影响，从而制定更有效的训练方案。

例如，在自然语言处理的大模型中，研究者可能会通过消融研究来评估不同注意力机制、嵌入层或前馈网络的作用。通过逐一移除或替换这些组件，观察模型性能的变化，以确定最优的模型配置。

4.5.3　DeepSeekMoE 模型的消融研究

为了深入验证 DeepSeekMoE 架构中的两个核心策略——细粒度专家细分和共享专家隔离的有效性，DeepSeek 团队对 DeepSeekMoE 模型进行了消融研究。为了确保结果的公平性和可比性，所有参与比较的模型均保持相同的总参数量和激活参数量。

1. 共享专家隔离

共享专家隔离策略的核心在于将一个专家模型从常规的路由专家中分离出来，专门处理通用特征，从而提高模型的整体效率和性能。实验结果显示，经过这种改进的模型在大多数基准测试中均优于原始的 GShard 模型。具体而言，隔离共享专家的模型在多个任务上表现出更高的准确性和更低的损失值。这一结果有力地支持了共享专家隔离策略对提升模型性能的积极作用。

2. 细粒度专家细分

细粒度专家细分策略旨在通过进一步拆分专家模型，使每个专家模型能够专注于处理更具体的特征或任务，从而提升模型的专业化水平和整体性能。为了验证这一策略的有效性，DeepSeek 团队进行了详细的实验比较。具体而言，将每个专家模型拆分为 2 个或 4 个更小的子专家模型，从而分别得到总共 32 个（1 个共享专家 +31 个路由专家）或 64 个（1 个共享专家 +63 个路由专家）子专家模型。实验结果显示，随着细分得到的子专家模型的增加，模型的整体性能呈现出一致的提升趋势。例如，当子专家模型数量从 32 个增加到 64 个时，模型在多个基准测试中的表现显著改善。这一结果表明，细粒度专家细分能够有效提升模型的灵活性和适应性，从而更好地处理复杂的任务。

3. 共享专家与路由专家的比例

除了验证上述两个核心策略的有效性外，DeepSeek 团队还研究了共享专家与路由专家的最佳比例。基于最细粒度（64 个子专家模型）的情况，保持总专家数量和激活专家数量不变，分别尝试将 1 个、2 个和 4 个子专家模型隔离为共享专家。实验结果显示，不同的共享专家与路由专家比例对性能的影响并不显著。具体而言，1 个、2 个和 4 个共享专家分别得到 Pile 损失值 1.808、1.806 和 1.811。尽管差异较小，但 1∶3 的比例（即 1 个共享专家与 3 个激活路由专家）略优于其他比例，表现出更低的 Pile 损失值。因此，我们在扩展 DeepSeekMoE 架构时，选择保持共享专家与激活路由专家的比例为 1∶3，以实现最佳的性能平衡。

总之，通过消融研究，DeepSeek 验证了 DeepSeekMoE 架构中两个核心策略——细粒度专家细分和共享专家隔离的有效性。实验结果表明，共享专家隔离策略能够显著提升模型的性能，而细粒度专家细分则进一步增强了模型的专业化水平和灵活性。此外，我们还发现共享专家与路由专家的比例对性能有一定影响，但差异较小。综合考虑，DeepSeek 选择 1∶3 的比例作为 DeepSeekMoE 架构的最优配置。这些研究成果不仅为 DeepSeekMoE 架构的设计提供了坚实的理论支持，也为后续的模型扩展和优化提供了重要的参考依据。

4.6　DeepSeekMoE 16B 测试

前面的性能测试主要是针对 DeepSeekMoE 2B 模型进行的，本节将展示 DeepSeek 团队对 DeepSeekMoE 16B 模型的测试结果。DeepSeekMoE 16B 模型的总参数量为 164 亿，但在推理时仅激活约 28 亿个参数，显著降低了计算成本。DeepSeek 团队的实验结果表明，DeepSeekMoE 16B 的性能可与 DeepSeek 7B 和 LLaMA2 7B 等模型相媲美，同时计算量减少约 60%。值得一提的是，DeepSeek 团队计划进一步扩展 DeepSeekMoE 架构，训练参数量达 1450 亿的更大模型，以探索 DeepSeekMoE 模型在更大规模场景中的性能和应用潜力。

4.6.1　训练数据和分词

在训练 DeepSeekMoE 模型时，DeepSeek 对训练数据的选择和分词策略进行了精心设计，以确保模型能够在大规模数据上高效学习，并具备良好的语言理解和生成能力。

1. 训练数据

为了满足 DeepSeekMoE 16B 模型的训练需求，DeepSeek 团队从多样化语料库中采样了大规模的训练数据。与之前的验证实验不同，本次采样的数据规模显著增加，包含 2 万亿个标记，与 LLaMA2 7B 的训练标记数量保持一致。这种大规模的数据采样策略旨在为模型提供丰富的语言模式和知识，使其能够学习到更广泛的语言特征和语义信息。

DeepSeek 团队选择的语料库涵盖了多种语言和领域，包括新闻文章、维基百科页面、图书、社交媒体文本等。这种多样化的语料库设计有助于模型在不同场景下表现出色，同时增强其对各种语言风格和主题的理解能力。

2. 分词策略

在分词方面，采用 Hugging Face 的 Tokenizer 工具来训练字节对编码（BPE）分词器。BPE 是一种广泛使用的分词技术，其通过将单词分解为更小的子词单元，能够有效处理词汇表外单词的问题，同时提高模型对罕见单词的处理能力。

DeepSeekMoE 16B 模型的词汇量设置为 10 万。这一词汇量大小是经过综合考虑后的选择，旨在平衡模型的计算效率和语言表达能力。较小的词汇量可以降低模型的计算复杂度和内存占用，而通过 BPE 分词器的子词划分，模型仍然能够灵活处理丰富的语言表达。

4.6.2 设置超参数

为了确保 DeepSeekMoE 16B 模型在大规模训练中能够高效收敛并达到优异性能，DeepSeek 团队对其模型结构和训练策略进行了精心设计和优化。

1. 模型设置

- Transformer 层数：DeepSeekMoE 16B 模型基于 Transformer 架构，包含 28 层 Transformer，每层的隐藏维度设置为 2048。这种深度和宽度的设置旨在为模型提供足够的容量，以捕捉复杂的语言模式。

- 多头注意力机制：DeepSeek 采用了多头注意力机制，共有 16 个注意力头，每个注意力头的维度为 128。这种设计使模型能够从多个角度捕捉输入序列的特征，从而提高其对语言的语义和结构的理解能力。

- 参数初始化：所有可学习参数均以标准差为 0.006 的正态分布随机初始化。这种初始化方式有助于模型在训练初期快速收敛，同时避免梯度消失或爆炸的问题。

- MoE 层设计：为了实现高效的计算和灵活的专家模型组合，DeepSeek 团队将除第一层外的所有 FFN 层替换为 MoE 层。这一设计是基于观察到第一层的负载平衡收敛速度特别慢，而 MoE 层在后续层中能够显著提升计算效率和模型性能。每个 MoE 层包含 2 个共享专家和 64 个路由专家，每个专家模型的大小是标准 FFN 的 0.25 倍。每个标记将被路由到 2 个共享专家和 6 个路由专家，从而实现高效的计算和灵活的知识获取。

- 专家细分策略：尽管更细粒度的专家细分能够进一步提升模型的专业化水平，但在总参数量超过 160 亿的大规模场景下，这种细分可能会导致计算效率降低。因此，我们在当前配置下选择 2 个共享专家和 64 个路由专家的组合，以平衡模型的专业化和计算效率。在这种设置下，DeepSeekMoE 16B 模型的总参数量约为 164 亿，激活参数量约为 28 亿。

2. 训练设置

- 优化器选择：DeepSeek 团队使用了 AdamW 优化器，这是一种广泛应用于大语言模型训练的优化器，能够有效平衡学习率调整和权重衰减。超参数设置如下：$\beta_1 = 0.9$，$\beta_2 = 0.95$，权重衰减为 0.1。

- 学习率调度：学习率采用预热和阶梯式衰减策略。在训练的前 2000 步，学习率线性增加到最大值 4.2×10^{-4}。随后，在达到训练步骤的 80% 和 90% 时，将学习率分别乘以 0.316。这种策略旨在确保模型在训练初期能够快速收敛，同时在后期避免过拟合。

- 梯度裁剪与批量大小：为了防止梯度爆炸，DeepSeek 团队设置梯度裁剪范数为 1.0。批量大小设置为 4500，最大序列长度为 4000，因此每个训练批量包含 1800 万个标记。这种大规模的批量设置有助于充分利用计算资源，同时提高模型的训练效率。

- 总训练步数：为了实现处理 2 万亿个训练标记的目标，将总训练步数设置为 106 449。这一设置确保了模型能够在大规模数据中充分学习，同时避免过度训练。

- Dropout 策略：由于训练数据丰富且模型已经具备足够的正则化能力，DeepSeek 团队在训练中未使用 Dropout 正则化。这一选择有助于提高模型的训练速度，同时避免 Dropout 正则化带来的性能损失。

- 并行化策略：为了高效利用计算资源，采用管道并行化技术，将模型的不同层部署在不同设备上。对于每一层，所有专家模型都将部署在同一设备上，从而避免设备间的通信开销。此外，训练中没有丢弃任何标记，也不使用设备级平衡损失，以确保模型能够充分利用所有训练数据。

- 路由平衡策略：为了防止路由崩溃，DeepSeek 将专家级平衡因子设置为 0.001。DeepSeek 团队基于实验观察，发现在当前的并行化策略下，更高的专家级平衡因子无法提高计算效率，反而会损害模型性能。

总之，在 DeepSeekMoE 16B 模型的训练中，DeepSeek 团队通过精心设计的超参数设置和优化策略，确保了模型在大规模数据上的高效训练和优异性能。在模型结构方面，DeepSeek 采用了 28 层 Transformer 架构，结合多头注意力机制和 MoE 层设计，实现了高效的计算和灵活的知识获取。在训练策略方面，DeepSeek 通过 AdamW 优化器、预热和阶梯式衰减学习率策略、大规模批量设置以及管道并行化技术，优化了模型的训练效率和性能表现。这些设计选择为 DeepSeekMoE 16B 模型的成功训练和部署奠定了坚实的基础。

4.6.3 评估基准

为了全面评估 DeepSeekMoE 16B 模型的性能，DeepSeek 团队在验证实验的基础上引入了更多基准测试，这些测试涵盖了语言建模、阅读理解、数学推理、多学科多项选择、消歧义以及中文基准测试等多个领域。下面是对新增评估基准的具体说明。

（1）语言建模：DeepSeek 团队在 Pile 测试集上评估了语言建模任务。由于 DeepSeekMoE

16B 采用了不同的分词器，为了公平比较，使用每字节比特数作为评估指标。

（2）阅读理解：DeepSeek 团队新增了 DROP 数据集作为阅读理解任务的评估基准，采用完全匹配率作为评估指标。

（3）数学推理：为了评估模型的数学推理能力，DeepSeek 团队引入了 GSM8K 和 MATH 数据集，使用完全匹配率作为评估指标。

（4）多学科多项选择：DeepSeek 团队采用 MMLU 数据集来评估模型在多学科多项选择任务中的表现，评估指标为准确率。

（5）消歧义：DeepSeek 团队使用 WinoGrande 数据集评估模型的消歧义能力，评估指标为准确率。

（6）中文基准测试：鉴于 DeepSeekMoE 16B 在双语语料库上进行了预训练，DeepSeek 团队在以下中文基准测试上对它进行了评估。

- CLUEWSC：中文消歧义基准测试，评估指标为准确率。
- C-Eval 和 CMMLU：类似于 MMLU 的中文多学科多项选择基准测试，评估指标为准确率。
- CHID：中文成语完形填空基准测试，用于评估对中国文化的理解，评估指标为准确率。

为了与其他开源大模型进行公平且便捷的比较，DeepSeek 团队还在 Open LLM 排行榜上对 DeepSeekMoE 16B 进行了评估。该排行榜由 Hugging Face 支持，包含 6 个任务：ARC、HellaSwag、MMLU、TruthfulQA、Winogrande 和 GSM8K。

通过上述评估，DeepSeek 团队全面验证了 DeepSeekMoE 16B 在各类任务中的性能表现。

4.7　DeepSeekMoE 16B 的对齐

在深度学习和自然语言处理领域，对齐（Alignment）是一个术语，通常用来描述使模型的行为、输出或性能与人类期望或目标一致的过程。以往研究表明，MoE 模型通常无法从传统的微调（fine-tuning）中获得显著提升。然而，近期研究指出，通过指令微调（instruction fine-tuning），MoE 模型确实能够从中受益。为了验证 DeepSeekMoE 16B 是否也能从微调中获益，DeepSeek 团队对其进行了监督式微调，并将其转换成一个聊天模型——DeepSeekMoE Chat 16B（后文称 DeepSeekMoE 16B 聊天模型）。

4.7.1　测试设置

为了训练 DeepSeekMoE 16B 聊天模型，DeepSeek 团队对其进行了监督式微调。下面是详细的测试设置信息。

1. 训练数据

为了构建一个功能强大的聊天模型，使用一个内部整理的数据集进行监督式微调。该数据集包含 140 万个训练样本，涵盖数学、代码、写作、问答、推理、总结等多个领域。这些数据主要以英文和中文为主，以使聊天模型能够在双语场景中灵活应用。

2. 超参数设置

在监督式微调过程中，DeepSeek 团队采用了如下超参数配置。

- 批量大小：设置为 1024 个样本。
- 优化器：使用 AdamW 优化器。
- 训练轮次：进行 8 个轮次的训练。
- 最大序列长度：设置为 4000，并尽可能紧密地打包训练样本，直至达到序列长度限制。
- 学习率：固定为 10^{-5}，不采用任何学习率调度策略。
- Dropout 策略：在监督式微调过程中不使用 Dropout 正则化。

3. 评估基准

为了全面评估聊天模型的性能，DeepSeek 团队采用了与前面类似的基准测试，并进行了以下调整。

- 排除 Pile 损失：由于聊天模型很少用于纯语言建模任务，因此排除了该基准测试。
- 排除 CHID：由于 CHID 的结果不稳定，难以得出可靠的结论，因此排除了该基准测试。
- 新增 BBH：为了更全面地评估聊天模型的推理能力，额外增加了该基准测试。

通过上述实验设置，DeepSeek 团队确保了 DeepSeekMoE 16B 聊天模型能够在多样化的任务中表现出色，同时也验证了其在双语场景中的适应性。

4.7.2 评估结果

为了验证 DeepSeekMoE 16B 在对齐后的潜力，对其进行监督式微调，并与两个 7B 级别的密集模型 LLaMA2 7B 和 DeepSeek 7B 进行详细的性能对比。

1. 基线模型

为了确保公平性，DeepSeek 团队对 LLaMA2 7B、DeepSeek 7B 和 DeepSeekMoE 16B 使用完全相同的微调数据，并构建了 3 个聊天模型：LLaMA2 SFT 7B、DeepSeek Chat 7B 和 DeepSeekMoE Chat 16B。值得注意的是，7B 级别的密集模型的计算量约为 DeepSeekMoE Chat 16B 的 2.5 倍，这为评估提供了一个重要的性能对比基准。

2. 评估结果

表 4-3 展示了 DeepSeek 团队测试后获得的详细的评估结果。

表4-3　聊天模型LLaMA2 SFT 7B、DeepSeek Chat 7B 与 DeepSeekMoE Chat 16B 的性能对比

指标	样本数量	模型		
		LLaMA2 SFT 7B	DeepSeek Chat 7B	DeepSeekMoE Chat 16B
总参数量	N/A	6.7B	6.9B	16.4B
激活参数量	N/A	6.7B	6.9B	2.8B
每 4000 个标记的 FLOPs	N/A	187.9T	183.5T	74.4T
HellaSwag（准确率）	0-shot	67.9	71.0	72.2
PIQA（准确率）	0-shot	76.9	78.4	79.7
ARC-easy（准确率）	0-shot	69.7	70.2	69.9
ARC-challenge（准确率）	0-shot	50.8	50.2	50.0
BBH（完全匹配率）	3-shot	39.3	43.1	42.2
RACE-middle（准确率）	5-shot	63.9	66.1	64.8
RACE-high（准确率）	5-shot	49.6	50.8	50.6
DROP（完全匹配率）	1-shot	40.0	41.7	33.8
GSM8K（完全匹配率）	0-shot	63.4	62.6	62.2
MATH（完全匹配率）	4-shot	13.5	14.7	15.2
HumanEval（Pass@1）	0-shot	35.4	45.1	45.7
MBPP（Pass@1）	3-shot	27.8	39.0	46.2
TriviaQA（完全匹配率）	5-shot	60.1	59.5	63.3
NaturalQuestions（完全匹配率）	0-shot	35.2	32.7	35.1
MMLU（准确率）	0-shot	50.0	49.7	47.2
WinoGrande（准确率）	0-shot	65.1	68.4	69.0
CLUEWSC（完全匹配率）	5-shot	48.4	66.2	68.2
C-Eval（准确率）	0-shot	35.1	44.7	40.0
CMMLU（准确率）	0-shot	36.9	51.2	49.3

表 4-3 详细对比了 3 种聊天模型在多个任务和基准测试上的性能，得出的结论如下。

- 整体性能表现：尽管 DeepSeekMoE Chat 16B 的计算量仅为对比密集模型的约 40%，但在多数基准测试中，其表现甚至超越 7B 级别的密集聊天模型。具体来说，在语言理解与推理任务（如 PIQA、ARC、BBH）、机器阅读理解任务（如 RACE）、数学推理任务（如 GSM8K、MATH）以及知识密集型任务（如 TriviaQA 和 NaturalQuestions）中，DeepSeekMoE Chat 16B 均具有与密集模型相当甚至更优的准确率和表现。

- 代码生成任务：在 HumanEval 和 MBPP 数据集上的代码生成任务中，DeepSeekMoE Chat 16B 显著优于 LLaMA2 SFT 7B，并且其性能也优于 DeepSeek Chat 7B。这表明在生成编程代码和理解代码逻辑方面，DeepSeekMoE Chat 16B 能够更好地捕捉和表达技术性知识。

- 多项选择任务：在 MMLU、C-Eval 和 CMMLU 等多项选择基准测试中，DeepSeekMoE Chat 16B 的表现虽然仍略逊于 DeepSeek Chat 7B，但在经过监督式微调后，两者之间

的性能差距明显缩小。这说明经过对齐后，DeepSeekMoE Chat 16B 在部分任务中的表现已得到有效提升。

- 中文基准测试：由于 DeepSeekMoE Chat 16B 在预训练阶段使用了双语语料库，其在中文基准测试中的表现尤为突出。无论是在中文消歧义测试（如 CLUEWSC）还是中文多学科多项选择测试（如 C-Eval 和 CMMLU）中，DeepSeekMoE Chat 16B 均明显优于 LLaMA2 SFT 7B。这进一步验证了 DeepSeekMoE 模型在处理中文信息时具备出色的平衡能力和适应性。

总之，聊天模型的评估结果表明，DeepSeekMoE Chat 16B 在模型对齐过程中性能得到显著提升。尽管其计算量仅占对比密集模型的约 40%，但它在多个任务上均能达到甚至超过 7B 级别密集模型的性能表现。这些结果证明了 DeepSeekMoE 架构在实现高效计算和优秀性能方面的潜力，为大语言模型的对齐和下游应用提供了坚实的理论和实验支持。

注意： DeepSeek 团队正在测试 DeepSeekMoE 145B 模型的性能，将 DeepSeekMoE 扩展到了 1450 亿参数规模。DeepSeekMoE 145B 在 2.45 万亿个标记上进行了训练。DeepSeek 团队声称，在完成 DeepSeekMoE 145B 的最终版本和完整训练后，会将测试结果公开发布。

第 **5** 章 DeepSeek 多模态大模型架构

DeepSeek 团队推出的多模态技术，在视觉编码解耦、训练流程优化、数据扩展以及模型规模上实现了全方位的提升，构建了一个既能有效理解多模态输入，又能精准生成图像和文本的统一模型体系，满足了从基础研究到实际应用的多种需求。本章将详细讲解 DeepSeek 多模态大模型的架构知识。

5.1 DeepSeek 多模态大模型的发展轨迹

DeepSeek 多模态大模型从最初的文本处理能力，逐步扩展到视觉语言融合、多模态理解，再到强化学习和推理能力的提升，最终实现了跨模态推理和商业化应用。这一过程不仅展示了技术的快速演进，也体现了 DeepSeek 团队在提升模型性能和降低成本方面的持续努力。

1. 初始阶段: 视觉语言模型的引入
- 2024 年 3 月 11 日发布 DeepSeek-VL——一个开源的视觉语言模型，具有较高的视觉任务处理能力。
- 2024 年 5 月 7 日发布 DeepSeek-V2，采用 MoE 架构，显著提升了模型性能。
- 2024 年 6 月 17 日推出 DeepSeek-Coder-V2，提升了编码和数学推理能力，扩展了支持的编程语言数量。

2. 开始阶段: Janus 模型

DeepSeek 团队最早推出的 Janus 模型采用"理解-生成"双路径的架构，将图像处理分为两个独立的分支。
- 理解路径使用 SigLIP 编码器提取高层次语义特征，用于图像理解任务。
- 生成路径则借助 VQ Tokenizer 将图像转换为离散 ID，再经过生成适配器映射到统一的语言模型输入空间，用于图像生成任务。

这种解耦设计缓解了传统单一视觉编码器在同时执行理解与生成时的角色冲突。

3. 升级阶段：Janus-Pro 模型

随着实际应用需求的增加，Janus 模型在图像生成细节和多模态指令遵循能力上显现不足，DeepSeek 团队随即推出了 Janus-Pro 模型。主要改进如下。

- 训练策略优化：增加 ImageNet 数据集上的训练步数，调整多模态数据与纯文本数据及文本到图像数据的比例（例如从 7 ： 3 ： 10 调整到 5 ： 1 ： 4），使各任务表现更加均衡。

- 数据扩展：在预训练阶段加入大量新的多模态数据，既有真实图像及其字幕，也有约 7200 万条高质量的合成美学数据，提升了图像生成的稳定性和细节还原能力。

- 模型规模扩大：升级到 7B 参数（甚至更大规模的参数），优化了模型的表达能力与收敛速度。

4. 深度扩展：DeepSeek-VL2 模型的引入

在 Janus-Pro 模型的升级过程中，DeepSeek-VL2 模型发挥了关键作用。作为面向多模态理解任务的核心模型之一，DeepSeek-VL2 采用了 MoE 策略。

- MoE 架构：针对图像、表格、图表和文档等不同类型的视觉数据，DeepSeek-VL2 通过整合多个专业化的视觉语言专家模型，提取更丰富的语义信息。

- 大规模数据支撑：在预训练过程中为 Janus-Pro 模型提供约 9000 万个样本的多模态数据，使整体模型在多模态理解方面获得了更强的泛化能力。

- 多任务适应性：DeepSeek-VL2 不仅提升了模型在视觉问答和图像理解等任务中的性能，还为后续的跨模态对齐和生成任务奠定了坚实基础。

总体来看，DeepSeek 多模态大模型经历了从 Janus 模型到 Janus-Pro 模型的不断迭代升级，而 DeepSeek-VL2 的加入则进一步丰富了预训练数据和模型的多模态理解能力。这一系列的技术演进使 DeepSeek 模型在文生图、视觉问答以及其他多模态任务上均表现出色，既实现了理解与生成任务的高效统一，也为未来扩展更多输入模态（如音频、视频、3D 点云等）提供了坚实的技术基础。

5.2 Janus 模型剖析

Janus 多模态模型的设计核心在于视觉编码的解耦。传统多模态模型通常使用单一的视觉编码器来处理多模态理解和视觉生成任务，但这两种任务对视觉特征的需求存在显著差异，单一编码器往往难以同时满足两种任务的需求，从而导致性能瓶颈。为了解决这一问题，Janus 模型提出了双路径视觉编码架构，将多模态理解和视觉生成任务的视觉编码过程完全分离，从而避免了任务间的冲突，并显著提升了模型在多模态任务中的表现。

5.2.1 架构介绍

Janus 模型的整体架构基于自回归 Transformer，这是一种强大的序列生成框架，广泛应用于自然语言处理和多模态任务中。自回归 Transformer 通过逐个生成序列中的元素（如文本中的单词或图像中的像素），能够有效地捕捉序列中的依赖关系。在 Janus 模型中，自回归 Transformer 不仅处理文本输入，还整合了来自视觉模态的特征，从而实现多模态数据的统一处理。

1. 视觉编码路径

Janus 模型的设计核心是将视觉编码分为如下两个独立的路径。

（1）多模态理解：专门用于处理需要理解图像语义的任务，如视觉问答（VQA）、图像描述生成、图文匹配等。这一路径的目标是从图像中提取高维语义特征，并将其映射到与语言模型兼容的输入空间。

（2）视觉生成：专门用于处理需要生成图像的任务，如文生图任务。这一路径的目标是将图像转换为离散的视觉 token，并通过生成适配器将其嵌入语言模型的输入空间。

这两个路径分别处理不同任务的输入数据，但最终会将生成的特征序列拼接在一起，形成一个统一的多模态特征序列，这个序列随后被输入自回归 Transformer 中进行进一步处理。通过这种设计，Janus 模型能够在同一个框架下高效地处理多模态理解和视觉生成任务，同时避免了传统模型中视觉编码器处理这两种任务时的功能冲突。

2. Janus 架构设计的优势

Janus 多模态模型通过解耦视觉编码路径，实现了多模态理解和视觉生成任务的高效统一。这种架构设计不仅解决了传统模型中视觉编码器的功能冲突问题，还提升了模型的性能和扩展性。具体来说，Janus 模型的架构设计带来了以下显著优势。

- 解耦视觉编码：通过将视觉编码分为两个独立路径，Janus 模型能够分别优化多模态理解和视觉生成任务。这种解耦设计避免了传统模型中视觉编码器处理这两种任务时的功能冲突，使模型能够更好地处理复杂的多模态任务。
- 高效扩展性：Janus 模型的架构设计支持模型规模的扩展。例如，Janus-Pro 将模型参数扩展到 7B，显著提升了模型在多模态理解和视觉生成任务中的性能。这种扩展性使模型能够处理更复杂的任务，并生成更高质量的输出。
- 统一框架：尽管 Janus 模型将视觉编码分为两个独立路径，但整个模型仍然在同一个自回归 Transformer 框架下运行。这种统一框架简化了训练和推理过程，使模型能够高效地处理多模态数据。同时，这种设计也使模型能够灵活地扩展到其他多模态任务，如视频理解、多模态对话等。

5.2.2　多模态理解路径

多模态理解的目标是从图像中提取丰富的语义信息，以支持视觉问答、图像描述等任务。为了实现这一目标，Janus 模型在这一部分采用了专门设计的模块和操作流程，具体说明如下。

1. 视觉编码器

Janus 模型选用 SigLIP 编码器作为多模态理解路径的核心。SigLIP 是一种基于 Transformer 的视觉编码器，设计初衷是捕捉图像中的高层语义信息，SigLIP 编码器所做的工作如下。

- 抽取高维语义特征：SigLIP 编码器能够从图像中提取出既包含整体语义（如场景、对象类别）又兼顾细节和局部关系的高维特征。这些特征不仅能描述图像的全局内容，还能捕捉图像中细微的纹理和结构信息。

- 与语言模型兼容：SigLIP 编码器的设计考虑到了与语言模型的融合需求，其输出特征的格式和分布经过精心设计，因而能够无缝地与文本特征对齐，为后续的多模态融合打下基础。

2. 特征处理

SigLIP 编码器输出的是一个二维的特征图，这个特征图类似于一个由多个特征向量构成的网格，每个向量对应图像中某一局部区域的语义描述。为了更好地利用这些视觉特征，Janus 模型在后续处理中引入了两项关键策略，这两项策略相辅相成，共同确保了视觉信息能够在多模态建模中发挥最大效用。

- 保留空间顺序信息：为了让这些视觉特征能够被自回归 Transformer 模型处理，Janus 模型将二维特征图展平为一维序列。展平过程不仅简单地将二维矩阵转换为线性序列，还保留了原始空间中的顺序信息，这对于捕捉图像中局部与全局语义关系至关重要。

- 统一格式：展平后的特征序列与文本 token 序列格式保持一致，使后续的多模态融合和自回归建模能够在同一输入空间中进行。这种格式统一有助于模型同时考虑图像与文本信息的上下文关联，从而实现更有效的信息融合。

3. 理解适配器

为了将展平后的高维视觉特征进一步映射到与语言模型相同的嵌入空间，Janus 模型引入了一个两层的多层感知机作为理解适配器。

- 特征映射：理解适配器对输入的视觉特征进行非线性变换，使得这些特征能够更好地表达与文本信息对应的语义。经过映射后的视觉特征与文本特征在语义层面上实现了对齐，便于后续的跨模态融合。

- 无缝融合：通过这种映射操作，理解适配器确保了从图像中提取的语义信息能够与文本数据结合在一起，形成一个统一的多模态输入序列。这样模型在处理诸如视觉问答和图像描述等任务时，就可以直接利用来自不同模态的互补信息，从而提高理解准确性和生成质量。

在 DeepSeek 的开源代码中，文件 projector.py 中定义了一个名为 MlpProjector 的类，作为一个多层感知机投影器，用于将输入数据映射到指定的嵌入空间。在多模态模型中，投影器是连接不同模态特征的关键组件。MlpProjector 投影器根据配置（cfg）的不同，支持多种类型的投影方式：identity、linear、mlp_gelu 和 low_high_hybrid_split_mlp_gelu。如果配置为 low_high_
hybrid_split_mlp_gelu，输入将分为两部分（高分辨率部分和低分辨率部分），然后分别进行投
影并合并。前向传播方法接收一个输入（可以是元组，也可以是单一张量），并通过配置的投
影器进行转换，返回投影后的结果。

```python
class MlpProjector(nn.Module):
    def __init__(self, cfg):
        super().__init__()

        self.cfg = cfg

        if cfg.projector_type == "identity":
            modules = nn.Identity()

        elif cfg.projector_type == "linear":
            modules = nn.Linear(cfg.input_dim, cfg.n_embed)

        elif cfg.projector_type == "mlp_gelu":
            mlp_depth = cfg.get("depth", 1)
            modules = [nn.Linear(cfg.input_dim, cfg.n_embed)]
            for _ in range(1, mlp_depth):
                modules.append(nn.GELU())
                modules.append(nn.Linear(cfg.n_embed, cfg.n_embed))
            modules = nn.Sequential(*modules)

        elif cfg.projector_type == "low_high_hybrid_split_mlp_gelu":
            mlp_depth = cfg.get("depth", 1)
            self.high_up_proj = nn.Linear(cfg.input_dim, cfg.n_embed // 2)
            self.low_up_proj = nn.Linear(cfg.input_dim, cfg.n_embed // 2)

            modules = []
            for _ in range(1, mlp_depth):
                modules.append(nn.GELU())
                modules.append(nn.Linear(cfg.n_embed, cfg.n_embed))
            modules = nn.Sequential(*modules)

        else:
            raise ValueError(f"Unknown projector type: {cfg.projector_type}")

        self.layers = modules

    def forward(
        self, x_or_tuple: Union[Tuple[torch.Tensor, torch.Tensor], torch.Tensor]
    ):
        """
```

```
        参数:
                x_or_tuple (Union[Tuple[torch.Tensor, torch.Tensor], torch.Tensor]):
    如果是一个元组, 则来自混合视觉编码器, 其中 x = high_res_x, low_res_x; 否则, 它是来自单一视觉编码器的特征。

        返回:
                x (torch.Tensor): [b, s, c]
        """

        if isinstance(x_or_tuple, tuple):
            # self.cfg.projector_type == "low_high_hybrid_split_mlp_gelu":
            high_x, low_x = x_or_tuple
            high_x = self.high_up_proj(high_x)
            low_x = self.low_up_proj(low_x)
            x = torch.concat([high_x, low_x], dim=-1)
        else:
            x = x_or_tuple

        return self.layers(x)


if __name__ == "__main__":
    cfg = AttrDict(
        input_dim=1024,
        n_embed=2048,
        depth=2,
        projector_type="low_high_hybrid_split_mlp_gelu",
    )
    inputs = (torch.rand(4, 576, 1024), torch.rand(4, 576, 1024))

    m = MlpProjector(cfg)
    out = m(inputs)
    print(out.shape)
```

通过上述流程, Janus 多模态模型有效地将图像中的视觉信息转换成了与文本特征相兼容的表示。该过程不仅保留了图像的全局和局部语义, 同时也为自回归 Transformer 模型提供了一个统一的输入, 以便在后续任务中实现高效的多模态融合与信息建模。

5.2.3 视觉生成路径

视觉生成的核心目标是将图像转换为离散的 ID 序列, 并根据文本描述生成对应的图像。视觉生成路径的设计旨在解决传统多模态模型中视觉生成任务的挑战, 例如如何高效地将图像内容与文本描述对齐, 以及如何生成高质量且语义一致的图像。通过将图像离散化为视觉 token, 并将其嵌入语言模型的输入空间, Janus 模型能够以一种类似于处理文本的方式处理图像，从而实现高效的视觉生成。

1. 视觉编码器：VQ Tokenizer

在视觉生成中，Janus 模型使用 VQ Tokenizer 作为核心组件。VQ Tokenizer 基于向量量化（Vector Quantization）技术，能够将图像分割为离散的视觉 token。具体实现过程如下。

（1）图像分割：VQ Tokenizer 首先将输入图像划分为多个小块（patch）。这些小块通常是固定大小的正方形区域，例如 16 像素 ×16 像素。通过这种方式，图像被分解为多个局部区域，每个区域代表图像的一个局部特征。

（2）矢量量化：每个小块被提取为一个特征向量，并通过矢量量化技术映射到一个离散的编码空间中。矢量量化是一种将连续的特征向量映射到离散符号的技术，类似于将图像中的每个小块"编码"为一个特定的符号或 token。这些离散的 token 能够有效地表示图像的局部特征，同时降低了计算复杂度。

（3）离散化处理：通过矢量量化，图像被转换为一系列离散的 ID 序列。这种离散化处理使图像能够以一种类似于文本的方式被处理，每个视觉 token 类似于文本中的单词或字符。这种设计不仅便于与语言模型的输入格式对齐，还使图像生成过程能够利用语言模型的强大生成能力。

在介绍了 Janus 模型中视觉生成路径的核心组件 VQ Tokenizer 之后，下面转向 Janus 模型的另一个重要组成部分：视觉编码器配置。在 Janus 模型的开源代码中，文件 clip_encoder.py 中定义了一个名为 CLIPVisionTower 的类，用于构建并使用不同类型的视觉模型（如 SigLIP、SAM 或 Hugging Face 的 CLIP）。这个类提供图像预处理（如像素均值和标准差归一化）、选择不同层输出的功能，还能根据不同模型配置生成相应的视觉模型。具体来说，CLIPVisionTower 类将图像通过视觉塔（vision tower）进行特征提取，提取指定层的特征，并根据 select_feature 参数选择合适的特征（如"patch"或"cls_patch"）。这个类还支持自定义图像归一化。

```python
class CLIPVisionTower(nn.Module):
    def __init__(
        self,
        model_name: str = "siglip_large_patch16_384",
        image_size: Union[Tuple[int, int], int] = 336,
        select_feature: str = "patch",
        select_layer: int = -2,
        select_layers: list = None,
        ckpt_path: str = "",
        pixel_mean: Optional[List[float]] = None,
        pixel_std: Optional[List[float]] = None,
        **kwargs,
    ):
        super().__init__()
```

```python
        self.model_name = model_name
        self.select_feature = select_feature
        self.select_layer = select_layer
        self.select_layers = select_layers

        vision_tower_params = {
            "model_name": model_name,
            "image_size": image_size,
            "ckpt_path": ckpt_path,
            "select_layer": select_layer,
        }
        vision_tower_params.update(kwargs)
        self.vision_tower, self.forward_kwargs = self.build_vision_tower(
            vision_tower_params
        )

        if pixel_mean is not None and pixel_std is not None:
            image_norm = torchvision.transforms.Normalize(
                mean=pixel_mean, std=pixel_std
            )
        else:
            image_norm = None

        self.image_norm = image_norm

    def build_vision_tower(self, vision_tower_params):
        if self.model_name.startswith("siglip"):
            self.select_feature = "same"
            vision_tower = create_siglip_vit(**vision_tower_params)
            forward_kwargs = dict()

        elif self.model_name.startswith("sam"):
            vision_tower = create_sam_vit(**vision_tower_params)
            forward_kwargs = dict()

        else:  # huggingface
            from transformers import CLIPVisionModel

            vision_tower = CLIPVisionModel.from_pretrained(**vision_tower_params)
            forward_kwargs = dict(output_hidden_states=True)

        return vision_tower, forward_kwargs

    def feature_select(self, image_forward_outs):
        if isinstance(image_forward_outs, torch.Tensor):
```

```
            # 输出已经是 self.select_layer 所对应的特征
            image_features = image_forward_outs
        else:
            image_features = image_forward_outs.hidden_states[self.select_layer]

    if self.select_feature == "patch":
        # 如果输出中包含 cls_token
        image_features = image_features[:, 1:]
    elif self.select_feature == "cls_patch":
        image_features = image_features
    elif self.select_feature == "same":
        image_features = image_features

    else:
        raise ValueError(f"Unexpected select feature: {self.select_feature}")
    return image_features


def forward(self, images):
    """
    参数:
        images (torch.Tensor): [b, 3, H, W]

    返回:
        image_features (torch.Tensor): [b, n_patch, d]
    """

    if self.image_norm is not None:
        images = self.image_norm(images)

    image_forward_outs = self.vision_tower(images, **self.forward_kwargs)
    image_features = self.feature_select(image_forward_outs)
    return image_features
```

总之，CLIPVisionTower 类为多模态模型提供了图像特征提取功能，这些特征可以用于与文本特征的对齐和融合。

2. 特征处理：生成适配器

VQ Tokenizer 输出的是一系列离散的 ID 序列，这些 ID 序列需要进一步处理以适应语言模型的输入格式。具体步骤如下。

（1）序列展平：VQ Tokenizer 输出的 ID 序列通常是二维的（对应图像的行和列），为了与语言模型的输入格式一致，Janus 模型将这些二维 ID 序列展平为一维序列。这种展平操作保留了图像的空间顺序信息，使语言模型能够更好地理解图像的局部和全局结构。

（2）码本嵌入映射：每个离散 ID 对应一个码本嵌入（codebook embedding），这些嵌入是VQ Tokenizer 在训练过程中学习到的特征表示。为了将视觉 token 嵌入语言模型的输入空间，

Janus 模型使用了一个生成适配器。生成适配器由两层的多层感知机组成，其作用是将码本嵌入映射到语言模型的输入空间。

（3）交互与融合：通过生成适配器的映射操作，视觉 token 能够与文本 token 在同一个空间中进行交互。这种交互使语言模型能够同时处理文本和视觉特征，从而实现高效的视觉生成任务。例如，在文本到图像的生成任务中，模型可以根据文本描述中的语义信息，选择合适的视觉 token 来生成对应的图像内容。

3．向量量化模型

视觉生成路径的目标是将图像转换为离散的 ID 序列，并根据文本描述生成对应的图像。这一路径的另一个核心组件是向量量化模型，具体实现为 VQ-VAE（Vector Quantized Variational Autoencoder）。在 Janus 模型的开源代码中，文件 vq_model.py 实现了这一模型，包括编码器、解码器和向量量化器，支持图像的压缩和重建。为图像的嵌入和生成提供了基础。文件 vq_model.py 的核心思想是借助 VQ-VAE 对输入数据进行编码、离散化，并使用向量量化方法来学习更好的表示。具体实现流程如下。

（1）类 Encoder 是 VQ-VAE 中的编码器，负责将输入图像转换为紧凑的特征表示（即潜变量）。整个过程包括特征提取、分辨率逐步降低（下采样）、残差学习、注意力机制等，以提取关键信息并减少冗余，为后续的离散化和解码提供高质量的潜在特征。类 Encoder 中的成员如下。

- __init__() 方法：初始化编码器的所有模块，包括输入卷积层、多个下采样层、残差块和注意力块。它根据输入通道数、基础通道数、通道倍增因子等参数动态创建网络结构。该方法还定义了是否使用卷积进行上 / 下采样、Dropout 概率、归一化类型以及中间特征的通道数等，确保网络在不同分辨率下有效提取信息并进行特征压缩。
- forward() 方法：前向传播方法，用于处理输入图像的前向传播过程。首先，输入通过 conv_in 卷积层进行初步处理。然后，图像依次通过每个分辨率级别的残差块和注意力块，在逐步降低分辨率的同时提取更深层次的特征。接下来，图像通过中间层的进一步处理，最后经过输出层的归一化和卷积，生成潜在特征图输出。

编码器的结构如下。

- conv_in 层：该层是编码器的第一个卷积层，它接收输入图像并通过 3×3 的卷积核进行特征提取，将输入转换为指定通道数的特征图，作为后续处理的起点。
- conv_blocks 层：该层包含多个下采样模块，每个模块由 ResnetBlock 和 AttnBlock 组成，用于逐层提取高级特征并降低图像分辨率。每个下采样模块的输出由不同数量的残差块和可能的注意力块组成，确保模型在各个分辨率下有效地提取信息。
- mid 层：该层是中间特征处理模块，包含若干 ResnetBlock 和 AttnBlock，用于在最小分辨率级别后进一步处理和优化特征表示。这些模块帮助模型捕获更深层次的语义信息，并增强特征的表现力。

- conv_out 层：该层是编码器的最后一个卷积层，它对经过多次处理后的特征图进行归一化和非线性激活，并通过 3×3 的卷积核生成 z_channels 维度的输出，作为最终的潜在特征图供后续解码使用。

（2）类 Decoder 是 VQ-VAE 中的解码器，主要用于将编码器产生的潜空间特征图转化为最终的输出图像。它通过若干残差块和注意力块逐层恢复图像的分辨率，同时保持输入特征图的语义信息。解码器的核心目标是利用输入的潜在特征图生成和输入图像维度相同的输出，常用于图像生成任务。类 Decoder 中的成员如下。

- __init__() 方法：负责初始化解码器的各个模块，包括输入卷积层、多个上采样模块、残差块和注意力块。它通过设定中间特征通道数、基础通道数、通道倍增因子等参数来定义解码器的结构。通过这一方法，解码器能够根据输入的潜在特征生成最终的输出图像。

- last_layer() 方法：作为一个属性方法，它返回解码器最后一个卷积层（conv_out 层）的权重。这可以用于检查或操作解码器的最后一层，通常在模型分析或特定的优化任务中使用。

- forward() 方法：forward() 方法定义了解码器的前向传播流程。首先，潜在特征图通过输入卷积层（conv_in 层）转换为初始特征图。接下来，特征图经过中间层的处理，这些层包括残差块和注意力块。然后，特征图通过一系列上采样模块逐渐恢复分辨率。最后，经过输出层生成最终的输出图像。

（3）VectorQuantizer 是一种用于量化的神经网络模块，主要用于将连续的向量表示映射到一个离散的码本空间。这种技术通常用于变分自编码器（VAE）和生成模型，通过向量量化来增强模型的表达能力。该模块使用嵌入式码本来实现向量量化，同时支持可调的损失函数和不同的正则化策略，帮助模型在训练过程中有效地逼近目标分布。

VectorQuantizer 中的成员如下。

- __init__() 方法：用于初始化 VectorQuantizer 的各个参数和组件。它定义了码本的大小（n_e）、嵌入维度（e_dim）、码本损失权重（beta）以及是否进行 $L2$ 归一化等。通过 nn.Embedding 层初始化码本，并对其进行必要的初始化操作。同时，如果启用了 $L2$ 归一化，则对嵌入的权重进行归一化处理。此外，show_usage 参数用于决定是否跟踪码本的使用情况，若启用，则额外注册一个缓冲区。

- forward() 方法：该方法定义了向量量化的核心操作。首先，输入张量被重塑为适合量化的形状。然后，计算输入张量与码本嵌入之间的距离（通过计算欧几里得距离的方式），并找到最近的码本向量。量化后的输入张量 z_q 用于计算量化损失（vq_loss）、提交损失（commit_loss）以及熵损失（entropy_loss）。这些损失会在训练时被用来优化模型，同时 z_q 通过加入 detach 操作保持梯度流动。最后，返回量化后的结果和损失值。

- get_codebook_entry() 方法（获取码本项）：用于根据给定的索引从码本中提取对应的向量。它可以接收索引和目标形状，并根据 channel_first 参数来决定如何重塑输出的形状。如果启用了 L2 归一化，则对嵌入向量进行归一化处理。该方法通常用于检索特定的码本向量，在推理和生成过程中可能被调用以获取相应的离散表示。

（4）AttnBlock 是一个实现自注意力机制的神经网络模块，该模块通过使用 3 个卷积层（分别用于查询、键、值）来计算输入特征图的注意力权重。首先，输入特征图经过归一化处理后，生成查询、键和值。然后，计算查询和键之间的相似度，生成注意力权重，并使用 softmax 函数进行归一化。接下来，对这些权重与值进行加权平均，得到加权后的特征图，并通过一个卷积层进行最终的输出投影。最后，将输出结果与原始输入特征图相加，形成残差连接。该模块的主要目的是使网络能够捕捉不同空间位置之间的依赖关系，从而增强特征的表达能力。

（5）类 VQModel 是一个向量量化模型，主要用于图像或其他数据的编码和解码过程。该模型包括编码器、解码器以及向量量化模块。具体说明如下。

- 初始化：通过配置参数初始化编码器、解码器以及向量量化器。此外，初始化用于量化的卷积层（quant_conv 层）和解码后的卷积层（post_quant_conv 层）。
- 编码：输入数据首先通过编码器处理，然后经过卷积层，最后进行向量量化得到离散化的编码，并返回量化结果、嵌入损失以及信息。
- 解码：量化后的编码通过解码器进行还原，生成重建数据。
- 解码编码：将给定的编码转换为具体的量化值并经过解码，生成解码后的数据。
- 前向传播：在前向传播中，输入数据经过编码和解码过程，返回解码后的输出及嵌入损失（用于正则化）。

向量量化模型通过向量量化将连续的输入映射到离散的编码空间，在图像生成和重建任务中起到重要作用。

5.2.4 自回归 Transformer

自回归 Transformer 是 Janus 多模态模型的核心组件，负责处理来自多模态理解路径和视觉生成路径的特征序列，并生成相应的输出。它将多模态数据的处理统一在一个强大的序列生成框架中，使模型能够高效地处理复杂的多模态任务。

1. 输入融合

在自回归 Transformer 处理之前，来自多模态理解路径和视觉生成路径的特征序列需要进行融合。具体步骤如下。

- 特征序列拼接：将多模态理解路径的特征序列（如通过 SigLIP 编码器提取的图像语

义特征）和视觉生成路径的特征序列（如通过 VQ Tokenizer 生成的离散视觉 token 嵌入）按顺序拼接在一起。这种拼接操作保留了不同模态特征的顺序信息，使自回归 Transformer 能够明确区分不同模态的输入。

- 上下文关系的保留：通过保留不同模态特征的顺序信息，自回归 Transformer 能够更好地理解多模态数据的上下文关系。例如，模型可以明确哪些特征来源于图像，哪些特征来源于文本，从而在生成输出时能够更好地结合多模态信息。这种设计不仅提高了模型对多模态数据的理解能力，还为生成任务提供了更丰富的语义背景。
- 统一的多模态输入序列：拼接后的特征序列形成一个统一的多模态输入序列，该序列被输入自回归 Transformer 中进行进一步处理。这使模型能够在一个框架下处理多种模态的数据，从而简化了训练和推理过程。

2. 自回归生成

自回归 Transformer 的核心功能是生成输出序列，无论是文本还是图像，其生成过程遵循自回归机制，具体说明如下。

- 逐 token 生成：自回归 Transformer 逐个生成输出序列中的 token。在生成每个 token 时，模型会考虑之前已经生成的 token 序列，从而捕捉到序列中的依赖关系。这种自回归机制使得模型能够生成连贯且语义一致的输出。
- 依赖关系的捕捉：通过自回归机制，模型能够有效地捕捉到序列中的依赖关系。例如，在生成文本描述时，模型可以根据已经生成的前文内容来决定下一个单词；在生成图像时，模型可以根据已经生成的图像区域来决定下一个像素或视觉 token。这种依赖关系的捕捉使输出更加自然和连贯。
- 多模态生成能力：自回归 Transformer 不仅能够生成文本，还能生成图像内容。通过将视觉 token 嵌入输入序列中，模型能够在生成过程中同时处理文本和图像模态的信息。这种多模态生成能力使 Janus 模型能够高效地完成复杂的多模态任务，如文本到图像的生成、图像描述生成等。

3. 预测头

为了更好地支持多模态任务，Janus 模型在自回归 Transformer 的基础上增加了多个预测头，具体如下。

- 语言模型自带的预测头：自回归 Transformer 本身配备了用于文本生成的预测头。这个预测头能够根据输入的多模态特征序列生成文本输出，例如图像描述、视觉问答的答案等。这种设计使模型在处理多模态理解任务时能够高效地生成高质量的文本内容。
- 视觉生成任务的预测头：除了语言模型自带的预测头外，Janus 模型还增加了一个随机初始化的预测头，专门用于视觉生成任务中的图像预测。这个预测头的作用是将生成的视觉 token 序列转换为最终的图像输出。通过这种设计，模型在处理视觉生成任务时能够更准确地生成图像内容，同时保持了对多模态理解任务的支持。

- 多任务支持：通过增加专门的预测头，Janus 模型能够同时支持多模态理解和视觉生成任务。这种设计不仅提高了模型的灵活性，还使模型能够在同一个框架下高效地处理多种复杂的多模态任务。

在 DeepSeek 的开源代码中，文件 siglip_vit.py 实现了一个基于 Vision Transformer 的视觉模型，支持多种配置和预训练权重加载。该模型用于图像特征提取和分类任务，支持动态图像大小调整、位置嵌入调整等功能。此外，其中的代码还提供了权重初始化、层归一化和注意力机制的实现，以及模型的前向传播逻辑。文件 siglip_vit.py 的主要目标是利用 Transformer 进行图像识别任务。该实现参考了论文 "An Image is Worth 16 × 16 Words: Transformers for Image Recognition at Scale"，并在标准 ViT 的基础上进行了改进，例如：

- 支持动态图像尺寸以适配不同输入大小；
- 可变的全局池化策略（如 token、avg、map）；
- 可选的前归一化（Pre-Norm）结构；
- 增强的 MLP 结构；
- 可调的 Dropout 机制以提高泛化能力；
- 可选的 PatchDropout 用于数据增强；
- 支持注意力池化（Attention Pooling）以替代传统的全局池化。

5.2.5 三阶段训练策略

Janus 模型采用了三阶段训练策略，旨在逐步提升模型在多模态理解和生成任务中的性能。每个阶段的具体目标和方法如下。

1. 阶段 I：适配器和图像预测头训练
- 目标：在保持大语言模型和视觉编码器参数冻结的情况下，训练理解适配器、生成适配器和图像预测头，以建立视觉与语言之间的有效连接。
- 方法：通过在 ImageNet-1K 数据集上进行训练，模型学习从图像像素到语义的映射关系。此阶段的训练确保视觉特征能够被有效地转换为语言模型可理解的表示形式，为后续的多模态融合奠定基础。

2. 阶段 II：统一预训练
- 目标：在多模态数据上进行联合训练，使模型具备强大的多模态理解和生成能力。
- 方法：在此阶段，模型在多种类型的数据上进行训练，包括纯文本数据、多模态理解数据和视觉生成数据。通过这种多样化的数据训练，模型能够学习不同模态之间的关联，提高在多模态任务中的表现。

3. 阶段 Ⅲ：监督微调

- 目标：通过指令微调，增强模型的指令跟随和对话能力。
- 方法：在此阶段，模型使用混合的数据集进行微调，涉及的数据包括多模态理解数据、纯文本对话数据和文本到图像生成数据。这种数据组合确保模型在多模态理解和生成方面的能力得到全面提升，同时具备良好的指令跟随和对话能力。

通过上述三阶段训练策略，Janus 模型在多模态理解和生成任务中实现了性能的逐步提升，为多模态人工智能应用提供了坚实的基础。

5.2.6　Janus 模型的推理与扩展性

Janus 模型的推理方式和扩展性使其能够高效地处理多种多模态任务，并且能够灵活地适应新的模态和数据类型。

1. 推理

Janus 模型的推理过程采用了自回归方式，这种推理方式在处理文本任务和图像生成任务时有所不同。

- 文本任务：对于文本任务，模型采用逐步解码的方式，逐个生成 token。具体来说，模型会根据已经生成的文本序列，预测下一个 token 的概率分布，并从中采样得到下一个 token。
- 图像生成任务：对于图像生成任务，Janus 模型使用无分类器引导（Classifier-Free Guidance，CFG）技术来提升生成质量。CFG 是一种在生成过程中引入条件信息的技术，它通过结合条件得分和无条件得分来引导生成过程。

2. 扩展性

Janus 模型具有强大的扩展性，这使它能够适应多种多模态任务和数据类型。具体来说，Janus 模型的扩展性体现在以下 3 个方面。

- 引入新的编码器：Janus 模型的架构设计允许引入新的编码器来处理不同类型的数据。例如，除了现有的视觉编码器（如 SigLIP 编码器）和文本编码器（如 LLM 的 Tokenizer），还可以引入新的编码器来处理 3D 点云、EEG（脑电图）信号、音频数据等。这种模块化的设计使得模型能够灵活地扩展到新的模态和任务。
- 多模态建模：通过解耦视觉编码和统一的 Transformer 架构，Janus 模型能够实现更通用的多模态建模。这意味着模型不仅能够处理文本和图像的组合，还能够扩展处理其他模态的组合，例如图像和音频、文本和 3D 点云等。
- 性能优化：在扩展到新模态时，Janus 模型还可以通过优化训练策略和数据处理方式来提升性能。例如，对于视觉生成任务，可以使用更细粒度的编码器和专门设计的损失函数来提高生成质量。

5.3 Janus-Pro 模型的深入探索

Janus-Pro 模型采用了解耦视觉编码的设计理念，将多模态理解与视觉生成任务分离开来，以充分发挥各自优势。Janus-Pro 模型的核心创新在于将视觉编码过程分为两个独立的路径，从而解决传统统一编码中"理解"和"生成"任务之间的冲突。

5.3.1 解耦视觉编码

Janus-Pro 模型在架构设计上继承并优化了 Janus 模型的核心理念——视觉编码解耦，这种设计通过分离多模态理解任务和视觉生成任务的视觉编码路径，进一步提升了模型在多模态任务中的表现，同时增强了模型在大规模数据和复杂任务场景下的适应性。在接下来的内容中，将详细解析 Janus-Pro 模型的视觉编码解耦知识。

1. 理解编码器

Janus-Pro 模型的理解编码器基于 SigLIP 编码器，其核心任务是从图像中提取高维语义特征，以支持多模态理解任务，例如图像分类、视觉问答和图文匹配等。具体实现如下。

（1）SigLIP 编码器：SigLIP 编码器是一种基于 Transformer 的先进视觉编码器，专为多模态任务设计，能够捕捉图像中的全局语义信息和细节特征。与 Janus 模型相比，Janus-Pro 模型在 SigLIP 编码器的使用上进行了优化，进一步提升了特征提取的效率和语义丰富度。SigLIP 编码器输出的特征表示不仅包含图像的整体语义，还能反映图像中的局部结构和关系。

（2）特征处理：SigLIP 编码器输出的特征是一个二维网格，其中每个位置的特征向量代表图像的一个局部区域。为了与自回归 Transformer 的输入格式对齐，Janus-Pro 模型将这些二维网格展平为一维序列。这种展平操作保留了特征的空间顺序信息，使模型能够更好地捕捉图像中的局部和全局语义关系。

（3）理解适配器：为了将提取的图像特征映射到大语言模型的输入空间，Janus-Pro 模型引入了一个专门设计的理解适配器。与 Janus 模型相比，Janus-Pro 模型的理解适配器经过优化，能够更高效地将高维图像特征转换为与大语言模型兼容的特征表示。理解适配器由两层的多层感知机组成，作用是将图像特征与文本特征在同一空间中对齐，从而实现多模态数据的统一处理。

2. 生成编码器

生成编码器的目标是将图像转换为离散的 ID 序列，以支持文本到图像的生成任务。具体实现如下。

（1）VQ Tokenizer：Janus-Pro 模型使用 VQ Tokenizer 作为生成编码器的核心组件。与 Janus 模型相比，Janus-Pro 模型对 VQ Tokenizer 进行了优化，进一步提升了图像离散化的效果。

VQ Tokenizer 通过矢量量化技术将图像划分为多个小块，并将每个小块映射到一个离散的编码空间中，从而生成一个离散的 ID 序列。这种离散化处理使图像能够以一种类似于文本的方式被处理，便于与语言模型的输入格式对齐。

（2）特征嵌入与映射：VQ Tokenizer 输出的每个离散 ID 对应一个码本嵌入，这些嵌入是 VQ Tokenizer 在训练过程中学习到的特征表示。为了将这些视觉 token 嵌入大语言模型的输入空间，Janus-Pro 模型使用了一个生成适配器。与 Janus 模型相比，Janus-Pro 模型的生成适配器经过优化，能够更高效地将码本嵌入映射到大语言模型的输入空间。生成适配器同样由两层多层感知机组成，作用是将视觉 token 与文本 token 在同一空间中对齐，从而高效完成视觉生成任务。

（3）特征序列拼接：将经过理解适配器和生成适配器处理后的图像特征序列，与文本特征序列按顺序拼接在一起，形成一个统一的多模态输入序列。这个序列随后被输入自回归 Transformer 中进行进一步处理。与 Janus 模型相比，Janus-Pro 模型进一步优化了不同模态特征的对齐方式，使模型能够更好地理解多模态数据的上下文关系。

5.3.2　训练策略

Janus-Pro 模型第二阶段（统一预训练阶段）的设计，最初参考了 PixArt 方法，将文本到图像生成能力的训练分为两部分。这种分阶段的训练策略旨在通过不同的数据集和训练目标，逐步提升模型在视觉生成任务中的性能。然而，在实际实施过程中，这种策略在效率和效果上出了问题，促使 DeepSeek 团队对其进行了重新评估和优化。

1. 初始策略：参考 PixArt 方法的两部分训练

（1）第一部分：基于 ImageNet 数据的训练

- 目标：在第一部分，Janus 模型使用 ImageNet 数据集进行训练。ImageNet 是一个大规模的图像分类数据集，其中包含丰富的图像类别和高质量的标注信息。在训练时，模型以类别名称作为文本提示，进行文本到图像的生成任务。

- 目的：通过这种方式，模型能够学习到图像中像素之间的依赖关系，从而更好地理解和生成图像内容。这种训练方式类似于"基于类别的图像生成"，旨在帮助模型建立图像的全局语义结构。

- 比例分配：在第二阶段的文本到图像训练步骤中，有 66.67% 的训练步骤被分配给这一部分。这表明模型在这一阶段主要专注于通过类别名称生成图像，以学习像素之间的依赖关系。

（2）第二部分：基于普通文本到图像数据的训练

- 目标：在第二部分，模型使用普通的文本到图像数据进行训练。这些数据通常包含更复杂的文本描述和对应的图像，旨在提升模型在具体场景下的生成能力。

- 目的：通过这种方式，模型能够学习如何根据详细的文本描述生成更具体的图像内容，从而提升其在实际应用中的表现。
- 比例分配：剩余的 33.33% 的训练步骤被分配给这一部分，用于处理更复杂的文本到图像生成任务。

2. 问题与挑战

尽管这种分两部分的训练策略在理论上具有一定的合理性，但在实际实施过程中，DeepSeek 团队发现这种策略存在显著的问题。

（1）计算效率低下

- 在实验过程中，DeepSeek 团队发现将 66.67% 的训练步骤分配给基于 ImageNet 数据的训练部分并不理想。这种分配方式导致模型在学习像素依赖关系时花费了过多的计算资源，而这些资源并没有带来与之匹配的性能提升。
- 这种策略使模型在训练过程中过于依赖类别名称作为提示，而忽视了更复杂的文本描述能力的训练。

（2）性能瓶颈

- 通过进一步实验，DeepSeek 团队发现，这种策略虽然能够帮助模型学习到图像的全局语义结构，但在处理具体场景下的文本到图像生成任务时，模型的表现并不理想。
- 这种策略导致模型在生成复杂图像内容时，无法充分利用详细的文本描述信息，从而限制了其在实际应用中的表现。

3. 优化方向

鉴于上述问题，DeepSeek 团队对 Janus 模型的训练策略进行了重新评估和优化。优化后的策略主要集中在以下 3 个方面。

- 调整训练步骤的比例分配：重新分配第二阶段训练步骤的比例，减少基于 ImageNet 数据的训练步骤，增加基于普通文本到图像数据的训练步骤。这种调整使模型能够更均衡地学习像素依赖关系和复杂的文本描述能力。
- 引入更高效的数据采样方法：优化数据采样策略，使模型在训练过程中能够更高效地利用不同数据集的特点。例如，通过动态调整数据采样比例，模型可以在不同阶段更灵活地学习图像的全局语义结构和细节信息。
- 增强模型的多任务学习能力：在训练过程中，引入更多的多任务学习机制，使模型能够同时处理多种类型的多模态任务。这种设计不仅提高了模型的泛化能力，还提升了其在复杂场景下的表现。

总之，PixArt 方法虽然在理论上具有一定的合理性，但在实际实施过程中暴露出计算效率低下的问题和性能瓶颈。通过进一步实验和优化，DeepSeek 团队对训练策略进行了调整，以提升模型的效率和表现。这种优化不仅解决了初始策略中的问题，还为多模态模型的训练提供了新的思路和方法。

5.3.3　优化训练策略

在 DeepSeek 的技术报告中，针对原始 Janus 模型的三阶段训练流程中存在的训练效率和数据利用率问题，Janus-Pro 模型对训练策略进行了显著改进。这些改进不仅提升了模型的训练效率，还增强了其在多模态任务中的性能表现。以下是 Janus-Pro 模型在各阶段的具体优化措施。

1. 阶段Ⅰ：适配器与图像预测头训练

在原始 Janus 模型的训练流程中，阶段Ⅰ主要用于训练适配器和图像预测头，但训练步数相对较少，导致模型在学习图像像素依赖关系时不够充分。为了优化这一点，Janus-Pro 模型对阶段Ⅰ的训练策略进行了以下改进。

（1）增加 ImageNet 数据上的训练步数

Janus-Pro 模型显著增加了在 ImageNet 数据集上的训练步数。通过延长在该数据集上的训练时间，模型能够在冻结大语言模型参数的情况下，更充分地学习图像的像素依赖关系。这种改进使模型即使在不更新参数的情况下，也能生成较为合理和高质量的图像内容。

（2）专注于像素依赖关系的学习

在阶段Ⅰ，Janus-Pro 模型的目标是让模型专注于学习图像内部的像素依赖关系，而不是复杂的文本描述，为多模态任务打下坚实的基础。

2. 阶段Ⅱ：统一预训练

原始 Janus 模型在阶段Ⅱ的训练中，参考了 PixArt 方法，将文本到图像的训练分为两部分：一部分使用 ImageNet 数据，以类别名称作为提示进行图像生成；另一部分使用普通的文本到图像数据进行训练。然而，这种策略导致计算效率低下，并且在处理复杂描述时表现不稳定。针对这一点，Janus-Pro 模型对阶段Ⅱ的训练策略进行了以下优化。

（1）取消基于 ImageNet 数据进行分类提示的训练部分

Janus-Pro 模型取消了依赖 ImageNet 数据进行分类提示的训练部分。这种设计减少了不必要的计算开销，避免了模型在学习像素依赖关系时的冗余训练。

（2）直接基于普通的文本到图像数据进行训练

Janus-Pro 模型直接基于普通的文本到图像数据进行训练，重点学习如何根据密集的文本描述生成图像。这种改进使模型能够更高效地利用训练数据，同时在处理复杂描述时表现得更为稳定。

（3）提升训练效率与稳定性

通过这种优化，Janus-Pro 模型不仅提高了训练效率，还增强了模型在生成任务中的稳定性。模型能够更好地理解文本描述与图像内容之间的语义对齐，从而生成更高质量的图像。

3. 阶段Ⅲ：监督微调

在原始 Janus 模型阶段Ⅲ的训练中，多模态理解数据、纯文本数据和文本到图像数据的比例为 7∶3∶10。这种比例分配虽然能够平衡不同任务的需求，但在实际应用中，模型的多模态理解性能和图像生成能力仍有提升空间。针对这一点，Janus-Pro 模型对阶段Ⅲ的训练策略进行了以下调整。

（1）调整训练数据的比例

Janus-Pro 模型将多模态理解数据、纯文本数据和文本到图像数据的比例调整为 5∶1∶4。这一调整使模型在保持较强图像生成能力的同时，进一步提升了多模态理解性能。

（2）优化任务平衡

通过调整训练数据的比例，Janus-Pro 模型更好地平衡了多模态理解任务和图像生成任务的需求。文本到图像数据比例的减少，使模型能够更专注于多模态理解任务，从而在视觉问答、图像分类等任务中表现得更为出色。

（3）增强模型的综合性能

这种调整不仅提升了模型在多模态理解任务中的表现，还使模型能以较高的质量完成图像生成任务。通过优化任务平衡，Janus-Pro 模型在多种多模态任务中展现出更强的综合性能。

总之，Janus-Pro 模型针对原始 Janus 模型的三阶段训练流程中存在的问题，进行了显著的优化和改进。在阶段Ⅰ，通过增加在 ImageNet 数据上的训练步数，模型能够更充分地学习图像的像素依赖关系；在阶段Ⅱ，取消了依赖 ImageNet 分类提示的训练部分，直接基于普通的文本到图像数据进行训练，显著提升了训练效率和模型的稳定性；在阶段Ⅲ，通过调整训练数据的比例，优化了多模态理解任务和图像生成任务之间的平衡。这些改进不仅提升了模型的训练效率，还增强了其在多模态任务中的综合性能，为多模态模型的训练提供了新的思路和方法。

5.3.4 数据扩展策略

为了进一步提升 Janus-Pro 模型的性能，DeepSeek 团队在数据扩展方面进行了大幅改进，主要体现在以下两个方面。

1. 多模态理解数据扩展

在预训练阶段，Janus-Pro 模型新增了约 9000 万个样本，这些样本涵盖了多种类型的数据。

- 图像字幕数据：引入了 YFCC 等大型数据集，这些数据集包含丰富的图像及对应的文本描述，有助于模型学习图像与文本之间的关联。
- 专用数据集：为了增强模型对特定领域的理解能力，Janus-Pro 模型引入了针对表格、图表和文档理解的专用数据集，如 Docmatix 数据集等。这些数据集使模型能够更好地处理复杂的视觉信息，提升其在各类视觉任务中的表现。

2. 视觉生成数据扩展

在视觉生成任务中，数据质量对模型性能至关重要。为此，Janus-Pro 模型采取了以下措施。

- 引入合成美学数据：为了弥补真实数据中可能存在的噪声和不足，模型在训练中加入了约 7200 万条合成美学数据。这些数据经过精心设计，具有高质量和多样性，有助于模型学习更丰富的图像生成模式。
- 数据比例平衡：在训练过程中，Janus-Pro 模型将真实数据与合成数据的比例设定为 1∶1。这样的配置不仅加快了模型的收敛速度，还显著提升了生成图像的稳定性和美观度。

通过上述数据扩展策略，Janus-Pro 模型在多模态理解和视觉生成任务上均取得了显著的性能提升，为多模态 AI 的发展提供了坚实的基础。

5.3.5　模型规模扩展

除了架构和训练策略的改进，Janus-Pro 模型还通过扩展模型规模来进一步提升性能。模型规模的扩展不仅是对参数数量的增加，更是对模型架构和计算能力的全面优化。下面介绍 Janus-Pro 模型在规模扩展方面的具体措施及效果。

1. 多种模型规模

DeepSeek 团队提供了两种不同参数规模的 Janus-Pro 模型版本，以满足不同场景下的需求并验证模型扩展的有效性。

（1）1B 版本

- 参数量：15 亿个。
- 嵌入维度：2048。
- 注意力头数量：16。
- 层数：24。
- 词汇量：100K。
- 上下文窗口：4096。

1B 版本的 Janus-Pro 模型是在原始 Janus 模型的基础上进行优化的版本，在多模态理解和文本到图像生成任务中表现出色，尤其是在处理中等复杂度的任务时，能够以较低的计算成本提供高效的解决方案。

（2）7B 版本

- 参数量：70 亿个。
- 嵌入维度：4096（相比 1B 版本提升一倍）。
- 注意力头数量：32（相比 1B 版本增加一倍）。
- 层数：30（相比 1B 版本增加 6 层）。
- 词汇量：100K（保持不变）。

- 上下文窗口：4096。

7B 版本是对模型规模进行大幅扩展后的版本。通过增加嵌入维度、注意力头数量和层数，7B 版本在处理复杂多模态任务时表现出更强的能力。它能够捕捉到更丰富的语义信息和更复杂的模态间关系，从而在多模态理解和文本到图像生成任务中取得显著的性能提升。

2. 收敛速度与性能提升

实验结果表明，模型规模的扩展在多个方面带来显著的改进。

（1）更快的收敛速度

- 在多模态理解任务中，7B 版本的 Janus-Pro 模型在训练初期就能快速收敛，显示出更强的学习能力。相比 1B 版本，7B 版本能够在更少的训练步骤内达到较高的准确率，这表明其架构设计能够更高效地利用训练数据。

- 在文本到图像生成任务中，7B 版本的收敛速度同样更快。它能够更快地学习如何根据文本描述生成高质量的图像，减少了训练时间并提高了训练效率。

（2）更好的性能表现

- 在多模态理解基准测试中，7B 版本的 Janus-Pro 模型在多个数据集上取得了领先的成绩。例如，在 MMBench 数据集上，7B 版本的准确率达到 79.2%，显著高于 1B 版本的 69.4%。这表明 7B 版本在处理复杂的多模态任务时具有更强的语义理解能力。

- 对于文本到图像生成任务，7B 版本在 GenEval 和 DPG-Bench 等基准测试中也表现出色。例如，在 GenEval 数据集上，7B 版本的总体准确率达到 80%，远高于 1B 版本的 61%。这表明 7B 版本在生成复杂图像内容时具有更高的稳定性和语义一致性。

（3）验证模型扩展策略的有效性

实验结果验证了模型扩展策略的有效性。通过增加参数量、嵌入维度、注意力头数量和层数，7B 版本的 Janus-Pro 模型在多模态任务中展现出更强的性能。这种扩展不仅提升了模型的表达能力，还增强了其在复杂任务中的适应性。

此外，7B 版本的 Janus-Pro 模型还为未来进一步提升模型性能提供了基础。随着模型规模的增大，Janus-Pro 模型有望在更复杂的多模态任务中取得更好的表现，例如多模态对话、视频理解等。

5.4 JanusFlow 模型分析

JanusFlow 是一种融合自回归建模和 Rectified Flow 生成的统一多模态理解与生成框架，旨在实现高效的图像理解和文本到图像的生成，同时避免以往统一模型的架构复杂性和任务冲突问题。

5.4.1 自回归建模与 Rectified Flow 生成

JanusFlow 采用 DeepSeek-LLM（参数量 1.3B）作为核心，通过自回归方式处理文本输入，并将其与图像编码特征结合，实现多模态理解和文本到图像的生成。这种结合方式使模型能够同时处理文本和图像信息，具备强大的上下文理解能力，从而在多模态任务中表现出色。

1. 自回归建模

自回归建模是 JanusFlow 框架的一个重要组成部分，它基于传统的大语言模型，主要用于多模态理解任务。在这种建模方式中，模型通过逐步预测下一个 token 来处理文本和图像描述任务。具体来说，自回归模型会根据已有的输入序列（如文本描述或图像特征）逐步生成下一个 token，直至完成整个输出序列的生成。这种方法在处理自然语言处理任务时非常有效，因为它能够捕捉到文本序列中的长距离依赖关系，并生成连贯且有意义的文本输出。

在 JanusFlow 框架中，自回归建模不仅用于处理纯文本输入，还能够结合图像编码特征，实现对图像内容的理解和描述。例如，当用户输入一段文本描述时，模型可以利用自回归建模逐步生成与该描述相关的图像特征，从而实现多模态理解。这种结合方式使得模型能够更好地理解文本和图像之间的关系，提供更准确的多模态任务解决方案。

2. Rectified Flow 生成

Rectified Flow 生成是 JanusFlow 框架中的一个关键技术创新，它是一种基于流匹配（Flow Matching）的生成方法。与传统的生成模型（如扩散模型）相比，Rectified Flow 生成模型在大语言模型框架内进行训练，无须额外的复杂网络结构。Rectified Flow 生成的核心原理是利用常微分方程（Ordinary Differential Equation，ODE）进行图像的递归生成，从而提升采样效率和生成质量。

在传统的生成模型中，图像生成通常需要通过多次迭代和复杂的采样过程来逐步逼近目标分布。然而，Rectified Flow 生成通过直接利用 ODE 来建模图像生成过程，能够更高效地生成高质量的图像。具体来说，ODE 可以描述图像生成过程中的连续变化，使得模型能够在较少的迭代步骤内生成更接近目标的图像。这种方法不仅提高了生成效率，还能够生成更稳定和高质量的图像。

在 JanusFlow 框架中，Rectified Flow 生成与自回归建模相结合，实现了高效的文本到图像生成。当用户输入一段文本描述后，模型首先通过自回归建模理解文本内容，然后利用 Rectified Flow 生成方法生成与描述相符的图像。这种结合方式不仅提高了生成图像的质量，还使模型能够更好地遵循文本提示，生成更符合用户需求的图像。

总之，JanusFlow 通过结合自回归建模和 Rectified Flow 生成，提供了一种高效的多模态理解和生成框架。自回归建模使得模型能够逐步处理文本和图像描述任务，捕捉长距离依赖关系；而 Rectified Flow 生成则通过利用 ODE 进行图像的递归生成，提升了采样效率和生成质量。这种结合方式不仅提高了模型在多模态任务中的性能，还使模型能够生成更高质量的图像，为多模态模型的发展提供了新的方向。

5.4.2　任务解耦的编码器

JanusFlow 采用独立的视觉编码器来分别处理理解和生成任务，避免任务之间的干扰。这种设计的核心在于将视觉编码过程拆分为两个独立的路径，从而有效解决传统模型中视觉编码器处理两种任务时的功能冲突。

- 理解任务：采用预训练的 SigLIP-Large-Patch/16 模型，专门用于提取图像的语义连续特征。该模型能够捕捉图像中的高层语义信息，为多模态理解任务提供强大的特征支持。
- 生成任务：采用 ConvNeXt 结构，独立负责生成任务。ConvNeXt 是一种高效的卷积神经网络结构，能够生成高质量的图像特征，从而提升生成图像的质量。
- 解码：将潜变量映射回图像空间，并生成最终输出。在生成过程中，解码器利用 Rectified Flow 技术，基于 ODE 进行图像的递归生成，从而提升采样效率和生成质量。

这种任务解耦的设计不仅提高了模型在多模态理解和生成任务中的性能，还增强了模型的灵活性和可扩展性。例如，未来可以轻松地引入更多输入类型（如点云、脑电图信号或音频数据），通过独立编码器提取特征，然后使用统一的 Transformer 进行处理。

5.4.3 U–ViT 进阶：通用视觉 Transformer 架构

在 JanusFlow 框架中，U-Vit 模型作为视觉模块的一部分，为图像处理任务提供了强大的支持。文件 uvit.py 是 DeepSeek 团队基于 U-Net Transformer 架构实现的一个视觉变换（Vision Transformer，ViT）模型，即 U-ViT 模型，主要用于图像处理任务，比如图像去噪、生成式建模等。该文件中的代码改编自 denoising-diffusion-pytorch，并结合了 LLaMA 模型的一些规范化方法，如 RMSNorm。

文件 uvit.py 的基本架构如下。

1. U-Net Transformer 结构

- ShallowUViTEncoder（浅层编码器）：提取图像的特征表示，包含时间步编码（Timesteps 和 TimestepEmbedding），以及输入卷积层和中间块（UVitBlock）。
- ShallowUViTDecoder（浅层解码器）：根据编码器的输出和时间步信息，进行图像重建。
- UVitBlock（核心 U-Net 块）：包含 ResNet 风格的 ConvNextBlock，以及可选的 Downsample2D（下采样）和 Upsample2D（上采样）。

2. Patchify 和 Unpatchify

- Patchify 将输入图像转换成嵌入块，用于 Transformer 计算。
- Unpatchify 负责将 Transformer 处理后的特征图还原回完整的图像。

5.4.4 三阶段训练策略

JanusFlow 模型采用了一种高效的三阶段训练策略，旨在同时优化自回归建模和 Rectified Flow 生成，这种策略结合了自回归语言模型的强大理解和生成能力，以及 Rectified Flow 在图像生成任务中的高效性和高质量。

1. 阶段 Ⅰ：适配阶段

在阶段 Ⅰ，训练的重点是新增模块，包括生成编码器、解码器和线性变换层，以适配预训练的大语言模型和 SigLIP 编码器。这一阶段的目标是确保这些新增模块能够与预训练的模型无缝对接，从而为后续的多模态任务提供支持。

2. 阶段 Ⅱ：统一预训练

在阶段 Ⅱ，对模型在大规模数据上进行端到端训练，这些数据如下。

- 多模态理解数据：用于提升模型在视觉和语言结合任务中的表现。
- 图像生成数据：用于优化模型的图像生成能力。
- 纯文本数据：用于增强模型的语言理解能力。

这一阶段的目的是通过综合多种类型的数据，提升模型的泛化能力和多模态任务的处理能力。

3. 阶段 Ⅲ：监督微调

在阶段 Ⅲ，使用高质量的指令微调数据对模型进行微调。这一阶段的目标是进一步提升模型在对话、问答、文本到图像生成等具体任务中的表现。通过这种方式，模型能够更好地理解和遵循人类的指令，从而在实际应用中提供更准确和有用的输出。

上述三阶段训练策略不仅优化了模型的多模态理解能力，还显著提升了其在图像生成任务中的表现。通过逐步训练和微调，JanusFlow 模型在多种任务中展现出很好的性能，为多模态模型的发展提供了一种有效的训练框架。

5.4.5　实验结果

JanusFlow 模型是一种创新性的多模态大模型，其通过将自回归模型与 Rectified Flow 生成模型结合，在多模态理解和生成任务中达到了领先水平。接下来展示 DeepSeek 团队对 JanusFlow 模型的测试结果。

（1）在多模态理解任务中的表现

JanusFlow 模型在多个视觉理解基准测试（如 SEED-Bench、GQA、MMBench）上取得了超越现有生成模型的表现，尤其是在文本 - 图像对齐和复杂视觉推理任务中表现优异。

（2）在文本到图像生成任务中的表现

- JanusFlow 模型在 GenEval 和 DPG-Bench 任务中的表现优于多个专用生成模型，包括 SDXL 和 DALL-E 2。
- 在 MJHQ FID-30K 评测中，JanusFlow 模型以 1.3B 的参数规模取得 9.12 FID 的分数，超越其他同等规模的模型，如 Janus（10.10 FID）和 Show-o（15.18 FID）。
- 在语义一致性方面，JanusFlow 模型在多个任务（如颜色匹配、对象关系）中也取得了较高分数。

　　测试证明，Janus-Pro 和 JanusFlow 模型在多个任务中的表现超越了 Janus 模型，并在某些任务中相比 DALL-E 3、Stable Diffusion 3 Medium 表现更优。

（1）多模态理解任务的评测结果如表 5-1 所示。

表5-1　多模态理解任务的评测结果

任务	模型		
	Janus	Janus-Pro-7B	JanusFlow
MMBench	69.4	79.2	78.5
GQA	59.1	62.0	61.5
SEED-Bench	63.7	72.1	73.0

（2）文本到图像生成任务的评测结果如表 5-2 所示。

表5-2　文本到图像生成任务的评测结果

任务	模型		
	Janus	Janus-Pro-7B	JanusFlow
GenEval	0.61	0.80	0.82
DPG-Bench	79.7	84.2	85.5
MJHQ FID-30K	10.10	9.51	9.12

　　上述评测结果说明 JanusFlow 模型在文本-图像生成任务中的表现相比 Janus-Pro 模型更优，这主要得益于 Rectified Flow 生成方法，从而能够更精准地生成符合文本描述的高质量图像。

　　根据评测结果可以得出如下结论。

（1）Janus-Pro 模型的优势

- 在多模态理解和生成任务中均超越 Janus 模型，提升了指令跟随能力。
- 改进 VQ Tokenizer，提高图像生成稳定性和细节质量，在 GenEval 评测中上超越 DALL-E 3。
- 优化训练策略和数据扩展，使其在 7B 规模下达到最佳性能。

（2）JanusFlow 模型的突破

- 采用 Rectified Flow 生成方法，超越 VQ Tokenizer 离散化方式，提升生成质量和采样速度。
- 引入新型任务解耦编码器，提高文本-图像对齐能力。
- 在 GenEval 和 MJHQ FID-30K 评测中的表现优于 Janus-Pro 和 DALL-E 3 模型。

　　总之，JanusFlow 模型是一种创新性的多模态大模型，更适用于增强现有的多模态理解与文本到图像生成能力。JanusFlow 是一个全新的探索方向，其通过 Rectified Flow 生成，使得图像质量远超传统方法。

　　Janus、Janus-Pro 和 JanusFlow 模型的核心技术对比如表 5-3 所示。

表5-3　Janus、Janus-Pro和JanusFlow模型的核心技术对比

技术点	模型		
	Janus	Janus-Pro	JanusFlow
核心架构	统一自回归 Transformer	优化的自回归 Transformer，增强视觉编码解耦	自回归建模 + Rectified Flow 生成
视觉编码方式	视觉编码解耦	增强版 SigLIP + 高质量 VQ Tokenizer	独立视觉编码器（SigLIP + ConvNeXt）
图像生成方法	使用 VQ Tokenizer 进行离散化	优化 VQ Tokenizer，提高稳定性和细节质量	Rectified Flow 生成（基于 ODE 的连续生成）
训练策略	三阶段训练	优化训练流程，提升数据利用率	三阶段训练，结合自回归损失与流匹配损失
优化目标	兼顾理解与生成	改进指令跟随，提升文本到图像生成稳定性	通过流匹配优化 ODE 轨迹，提升图像质量
文本到图像生成能力	基于 VQ Tokenizer，图像质量接近 DALL-E 2	优化 VQ Tokenizer，超越 DALL-E 3	基于 Rectified Flow 生成，超越 Stable Diffusion 3 Medium

第 **6** 章 DeepSeek 推理模型解析

DeepSeek-R1 是 DeepSeek 团队基于 DeepSeek-R1-Zero 推出的推理模型，通过大规模强化学习训练，不依赖于监督微调进行初步训练，在多个推理相关基准测试中表现出色。DeepSeek-R1-Zero 具有强大的推理能力，能够自然地涌现出许多强大而有趣的推理行为。DeepSeek-R1则在解决可读性和语言混杂问题的同时，进一步提升了推理性能。此外，DeepSeek-R1 通过蒸馏技术，成功地将推理能力赋予更小的模型，为未来的研究和应用提供了新的方向。

6.1 DeepSeek-R1 模型介绍

DeepSeek-R1 作为推理模型，旨在通过强化学习显著提升大语言模型（LLM）的推理能力。近年来，LLM 在不断演进过程中逐渐逼近通用人工智能的水平，而推理能力的提升被证明能很好地完成数学、编程、科学推理等任务。

6.1.1 DeepSeek-R1 模型演进

DeepSeek-R1 基于 DeepSeek-R1-Zero，具体说明如下。

1. DeepSeek-R1-Zero

DeepSeek-R1-Zero 是 DeepSeek 的第一代推理模型，采用纯强化学习训练，没有经过任何监督微调的冷启动阶段。通过大规模强化学习训练，DeepSeek-R1-Zero 在 AIME 2024 等推理基准上表现出惊人的性能提升。DeepSeek-R1-Zero 在训练过程中"涌现"出很多有趣而强大的推理行为（输出的结果），但这些输出的结果也存在可读性差和语言混杂等问题。

2. DeepSeek-R1

为了弥补 DeepSeek-R1-Zero 的不足，DeepSeek 团队引入了少量冷启动数据和多阶段训练流程，推出了 DeepSeek-R1 模型。在强化学习之前，先用数千个思维链（Chain-of-Thought，CoT）推理数据对基础模型（DeepSeek-V3-Base）进行微调，再利用强化学习（基于 GRPO 算法）进一步强化推理能力。训练过程还结合了拒绝采样生成的监督微调数据，以确保模型输出既具备高性能的推理能力，又能保持清晰和用户友好的格式。最终，DeepSeek-R1 在多项任务中的表现与 OpenAI 的 o1-1217 模型相当。

6.1.2　DeepSeek-R1 模型的基本架构

DeepSeek-R1 模型（也简称为 R1 模型）融合了多项前沿技术，既具有了超大参数规模带来的能力，又在实际推理时大幅降低了计算与能耗成本。

1. 混合专家架构

- 参数规模与激活机制：DeepSeek-R1 模型的总参数数量高达 6 710 亿个，但在每次推理时，仅激活其中大约十分之一的参数。这种"稀疏激活"方式通过将模型分解为多个专家子网络，使得不同任务或输入可以由最适合的专家模型处理，从而大幅降低了计算量和内存需求。

- 动态路由机制：当输入提示进入模型时，一个高效的路由器根据任务类型和输入特征，将查询自动分发到最匹配的专家子网络。这不仅确保了推理效率，还有效平衡了各专家模型的负载。

2. 优化的 Transformer 架构与稀疏注意力机制

- Transformer 基础：DeepSeek-R1 模型基于 Transformer 架构，采用预归一化（Pre-Norm）结构与高效的前馈网络设计，为语言理解与生成提供了坚实基础。

- 稀疏注意力：在处理长序列数据时，DeepSeek-R1 模型并非对所有位置进行全量注意力计算，而是采用稀疏注意力策略，只关注关键的输入位置。这种设计极大地减少了计算复杂度，提高了长文本或复杂逻辑任务的推理速度。

3. 知识蒸馏与强化学习优化

- 知识蒸馏：在训练过程中，DeepSeek-R1 模型利用知识蒸馏技术，将大模型的推理能力"压缩"到较小的模型中，使得推理时既能保持高性能，又能进一步降低计算资源消耗。

- 强化学习驱动：通过引入强化学习，DeepSeek-R1 模型在生成答案时可以根据反馈不断调整推理策略，在数学问题处理、编程和逻辑推理等任务中效果显著。强化学习过程还帮助 DeepSeek-R1 模型优化输出格式与语言一致性，提升了其在实际应用中的可靠性。

4. 低推理成本与部署

- 低推理成本：由于只激活部分专家模型，DeepSeek-R1 模型能够在低成本硬件上实现高效推理，既降低了运维成本，也缩短了响应时间。

- 高效资源利用：动态路由与稀疏注意力的结合，使得 DeepSeek-R1 模型能够灵活应对不同任务，既不浪费计算资源，又能在多种场景下保证高质量输出。

总之，DeepSeek-R1 模型利用混合专家架构、优化的 Transformer 架构和稀疏注意力机制，再辅以知识蒸馏和强化学习，成功实现了在超大参数量下的高效推理，兼顾了性能和成本优势，成为当前大模型领域的重要创新成果。

6.1.3 训练蓝图：从数据到参数的炼成方案

在提升大语言模型性能时，往往依赖大量监督数据训练模型，这需要花费大量时间和人工成本来收集和标注数据。相比之下，DeepSeek-R1 利用了一种全新的方法：不利用监督微调作为冷启动，仅通过大规模的强化学习方法，也能显著提升模型的推理能力。通过这种方法，模型在没有预先"灌输"大量人工示例的情况下，依靠自我探索与奖励机制，逐步发现并掌握有效的推理策略，从而在多项推理任务中取得令人瞩目的成绩。

DeepSeek 团队发现，在强化学习前引入少量高质量的冷启动数据，能够进一步促进模型性能的提升。具体而言，DeepSeek 团队设计了如下 3 种训练方案。

- DeepSeek-R1-Zero：直接在基础模型上施行强化学习训练，全程不依赖任何监督微调数据。这一训练方案充分验证了纯强化学习方法在激发模型自我进化方面的巨大潜力。

- DeepSeek-R1：为了克服纯强化学习在可读性和语言一致性等方面存在的不足，首先利用思维链推理数据对基础模型进行微调，从而形成一个更"温和"的冷启动检查点；随后再通过强化学习进一步优化，提升模型在复杂推理任务中的表现。

- 将推理能力蒸馏到小的模型：在获得性能优异的 DeepSeek-R1 模型后，研究者利用知识蒸馏技术将其推理能力迁移至体积更小的密集模型中。这样，即便在计算资源有限的情况下，也能获得高效且具有强大推理能力的模型。

这种多阶段、混合策略的训练流程，不仅突破了传统依赖海量监督数据的局限，还为大语言模型训练提供了一条更为经济高效的新途径，有助于在降低训练成本的同时实现卓越的推理性能。

DeepSeek-R1 采用组相对策略优化（Group Relative Policy Optimization，GRPO）来进行强化学习训练，旨在通过从旧策略中采样一组输出，并利用规则设计的奖励（包括准确性奖励和格式奖励）来优化模型。奖励机制确保模型不仅在任务解答上正确，同时将推理过程清晰地嵌入特定标签（如 <think> 和 </think>）中。为了有效引导强化学习过程，项目文档中介绍了如下两种奖励方案。

- 准确性奖励：评估模型响应的正确性，例如在数学问题中要求答案格式符合预定义标准。

- 格式奖励：要求模型将推理过程以固定格式输出，确保易读性和结构化表达。

通过设计固定的训练模板（用户提示－模型生成推理过程和答案），DeepSeek-R1 在强化学习过程中展现了"顿悟时刻"：模型能够在中间版本中自主学会重新评估初始方法并延长思考时间，从而处理更复杂的问题。

6.1.4　开源信息介绍

截至本书完稿时，在 DeepSeek-R1 的 GitHub 仓库中，开源内容主要是一个详细的 PDF 文档（DeepSeek_R1.pdf），这份文档全面介绍了 DeepSeek-R1 项目的背景、模型架构、训练方法（包括纯强化学习、冷启动策略、推理导向的强化学习、拒绝采样和监督微调等）以及知识蒸馏等核心内容。

1. DeepSeek-R1-Zero

DeepSeek-R1-Zero 是 DeepSeek 团队开源的第一代推理模型，其训练过程完全基于大规模强化学习，没有使用监督微调作为初始步骤。该模型在数学问题处理、编程和逻辑推理等任务中展现出卓越的性能，并在训练过程中自然涌现出多种强大而有趣的推理行为。DeepSeek-R1-Zero 是在 Hugging Face 平台上发布的，如图 6-1 所示，读者可以从 Hugging Face 上获取该模型。

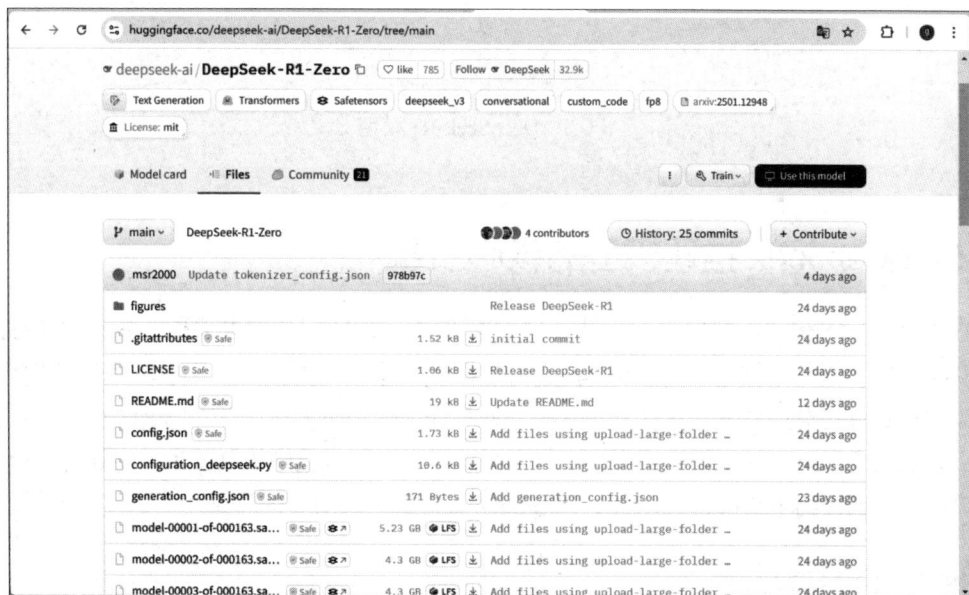

图 6-1　DeepSeek-R1-Zero 模型

2. DeepSeek-R1

虽然 DeepSeek-R1-Zero 具有强大的推理能力，但也存在输出的结果可读性差和语言混杂等问题。为了解决这些问题并进一步提升性能，DeepSeek 团队发布了 DeepSeek-R1 模型，在强化学习训练前引入了少量冷启动数据，从而实现了在数学、编程和逻辑推理等任务中与

OpenAI-o1 模型相媲美的效果。DeepSeek-R1 也是在 Hugging Face 平台上发布的，如图 6-2 所示，读者可以从 Hugging Face 上获取该模型。

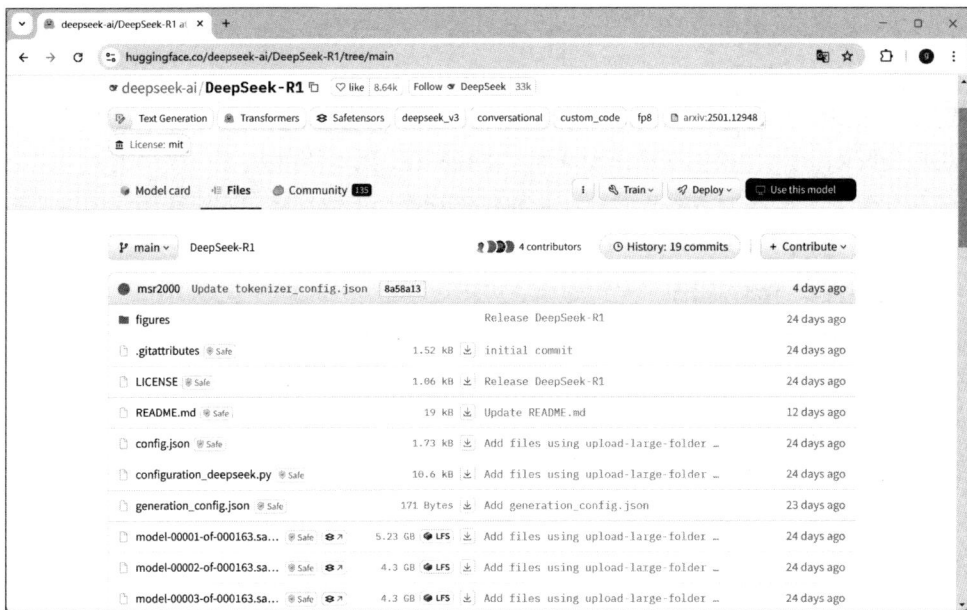

图 6-2　DeepSeek-R1 模型

6.2　DeepSeek 推理模型的核心引擎

在探讨 DeepSeek 推理模型的相关技术时，需要重点解释混合专家架构、多头潜注意力以及强化学习这 3 项核心技术。这些技术在提升模型推理能力方面发挥了至关重要的作用。混合专家架构通过动态分配计算资源，实现了模型的高效推理；多头潜注意力则通过低秩联合压缩技术，显著提升了模型的计算和内存效率；而强化学习则通过奖励机制，进一步优化了模型的推理策略。下面详细介绍这 3 项技术在 DeepSeek 推理模型中的具体应用。

6.2.1　混合专家架构

DeepSeek-R1 的混合专家（MoE）架构是该模型实现高效推理和降低计算成本的核心技术之一，其主要特点如下。

- 稀疏激活：整个模型虽然包含了海量参数（总参数量达到数百亿甚至上千亿个），但在每次推理时，仅激活其中一少部分专家模型。这种"稀疏激活"策略使得单次计算只需使用整个模型中大约十分之一的参数，从而大幅减少了计算资源和内存消耗。

- 专家模型划分与动态路由：整个模型内部被划分为多个专家模型，每个专家模型专注于处理某一类任务或输入特征。一个高效的路由器（门控机制）根据输入的特征和任务需求，动态选择最匹配的几个专家模型来处理当前的输入。这种动态路由机制确保了每个输入都由最适合的专家模型处理，提升了整个模型的适应性与推理的准确性。

- 共享专家与路由专家：为了避免某些专家模型因频繁被激活而过载，而其他专家模型长期处于闲置状态，DeepSeek-R1 在设计上引入了共享专家和路由专家的机制。共享专家承担常用、核心的处理任务，确保基础知识和能力的一致性；路由专家则专注于处理特殊或边缘任务，补充模型在多样化场景下的表现。

- 与 Transformer 的融合：DeepSeek-R1 仍然基于 Transformer 架构，但在部分 Transformer 层引入了 MoE。在这些层中，传统的全连接前馈网络被替换为多个专家模型，通过动态路由仅激活部分专家模型，使得模型在保持高性能的同时，大幅降低了每次推理的计算量。

总之，DeepSeek-R1 中的混合专家架构通过将海量参数分散到多个专家模型中，并在推理时仅激活最合适的那部分，从而在保证模型强大能力的同时，实现了低计算成本和高推理效率。这一设计使得 DeepSeek-R1 在处理复杂逻辑推理、数学问题和代码生成等任务时，既能发挥超大模型的优势，又能适应资源受限的实际部署场景。

6.2.2　多头潜注意力

多头潜注意力（MLA）是 DeepSeek-R1 模型中的一个关键组件，旨在通过将 Key-Query-Value（KQV）矩阵投影到低维潜空间来提高计算和内存效率。在接下来的内容中，将详细讲解 MLA 在 DeepSeek-R1 中的具体应用。

1. MLA 的核心功能

- 低秩键值压缩：MLA 通过低秩潜空间投影压缩键值对，让模型减少内存开销。这使得 DeepSeek-R1 只需存储压缩后的表示，而不是完整的键值状态，从而实现高效的长上下文处理。

- 解耦旋转位置嵌入（RoPE）：标准的 RoPE 会引入位置依赖的变换，这会阻碍键值压缩。DeepSeek-R1 将 RoPE 与键值存储解耦，确保位置编码在不干扰潜空间效率的情况下保持有效。

- 高效的多头潜注意力与压缩存储：MLA 不再缓存所有 token 的完整键值矩阵，而只存储其紧凑的潜空间等价物。这大幅减少了推理内存需求，同时保持了注意力保真度。

- 自适应投影矩阵：MLA 使用单独的、可学习的投影矩阵来处理查询、键和值。这些矩阵在训练过程中动态调整，确保存储效率最优，同时将准确性损失降到最低。

- 推理高效的缓存机制：通过仅选择性地缓存压缩后的键值表示，MLA 实现了比传统多头注意力（MHA）高达 93.3% 的键值缓存减少。这使得 DeepSeek-R1 能够支持更长的上下文长度，同时最小化推理延迟。

2. MLA 优化技术

- 低秩键值联合压缩：MLA 将键和值表示压缩到共享的潜空间中，然后投影回各自的维度。
- 多阶段压缩：DeepSeek-R1 通过引入额外的 Transformer 层，进一步优化了压缩机制，实现了多阶段压缩。
- 强化学习优化的 MLA：DeepSeek-R1 使用强化学习进一步优化 MLA 的变换矩阵。具体来说，使用 GRPO（Group Relative Policy Optimization）对 MLA 进行奖励（基于高效的内存使用和检索准确性）。

3. MLA 对模型推理速度的影响

（1）推理速度的提升

- 减少冗余计算：MLA 通过低秩联合压缩技术，将多个注意力头的键值对压缩成一个潜向量，减少了不必要的重复计算。实验数据显示，相比于传统多头注意力架构，MLA 架构在推理阶段的速度提升了约 30%。
- 提高并行度：MLA 架构简化了计算过程，使得模型在推理时能够实现更高的并行度，从而进一步提升推理速度。
- 优化长序列数据的处理：在处理长序列数据时，MLA 的优势更加明显。实验表明，在处理长度超过 1 000 个词的文本时，MLA 架构的推理速度比传统 MHA 架构快了近 40%。

（2）资源消耗的降低

- 减少内存占用：MLA 通过压缩键值对，显著降低了所需的缓存容量。实验数据显示，MLA 架构能够将缓存需求减少约 50%。
- 降低显存消耗：MLA 减少了对 KV 矩阵的重复计算，大大降低了显存的消耗。

（3）性能的保持

- 保持高准确性：尽管进行了压缩，但 MLA 仍能让模型保持高性能，几乎不影响输出质量。
- 增强模型的可扩展性：MLA 架构的设计使得模型在扩展时更加灵活，能够更好地适应不同规模的任务需求。

（4）在实际应用中的表现

- 在线翻译：某知名在线翻译平台采用 MLA 架构后，成功将推理时间缩短了约 30%，同时显著降低了服务器的资源消耗。
- 智能客服：某智能客服企业引入 MLA 架构后，对话系统的推理速度提升了约 40%，并且在处理复杂对话时表现得更加稳定。

- 图像识别：某图像识别平台引入 MLA 架构后，推理速度提升了约 35%，同时 GPU 的利用率提高了约 20%。

综上所述，MLA 对模型推理速度的影响是显著的，不仅提升了推理速度，还降低了资源消耗，同时提高了模型的性能。

6.2.3　强化学习

强化学习（Reinforcement Learning，RL）是一种机器学习范式，智能体（agent）通过与环境互动来学习最优行为策略。其核心在于，智能体根据当前状态选择动作，环境随之反馈奖励和新状态，智能体的目标是最大化长期累积奖励。这一过程不断迭代，智能体逐步优化策略，以适应复杂多变的环境。强化学习在机器人控制、游戏、推荐系统等领域有广泛应用，通过试错和奖励引导，智能体能够自主学习到高效的决策策略。

在 DeepSeek-R1 模型中，强化学习的应用主要体现在以下 5 个方面。

1. 提升推理能力

DeepSeek-R1 在后训练阶段大规模使用了强化学习技术，在仅有很少标注数据的情况下极大地提升了模型的推理能力。

2. 优化监督微调和强化学习

DeepSeek-R1 在 DeepSeek-R1-Zero 的基础上进行了改进，加入了额外的监督微调（SFT）和强化学习，以提高推理性能。DeepSeek 团队先使用 DeepSeek-R1-Zero 生成所谓的"冷启动" SFT 数据，然后通过指令微调训练模型，最后在模型中使用强化学习。强化学习阶段保留了 DeepSeek-R1-Zero 训练过程中使用的相同准确性和格式奖励，但添加了一致性奖励以防止语言混杂。

3. 实现大模型推理能力的提升

DeepSeek-R1 通过强化学习激励大模型的推理能力，具体表现如下。

- 自我验证、反思和生成长 CoT：DeepSeek-R1-Zero 展现出自我验证、反思和生成长 CoT 等能力。
- 纯强化学习激励实现推理能力：这是首个证实大模型的推理能力可以通过纯强化学习激励实现（无须 SFT）的公开研究。

4. 强化学习算法的应用

DeepSeek-R1 采用 GRPO 算法进行强化学习微调，其训练流程如下。

- 采样动作组：对于每个输入提示，模型根据当前策略生成一组不同的输出。
- 奖励评估：使用奖励模型对每个输出进行评分，这些评分可以基于任务的特定标准，如数学题的正确性、代码的可运行性等。
- 计算相对优势：对每个输出的奖励值进行归一化处理，得到相对优势，这一过程通过比较同一输入下的多个输出，减少了策略更新的方差。

5. 性能提升

通过强化学习，DeepSeek-R1 在多个任务中表现出色。

- 数学推理任务：在数学推理任务上，DeepSeek-R1 模型相比于未使用 GRPO 算法的模型，性能提升显著。

- 代码生成任务：在代码生成任务中，DeepSeek-R1 模型生成的代码的正确率很高。

- 通用任务：在更广泛的通用任务中，如写作和角色扮演等，DeepSeek-R1 模型展现出更强的通用性。

6.3 DeepSeek-R1-Zero 的自我进化

在传统的推理任务研究中，很多方法往往依赖于大量监督数据来提升模型性能，而这种数据的采集和标注过程通常既耗时又成本高昂。为了解决这一问题，本节探讨如何在完全没有监督数据的条件下，通过纯粹的强化学习过程来实现大语言模型的自我进化和推理能力的显著提升。为此，DeepSeek 团队首先设计了一种名为 DeepSeek-R1-Zero 的方案（模型），其主要思想是直接在未经监督微调的基础模型上施行强化学习训练，从而让模型在无须预先依赖"人工示例"的情况下，自动挖掘并优化其内部推理策略。

6.3.1 强化学习算法

在具体实现上，为了降低强化学习训练的计算开销并提高效率，DeepSeek 引入了组相对策略优化（GRPO）算法。

1. GRPO 算法介绍

GRPO 算法是一种用于强化学习的算法，特别适用于大语言模型的微调。GRPO 算法的核心思想是通过组内相对奖励来优化模型，而不是依赖传统的评判模型（critic model）。具体来说，GRPO 算法会在每个状态下采样一组动作，然后根据这些动作的相对表现来调整策略，而不是依赖一个单独的价值网络来估计每个动作的价值。

2. GRPO 算法的特点

- 减少计算负担：通过避免维护一个与策略模型大小相当的价值网络，GRPO 算法显著降低了模型训练过程中的内存占用。

- 提高训练稳定性：GRPO 算法通过组内比较来估计优势函数，减少了策略更新的方差，从而确保了更稳定的学习过程。

- 增强策略更新的可控性：GRPO 算法引入了 KL 散度约束，防止策略更新过于剧烈，从而保持了策略分布的稳定性。

从数学角度来看，GRPO 算法的目标是最大化预期累积奖励，同时保持策略更新的稳定性。

3. 与传统强化学习算法对比

GRPO 算法与传统强化学习算法相比，有如下两个关键特点。

（1）不使用独立的评判模型：常规的策略梯度方法通常需要一个与策略模型规模相匹配的评判模型来评估当前策略的表现，而 GRPO 算法巧妙地放弃了这一做法。它通过从当前策略中采样一组候选输出，并利用这些输出的组内分布统计（例如标准差和均值）来估计一个基线，从而直接为策略模型提供反馈。这种方法既节省了计算资源，又避免了构建和训练额外评判模型的复杂性。

（2）设计采样函数与目标函数：具体来说，对于每个问题（记为 i），GRPO 算法从旧策略中采样出一组候选输出 $\{a_i^1, a_i^2, \cdots, a_i^A\}$。接下来，通过最大化下面的目标函数来对当前策略进行优化。

- 首先，对于每个候选输出 a_i，根据其在旧策略下的概率和当前策略下的概率之比，采用剪切策略来控制更新幅度，确保新策略不会偏离旧策略太远。
- 其次，为了鼓励模型探索更优解，在目标函数中引入优势（A_i）的概念，即利用当前组内输出的标准差（std）与均值（mean）的差值来衡量每个候选解的优劣。
- 最后，在目标函数中加入 KL 散度项，用以约束新旧策略之间的差异，防止策略更新过程中发生过大变化。具体超参数 ε 和 β 分别控制剪切范围和 KL 惩罚的力度。

优势 A_i 的计算公式如下：

$$A_i = \mathrm{std}(\{a_i^1, a_i^2, \cdots, a_i^A\}) / (a_i - \mathrm{mean})(\{a_i^1, a_i^2, \cdots, a_i^A\})$$

这意味着每一组候选输出的离散程度（标准差）与其平均水平之间的关系，会影响策略的更新方向，从而使模型在没有任何监督信息的情况下，通过内部比较不断改进自身的推理策略。

4. GRPO 算法在 DeepSeek-R1-Zero 模型中的应用

DeepSeek-R1-Zero 是一个完全基于强化学习训练的模型，没有经过任何监督微调。GRPO 算法在 DeepSeek-R1-Zero 模型中的应用主要体现在训练流程中，具体说明如下。

- 采样动作组：对于每个输入提示，根据当前策略生成一组不同的输出。这些输出的多样性为后续的相对奖励计算提供了基础。
- 奖励评估：使用奖励模型对每个输出进行评分，这些评分可以基于任务的特定标准，如数学题的正确性、代码的可运行性等。
- 计算相对优势：对每个输出的奖励值进行归一化处理，得到相对优势。这一过程通过比较同一输入下的多个输出，减少了策略更新的方差。
- 策略更新：根据相对优势更新策略模型的参数，增加高奖励输出的概率，减少低奖励输出的概率。同时，通过 KL 散度约束确保策略更新的稳定性。
- 迭代优化：重复上述步骤，逐步优化策略模型，使其在特定任务中表现得更好。

通过这种方式，DeepSeek-R1-Zero 能够在强化学习过程中逐步"觉醒"出强大的推理能力，并在多个推理任务中展示出令人兴奋的性能提升。DeepSeek 团队通过这一方法证明，即使完全摒弃依赖监督数据的传统训练方式，大语言模型也仍然能够在纯强化学习的驱动下实现自我进化，为后续更高效、低成本的推理模型训练提供有力的理论与实践支持。

6.3.2 奖励建模

在强化学习训练过程中，奖励信号扮演着至关重要的角色，它不仅为模型提供了方向性的反馈，而且直接决定了模型优化的目标和路径。

1. 基本概念

在强化学习训练过程中，奖励信号是引导智能体学习行为策略的核心机制。奖励信号通常是一个标量值，用于衡量智能体在特定状态（state）下采取特定动作（action）的效果。通过接收环境反馈的奖励信号，智能体能够逐步调整其策略，以最大化长期累积奖励。

2. 奖励信号的设计方法

- 简单奖励函数：在一些简单任务中，奖励函数可以设计为简单的数值，例如成功完成任务给予 +1 奖励，失败给予 –1 奖励。这种设计简单直观，适用于目标明确的任务。

- 多维度奖励函数：在复杂任务中，奖励函数可能需要考虑多个维度，例如位置、速度、控制力等。通过将这些维度的奖励信号加权求和，得到最终的奖励值。例如，在机器人控制任务中，奖励函数可以设计为

$$R(s,a)=w_1 \cdot R_{位置} + w_2 \cdot R_{速度} + w_3 \cdot R_{控制力}$$

其中，w_1、w_2、w_3 是权重系数，用于平衡不同维度的奖励信号。

- 基于模型的奖励函数：在一些任务中，可以利用环境模型来生成奖励信号。例如，在稀疏奖励环境中，可以通过将代理的当前状态转换为自然语言描述并输入大语言模型，使大语言模型生成探索目标，从而提高探索效率。

3. 奖励信号的优化策略

- 动态调整奖励权重：在模型的训练过程中，可以根据智能体的表现动态调整奖励权重，以引导其学习到更优的策略。例如，在语言生成任务中，可以随着训练的进行逐渐增加语言一致性奖励的权重，以提高生成文本的质量。

- 引入正则化项：为了防止智能体在训练过程中出现过拟合或梯度爆炸的问题，可以在奖励函数中引入正则化项。例如，在 GRPO 算法中，通过引入动态梯度正则化机制，确保了训练过程的稳定性和高效性。

- 多阶段训练与奖励信号的逐步引入：在多阶段训练过程中，可以逐步引入不同类型的奖励信号。例如，在 DeepSeek-R1 模型的训练中，从冷启动数据微调开始，逐步进入监督微调、强化学习和二级强化学习等阶段，每个阶段的奖励信号设计有所不同。

4. 奖励建模在 DeepSeek-R1-Zero 模型中的作用

为了训练 DeepSeek-R1-Zero 模型，DeepSeek 团队设计了一套基于规则的奖励系统，这套

系统主要分为两大类奖励机制，以确保模型在推理任务中既能正确回答问题，又能遵循特定的格式输出，从而便于后续的评估与验证。

- 准确性奖励：准确性奖励的核心在于衡量模型生成答案的正确性。在数学问题中，例如模型被要求将最终答案以特定格式（如在方框内）呈现，这样不仅便于规则化检查，也能确保答案可以被程序或规则自动验证其正确性。类似地，对于 LeetCode 编程题目，可以利用编译器对模型生成的代码进行预设测试，通过测试用例的反馈来评估代码是否符合要求。准确性奖励模型通过这种基于规则的自动化验证方式，精确地衡量了模型回答问题的正确率，为模型的进一步优化提供了明确而可靠的训练信号。

- 格式奖励：除了答案的正确性，输出的格式同样至关重要。为了确保模型不仅能给出正确的答案，还能生成结构清晰、便于理解的推理过程，DeepSeek 团队设计了格式奖励模型。这一奖励机制要求模型在回答问题时，将其思考过程严格地嵌入指定的标签中。例如，要求将推理过程封装在 <think> 和 </think> 标签之间。这样做有两个目的：其一，它能帮助评估系统或人类审阅者快速捕捉到模型的推理轨迹；其二，通过强制固定的输出格式，它还能降低输出内容中的噪声，提升整体可读性和一致性。

在 DeepSeek-R1-Zero 模型的开发过程中，DeepSeek 团队特意没有引入基于神经网络的结果或过程奖励模型。原因在于，尽管过程奖励模型在某些场景下可能提供细粒度的反馈，但在大规模强化学习训练中，它们容易遭遇奖励黑客攻击——模型可能通过学习漏洞规避真实的训练目标，从而获得虚假的奖励。此外，训练和维护过程奖励模型本身需要大量额外的训练资源，并且会显著增加整个训练流程的复杂性。为此，DeepSeek 团队选择了基于规则的奖励方式，以确保奖励信号的稳定性和可靠性，从而在大规模强化学习过程中更好地指导模型的自我进化。

6.3.3　训练模板

为了训练 DeepSeek-R1-Zero，DeepSeek 团队精心设计了一种简单而明确的训练模板，该模板为基础模型提供了清晰的指令，引导其在生成答案时遵循特定的格式。具体来说，该模板要求模型在回答用户问题时，首先详细描述其内部的推理过程，然后给出最终的答案。这样的设计有助于 DeepSeek 团队在模型的训练过程中系统地观察和记录模型的思考轨迹，从而更好地分析模型自我进化和推理策略的形成。

训练模板中规定了严格的结构格式，具体格式如下。

> 用户输入提示信息，
> 模型输出时必须先生成包含完整推理过程的部分（用 <think> 和 </think> 标签标识），接着再生成包含最终答案的部分（用 <answer> 和 </answer> 标签标识）。

这样设计有两个主要目的。

- 规范输出格式：通过固定的输出结构，确保所有生成内容具有一致的格式，便于后续的自动化评估和人类审查。这使得研究人员能够更方便地对模型的输出进行量化分析，从而更准确地评估模型的性能。

- 避免内容偏差：模板的简洁设计可以避免引入额外的指令，例如，要求模型反思或解释特定解决策略，从而防止因人为预设的偏好而影响模型自然发展出的推理过程。这样人们就能更加客观地观察模型在纯强化学习过程中如何自发地构建和优化其内部推理机制，确保模型的推理能力是通过自身的探索和学习形成的，而不是依赖于外部的引导。

总之，这一训练模板不仅为模型提供了明确的生成指南，也为研究人员观察模型在强化学习过程中自然演化推理能力提供了宝贵的数据支持。

6.3.4 DeepSeek-R1-Zero 的自我进化过程

这里的自我进化过程是指强化学习在没有任何额外监督数据支持的情况下，驱动 DeepSeek-R1-Zero 模型自主提升推理能力的全过程。这一过程不仅直观地证明了纯强化学习方法的有效性，而且揭示了模型内部自发优化机制的奥秘。通过直接在基础模型上实施强化学习，能够实时、细致地监控模型在面对复杂推理任务时的逐步演化。由于没有依赖传统监督微调阶段的预先引导，模型在训练过程中完全依靠奖励信号的反馈来不断调整和改进其内部策略。这种纯粹的自我驱动进化，为研究者提供了一个难得的窗口，可以观察到模型在面临不同难度和复杂度的问题时，其思维过程和策略如何自然地从简单向复杂转变。

如图 6-3 所示，训练过程中模型的"思考时间"呈现出明显且持续的提升。这里的"思考时间"可以理解为模型在生成答案前所使用的推理步骤或计算量。起初，模型可能只生成数百个推理标记来完成简单任务；然后，随着训练的深入，它逐渐学会在面对更具挑战性的问题时，主动扩展推理计算，甚至可以生成数千个推理标记，以便对问题进行更全面、细致的解析。这样的扩展不仅说明了模型在处理复杂任务时的灵活性和适应性，也说明了其内部策略在不断优化和迭代。

更引人注目的是，当模型开始重新评估其初始解题策略时，它会主动为难题分配更多的思考时间。这种现象可以看作模型在"顿悟时刻"（一种突然突破、策略升级的瞬间）的体现。在这一时刻，模型不再局限于早期所采用的简单方法，而是根据过去的反馈和奖励信息，发现了更为高效的推理路径，从而大幅提升了最终答案的准确性和合理性。

总的来说，DeepSeek-R1-Zero 的自我进化过程给了我们以下几点重要启示。

- 自我优化能力：模型能够在纯强化学习的驱动下，自主调整和优化其推理过程，无须额外的监督数据干预，这证明了强化学习在激发模型内在潜力方面的强大力量。
- 适应性和灵活性：通过延长推理计算和增加思考步骤，模型可以更深入地探索问题解决策略，从而更有效地处理复杂推理任务。这种适应性为模型面对多变任务提供了强有力的支持。

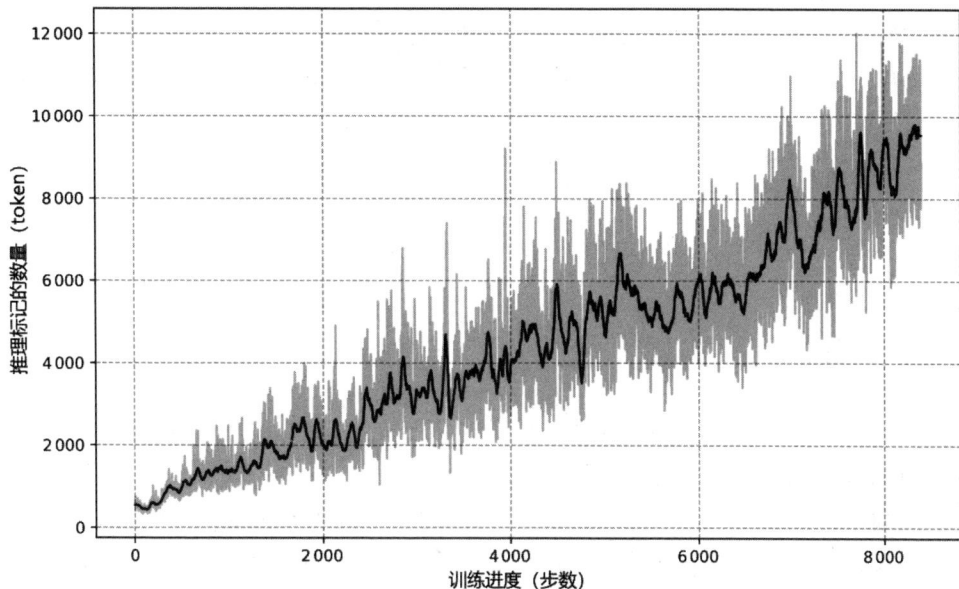

图 6-3　训练过程中的可视化

- 意外的复杂行为涌现：模型在训练过程中自然涌现出的"顿悟时刻"，不仅标志着性能上的跃升，更体现了强化学习方法能够催生出意想不到的高级行为模式，为未来智能系统的自主进化指明了方向。

这种自发的发展和策略优化，为理解和构建未来更自主、更智能的系统提供了宝贵的理论基础和实践经验。通过深入研究这种自我进化的机制，我们有望在不远的将来设计出能够在极少人类干预下，自主学习并解决复杂任务的高级智能模型。

6.3.5　DeepSeek-R1-Zero 的"顿悟时刻"

在 DeepSeek-R1-Zero 模型的训练过程中，DeepSeek 团队观察到一个极具启发性且意义深远的现象——"顿悟时刻"。这一现象不仅展示了纯强化学习的巨大潜力，还为我们理解模型如何自主进化提供了宝贵的线索。

1. "顿悟时刻"的定义与表现

所谓"顿悟时刻"，指的是在训练的中间阶段，模型突然表现出一种明显超越以往状态的能力跃迁。这时，DeepSeek-R1-Zero 不再依赖单一的初始解题策略，而是开始重新评估自身的推理路径，主动为复杂问题分配更多的思考资源和时间，从而大幅提高了解题的准确率和效率。

2. 机制与内在逻辑

这一现象的背后，是强化学习算法在大规模数据环境下对模型自我调整能力的激发。通过设计合理的奖励机制，DeepSeek 团队并没有预先告知模型如何处理复杂问题，而是通过不断提供正确的激励信号，让模型在试错过程中自主发现更高效的解题方法。具体来说，模型在每一次生成输出后，会根据预设的准确性和格式奖励获得反馈；随着训练的深入，它逐渐学会在遇到更难的问题时，延长推理过程，并利用额外的"思考时间"来进行更充分的信息整合和策略调整。这种自我反思和优化的过程正是"顿悟时刻"的核心所在。

3. 意义与启示

"顿悟时刻"不仅证明了纯强化学习方法在不依赖大量监督数据的情况下也能激发出模型的内在潜力，还为未来智能系统的研发指明了方向，能够提醒我们：

- 自主进化的可能性——模型可以通过适当的激励和反馈，自主发现并优化解决问题的策略，而不必完全依赖人类专家预设的规则；
- 自适应与灵活性——在面对多样化和复杂问题时，模型能够灵活地调整自身行为，从而在不同任务间保持较高的通用性和适应性；
- 未来研究的契机——这一现象为研究人员提供了一个全新的视角，即通过观察和解析"顿悟时刻"，或许可以更深入地理解智能系统内部的决策机制，为设计更高效和自我完善的 AI 系统奠定理论基础。

总之，DeepSeek-R1-Zero 的"顿悟时刻"不仅标志着该模型在推理能力上实现了质的飞跃，也展示了强化学习方法在大语言模型训练中的独特优势。通过这种自主进化的过程，该模型在不依赖外部监督的情况下，逐步形成了更高效的问题解决策略，为我们构建更自主、更智能的系统提供了宝贵的实验范例和理论依据。

注意：尽管 DeepSeek-R1-Zero 在推理能力和自主发展方面展现出显著的优势，但它也面临一些挑战。具体而言，该模型在生成内容的可读性和语言混合方面存在问题。为了解决这些问题，并使推理过程更易于理解和共享，DeepSeek 团队开发了 DeepSeek-R1。该模型通过在初始阶段引入人类友好的监督数据，结合强化学习，旨在提升模型生成内容的可读性和一致性。这种方法不仅改善了模型的输出质量，还增强了模型在不同任务和语言环境下的适应能力。

6.3.6 DeepSeek-R1-Zero 性能测试

在之前的大模型开发应用中，模型性能的提升通常依赖于大量的监督数据，这些数据的收集既耗时又费力。然而，DeepSeek 团队的研究表明，即使在没有监督微调作为初始步骤的情况下，通过进行大规模的强化学习，模型的推理能力也能显著提高。此外，加入少量的初始数据，可以进一步提升模型性能。

DeepSeek 团队直接对 DeepSeek-R1-Zero 模型进行了测试，在应用强化学习算法后，不依赖任何 SFT 数据，其性能在多个基准测试（数学推理、自我进化、推理行为的涌现和创意写作等）中表现出色。

6.4　DeepSeek-R1 训练方案

在强化学习领域，DeepSeek-R1-Zero 的出色表现引起了广泛关注。其通过创新的方法实现了一系列令人瞩目的成果，为后续研究提供了宝贵的思路和方向。然而，随着研究的不断深入，一些新的问题也逐渐浮现出来。首先，如果在训练过程中引入少量但质量极高的数据作为冷启动，是否能够进一步提升模型的推理性能，或者加快模型的收敛速度？这是一个极具挑战性的问题，因为数据的质量和数量在强化学习中起着至关重要的作用。其次，如何训练出一个真正用户友好的模型？这个模型不仅要能够生成清晰、连贯的思维链，还要具备强大的通用能力，能够在多种不同的场景和任务中表现出色。为了解决这些复杂而关键的问题，DeepSeek 团队经过深入研究和反复试验，精心设计了一个包含 4 个阶段的训练流程。在本节的内容中，将详细介绍这个训练流程的每个阶段及其目标。

6.4.1　冷启动

冷启动是指在模型或系统初始运行阶段，由于缺乏足够的历史数据或用户行为信息，而面临难以做出智能决策或提供个性化服务的问题。在强化学习训练中，冷启动阶段尤为重要，因为模型在这一阶段需要从零开始学习，缺乏有效的指导信息，往往会导致训练不稳定和收敛速度慢。

1. 思维链（CoT）推理

CoT 是一种用于提升大语言模型推理能力的策略，其核心在于通过分解复杂任务为更小、更易管理的子任务，模拟人类逐步推理的过程。这种策略不仅提高了模型解决复杂问题的准确性，还增强了其可解释性。

CoT 推理的核心思想是让模型生成一个有序的推理链条，而不是直接给出结论。具体来说，CoT 推理将复杂的任务分解成一系列子任务或中间步骤，每个步骤都提供详细的推理信息，帮助模型逐步得出最终结论。这种逐步推理的方式不仅提高了解决问题的准确性，还增强了模型的可解释性。

2. CoT 推理的优势

- 提升推理性能：CoT 推理通过分解问题，帮助模型逐步推理，从而提高了解决复杂问题的准确性。
- 增强可解释性：CoT 推理生成的推理链条不仅提高了模型的准确性，还增强了其可解释性。通过逐步推理，模型能够展示其解决问题的每一步，使人类更容易理解其推理过程。
- 促进模型泛化：CoT 推理通过多样化的推理过程，帮助模型出色完成不同任务。这种泛化能力使得模型能够更好地适应多变的任务需求。

3. DeepSeek-R1 中的冷启动

为了避免在从基础模型开始进行强化学习训练时可能出现的初期不稳定性，DeepSeek-R1 采用了一种不同的方法——精心构建并收集一少部分 CoT 推理数据，以微调模型，作为初始的强化学习策略模型。这种方法旨在为模型提供一个稳定的起点，确保训练过程的平稳进行。

在数据收集过程中，DeepSeek 团队探索了多种方法。

- 少样本提示：使用包含 CoT 推理的示例，提供少量样本来提示模型生成类似的推理过程。
- 直接提示：直接提示模型生成包含反思和验证的详细答案，鼓励模型在回答问题时进行深度思考和自我检查。
- 输出收集：收集 DeepSeek-R1-Zero 生成的可读格式输出，筛选出高质量的响应，作为训练数据。
- 人类后处理：由人类标注者对模型生成的响应进行后处理，完善结果，确保数据的准确性和可读性。

通过上述方法收集的数千条冷启动数据可用于微调 DeepSeek-V3-Base，作为强化学习训练的起点。与 DeepSeek-R1-Zero 相比，冷启动数据具有以下优势。

- 可读性：DeepSeek-R1-Zero 的一个主要局限是其生成的内容通常不适合阅读，响应可能混杂多种语言或缺乏突出显示答案的格式。在创建 DeepSeek-R1 的冷启动数据时，DeepSeek 团队设计了一种可读的模式，包括在每个响应的末尾添加总结，并过滤掉对用户不友好的响应。具体而言，DeepSeek 团队定义了如下所示的输出格式。

```
|special_token|<reasoning_process>|special_token|<summary>
```

其中，<reasoning_process> 是查询的 CoT，<summary> 用于总结推理结果。

- 潜力：DeepSeek-R1 通过使用精心设计带有人类先验知识的冷启动数据，与 DeepSeek-R1-Zero 相比，模型的性能有了显著提升。

总之，通过采用冷启动数据，DeepSeek-R1 有了一个稳定且有效的训练起点，模型的可读性和推理能力得到显著提升。

6.4.2 推理导向的强化学习

在完成冷启动数据的微调之后，对 DeepSeek-V3-Base 模型应用与 DeepSeek-R1-Zero 相同的大型强化学习训练过程。这一阶段的核心目标是显著提升模型在推理密集型任务中的推理能力。推理密集型任务通常涉及明确定义的问题以及清晰的解决方案，例如编码任务、数学问题处理、科学实验分析以及逻辑推理等，这些任务对模型的逻辑思维能力和问题解决能力提出了极高的要求。

1. 语言一致性奖励

在模型训练的 CoT 推理过程中，经常会出现语言混合的情况，尤其在强化学习提示涉及多种语言时。这种语言混合可能会导致模型的输出变得混乱，影响推理的准确性和可读性。为了解决这一问题，在强化学习训练中引入一种新的奖励机制——语言一致性奖励。具体来说，语言一致性奖励是通过计算 CoT 中目标语言单词的比例来实现的。例如，如果目标语言是英语，那么模型在生成推理过程时，使用英语单词的比例越高，获得的语言一致性奖励就越高。这种奖励机制的引入，旨在引导模型在生成推理过程时保持语言的一致性，从而提高输出的可读性和准确性。

2. 相关问题

在进行消融实验时发现，这种对齐机制虽然能够有效提升语言一致性，但也会导致模型性能略有下降。尽管如此，DeepSeek 团队仍然认为这种奖励机制是必要的。因为它使模型的输出与人类的偏好更加一致，从而提高了输出的可读性。毕竟，模型的最终目标是服务人类用户，输出清晰、连贯且符合人类语言习惯的结果至关重要。因此，即使这种奖励机制可能会带来一些性能上的损失，但从长远来看，它有助于提高模型的实用性和用户满意度。

3. DeepSeek 的做法

为了综合考虑推理任务的准确性和语言一致性，DeepSeek 团队将推理任务的准确性奖励和语言一致性奖励直接相加，形成了最终的奖励函数。然后在微调后的模型上应用强化学习训练，持续优化模型的参数，直至模型在推理任务中达到收敛。这一阶段的训练不仅提升了模型的推理能力，还使其输出更加符合人类的语言习惯，为后续的应用奠定了坚实的基础。

6.4.3　拒绝采样和监督微调

在推理导向的强化学习训练收敛后，接下来利用由此产生的检查点为下一轮收集监督微调（Supervised Fine-Tuning，SFT）数据。这一阶段的目标是进一步优化模型，使其不仅在推理任务上表现出色，还能在其他通用任务中表现良好。

1. 拒绝采样

（1）定义与目的

拒绝采样（Rejection Sampling）是一种蒙特卡洛方法，用于从复杂的目标概率分布中生成随机样本。当直接从目标分布中采样困难或不可行时，使用一个易于采样的提议分布，并根据某种接受概率来决定是否接受采样结果。在 DeepSeek-R1 中，拒绝采样的目的是从强化学习训练后的模型输出中筛选出高质量的样本，用于后续的监督微调。

（2）实现过程

- 选择提议分布：选择一个易于直接采样且覆盖目标分布支持的提议分布。
- 确定缩放常数：找到一个常数，使得对于所有的样本，提议分布的值不超过目标分布的值乘以该常数。
- 采样过程：首先从提议分布中生成一个样本，然后从均匀分布中采样一个随机数，最后计算接受概率。如果随机数小于接受概率，则接受该样本；否则，拒绝该样本并重新采样。

2. 监督微调

（1）定义与目的

监督微调是在预训练模型的基础上，使用标注数据进行进一步训练的过程。其目的是使模型在特定任务上表现得更好。在 DeepSeek-R1 中，SFT 的目标是通过高质量的数据进一步优化模型，使其在推理任务和其他通用任务中都能表现出色。

（2）实现过程

- 数据准备：准备好拒绝采样生成的高质量数据，以及其他领域（如写作、角色扮演等）的数据。
- 模型微调：在这些数据上对模型进行微调，以提高模型在各种任务中的表现。

3. DeepSeek-R1 推理数据的生成与筛选

DeepSeek 团队策划了一系列推理提示，并通过拒绝采样从上述强化学习训练的检查点中生成推理轨迹。在之前的推理导向的强化学习阶段，主要关注的是可以使用基于规则的奖励进行评估的数据。然而，这一阶段进一步扩展了数据集，加入了使用生成式奖励模型评估的数据。具体来说，将真实值和模型预测输入 DeepSeek-V3 模型进行判断，以评估模型输出的质量。

此外，由于模型在某些情况下会生成混乱且难以阅读的输出，因此需要对生成的数据进行严格的筛选：过滤掉包含混杂语言、长段落和代码块的思维链推理，以确保生成数据的高质量和可读性。对于每个推理提示，采样多个响应，并仅保留正确的响应。通过这种方式，总共收集大约 60 万个与推理相关的训练样本。

4. DeepSeek-R1 非推理数据的生成与整合

除了收集推理数据，还要收集非推理数据（任务），包括写作、事实问答、自我认知和翻译等任务。对于这些非推理任务，沿用 DeepSeek-V3 的整体流程，并复用 DeepSeek-V3 的部分监督微调数据集。具体来说，这一流程包括以下两个关键步骤。

（1）数据生成与整合

- 对于某些非推理任务，通过提示调用 DeepSeek-V3，生成潜在的思维链，以便在回答问题之前提供更详细的推理过程。
- 对于更简单的任务（如查询），不提供思维链作为回应，因为这些任务不需要复杂的推理。

（2）数据筛选与优化

对生成的数据进行筛选，确保数据的质量和可读性。例如，过滤掉混杂语言、长段落和代码块的输出。最终收集到约 20 万个与推理无关的训练样本。

5. DeepSeek-R1 的监督微调

监督微调是在预训练模型的基础上，使用标注数据进行进一步训练的过程，旨在使模型在特定任务中表现得更好。在 DeepSeek-R1 的训练流程中，监督微调起到至关重要的作用，不仅进一步优化了模型在推理任务中的表现，还增强了其在其他通用任务中的能力。

（1）使用策划的数据集进行微调

DeepSeek-R1 使用包含约 80 万个样本的数据集进行微调，这些样本包括推理和非推理数据。具体说明如下。

- 推理数据：通过拒绝采样从强化学习训练后的模型中生成推理轨迹。对于每个提示，生成多个响应，并保留正确的响应作为训练样本。这一过程扩展了数据集，包含使用生成奖励模型的数据，但过滤掉了混杂语言、长段落和代码块的输出，最终收集到约 60 万个与推理相关的训练样本。

- 非推理数据：采用 DeepSeek-V3 的 Pipeline，重用部分监督微调数据，针对某些任务生成潜在的思维链。对于更简单的查询，不提供思维链作为响应。最终收集到约 20 万个与推理无关的训练样本。

（2）微调过程

- 数据准备：使用包含上述约 80 万个样本的数据集对 DeepSeek-V3 进行两个 epoch 的微调。

- 模型微调：在这些数据上对模型进行微调，以提高模型在各种任务中的表现。具体来说，将 LoRA 适配器应用于关键投影层，从而减少微调期间的内存和计算要求。配置和运行训练过程的代码如下：

```python
from trl import SFTTrainer
from transformers import TrainingArguments
from unsloth import is_bfloat16_supported

trainer = SFTTrainer(
    model=model,
    tokenizer=tokenizer,
    train_dataset=dataset,
    dataset_text_field="text",
    max_seq_length=max_seq_length,
    dataset_num_proc=2,
    args=TrainingArguments(
        per_device_train_batch_size=2,
        gradient_accumulation_steps=4,
        warmup_steps=5,
        max_steps=60,
        learning_rate=2e-4,
        fp16=not is_bfloat16_supported(),
        bf16=is_bfloat16_supported(),
        logging_steps=10,
        optim="adamw_8bit",
        weight_decay=0.01,
        lr_scheduler_type="linear",
        seed=3407,
        output_dir="outputs",
```

```
    ),
)
trainer_stats = trainer.train()
```

（3）微调后的效果

- 推理任务：通过推理数据的微调，模型在推理任务中的表现得到了进一步优化。例如，在数学问题处理、编码和科学实验分析等推理密集型任务中，模型的逻辑思维能力和问题解决能力得到了显著提升。

- 通用任务：通过非推理数据的微调，模型在写作、角色扮演、事实问答等通用任务中的表现也得到了增强。这使得模型不仅在推理任务中表现出色，还能在其他任务中提供高质量的输出。

总之，通过使用包含约 80 万个样本的数据集对 DeepSeek-V3 进行两个 epoch 的微调，DeepSeek-R1 模型不仅在推理任务中表现出色，还在其他通用任务中表现良好。这一过程不仅进一步优化了模型的推理能力，还增强了其在多种任务中的通用性，为后续的应用奠定了坚实的基础。

6.4.4 全场景强化学习

全场景强化学习（Reinforcement Learning for All Scenarios）是一种强化学习方法，旨在使模型在所有场景下都能表现良好，包括推理任务和非推理任务。这种方法通过结合多样化的奖励信号和数据分布，训练模型以满足不同任务的需求，同时确保模型的输出与人类偏好保持一致。

1. 核心目标

全场景强化学习的核心目标是提升模型在各种场景下的表现，包括推理任务和非推理任务。具体来说，这种方法旨在：

- 提高模型的有用性和无害性，确保模型的输出对用户有用且无害，同时优化其推理能力。

- 增强模型的泛化能力，使模型能够在多种任务和场景中表现出色，而不仅仅局限于特定任务。

2. 在 DeepSeek-R1 中的应用

在 DeepSeek-R1 的训练流程中，全场景强化学习是第二阶段的强化学习，目标是让模型在推理能力不断提升的同时，确保模型生成的内容既有用又安全无害，更加符合人类的偏好。为此，全场景强化学习整合了多种奖励信号，并使用了多样化的提示分布，以覆盖不同的任务和场景。具体来说，这一阶段的训练数据主要分为两大类：推理数据和通用数据。

- 推理数据：依照之前在 DeepSeek-R1-Zero 中提出的方法，继续使用基于规则的奖励机制。这种奖励机制主要应用于数学问题处理、编程以及逻辑推理等需要精确解题步骤的任务，通过对模型生成的推理过程进行严格评估，确保其能够在解决复杂问题时展示出清晰、有条理的思考路径。

- 通用数据：引入了奖励模型，以捕捉那些更复杂且细微的人类偏好。基于 DeepSeek-V3 的训练流程，采用类似的偏好和训练提示分布，从而让模型不仅在专业推理任务中表现优异，同时也能在写作、对话、角色扮演等通用任务中提供符合用户期望的回答。

为了确保模型生成的内容既实用又无害，需要在奖励设计上进行细致区分。

- 有用性奖励：主要关注生成内容的最终总结，确保回答能切实满足用户需求和实际应用场景，从而提升整体响应的相关性和实用性，同时尽量减少对底层推理细节的干扰。
- 无害性奖励：为防止模型生成潜在的有害、偏见或风险内容，对整个响应（包括推理过程和最终总结）进行全面评估，确保输出既符合安全标准，又能有效避免可能引发的负面效应。

在 DeepSeek-R1 中，实现全场景强化学习的具体步骤如下。

（1）推理数据的处理

- 基于规则的奖励：对于推理数据，使用基于规则的奖励指导模型在数学问题处理、编程和逻辑推理领域的学习过程。这些奖励信号基于任务的特定标准，如数学题的正确性、代码的可运行性等。
- 奖励信号：通过进行基于规则的奖励，确保模型在推理任务中的表现得到优化。

（2）通用数据的处理

- 奖励模型：对于通用数据，采用奖励模型来捕捉复杂和微妙场景中的人类偏好。这些奖励信号基于人类对不同场景的偏好，如写作、角色扮演等。
- 多样化的提示分布：使用多样化的提示分布，确保模型在各种场景下都能表现良好。

（3）奖励信号的整合

- 多奖励信号融合：将推理任务的准确性奖励和语言一致性奖励直接相加，形成最终的奖励函数。这种整合方法确保模型在推理任务中的准确性，同时保持输出的可读性和一致性。
- 优化目标：通过整合奖励信号，模型在推理任务中表现卓越，同时在通用任务中也表现出色。

DeepSeek-R1 模型的训练过程总结如下。

- 数据准备：准备好包含约 80 万个样本的数据集，其中包括推理数据和非推理数据。
- 模型微调：在这些数据上对模型进行微调，以提高模型在各种任务中的表现。具体来说，将 LoRA 适配器应用于关键投影层，从而减少微调期间的内存和计算要求。
- 强化学习训练：在微调后的模型上应用强化学习训练，持续优化模型的参数，直至模型在推理任务中达到收敛。

最终，通过将这两类奖励信号与多样化的数据分布相结合，DeepSeek 团队成功训练出一款在推理任务中表现出色，同时在有用性和无害性方面也达到较高标准的模型。全场景强化学习不仅提升了模型的推理能力，也使其在面对多种任务时能够更好地满足用户需求，并确保输出内容符合安全和伦理要求。

6.5 蒸馏处理与轻量化

为了降低模型体量并便于部署，DeepSeek 团队进一步探索了从 DeepSeek-R1 到更小密集模型的蒸馏技术。将 Qwen 和 LlamA 作为基础，DeepSeek 团队通过直接微调 80 万个推理样本，得到 6 个密集模型。这些模型在多项推理基准测试中表现出色，通过这种简单的蒸馏方法，小型模型的推理能力得到了显著提升，部分甚至超过现有的其他开源大模型。

6.5.1 AI 大模型中的蒸馏处理

蒸馏处理在 AI 大模型中是一种关键的技术，用于将大型复杂模型（教师模型）的知识迁移到小型高效模型（学生模型）中。这一过程旨在保持模型性能的同时，显著降低模型的计算复杂度和存储需求，使其更适合在资源受限的环境中部署。在下面的内容中，将详细讲解 AI 大模型中的蒸馏技术。

1. 知识蒸馏

（1）定义

知识蒸馏（Knowledge Distillation）是一种模型压缩技术，旨在通过训练一个小型学生模型来模仿一个大型教师模型的行为。学生模型学习教师模型的输出，从而在保持高性能的同时降低计算成本。

（2）过程

- 训练教师模型：首先训练一个性能强大的教师模型，该模型通常具有大量的参数和复杂的结构。
- 生成软标签：教师模型在大量数据上推理，并输出比"对 / 错"更丰富的知识，例如每个选项的概率分布。
- 学生模型学习：学生模型不直接学习训练数据，而是学习教师模型的输出，尽量模仿教师模型的预测方式。
- 蒸馏损失优化：学生模型的损失函数包括普通的交叉熵损失和与教师模型输出的"软标签"之间的差距（Kullback-Leibler 散度，简称 KL 散度）。
- 迭代优化与精调：经过多个训练周期，学生模型的表现逐步接近教师模型，并允许在特定任务中进行微调以进一步优化效果。

2. 基于特征的蒸馏

（1）定义

这种方法的核心在于将教师模型中间层的特征信息传递给学生模型。教师模型在处理输入数据时，会在不同层次产生丰富的特征表示，这些中间特征蕴含了大量关于数据的抽象信息和语义知识。

（2）过程

- 特征提取：教师模型在不同层次提取特征，如边缘、纹理和形状等信息。
- 特征传递：将这些特征传递给学生模型，并指导学生模型学习和构建类似的特征表示体系。
- 性能提升：学生模型通过学习教师模型的特征表示，更好地捕捉数据的本质特征，提升模型的性能。

3. 特定任务蒸馏

（1）定义

针对不同的具体任务，如自然语言处理中的机器翻译、文本生成，计算机视觉中的目标检测、图像分割等，特定任务蒸馏能够对蒸馏过程进行针对性优化。

（2）过程

- 任务分析：深入分析特定任务的特点和需求。
- 设计蒸馏策略：根据任务特点设计专门的蒸馏策略和目标函数。
- 性能提升：使学生模型更好地适应任务要求，提高其在特定任务中的性能表现。

4. 数据蒸馏

（1）定义

数据蒸馏通过利用教师模型生成或优化数据，提高数据的多样性和代表性，帮助学生模型更高效地学习。

（2）过程

- 数据增强：教师模型生成的数据可以用于数据增强，增加数据的多样性。
- 伪标签生成：教师模型可以生成伪标签，用于训练学生模型。
- 优化数据分布：通过教师模型优化数据分布，使学生模型能够更好地学习。

5. 模型蒸馏

（1）定义

模型蒸馏通过监督微调的方式，将教师模型的知识迁移到学生模型中。

（2）过程

- 监督微调：使用教师模型生成的大量推理数据样本对较小的基础模型进行微调。
- 高效蒸馏：这一过程不包括额外的强化学习阶段，使得蒸馏过程更加高效。

6. DeepSeek 中的蒸馏应用

- 数据蒸馏：DeepSeek 利用强大的教师模型生成或优化数据，包括数据增强、伪标签生成和优化数据分布。
- 模型蒸馏：通过监督微调的方式，将教师模型的知识迁移到学生模型中，使用教师模型生成的大量推理数据样本对较小的基础模型进行微调。

- 性能提升：DeepSeek 的蒸馏模型在推理基准测试中取得了显著的性能提升。

6.5.2 基础模型的选择与蒸馏过程

在 DeepSeek-R1 中，DeepSeek 开发团队选择的基础模型包括 Qwen2.5-Math-1.5B、Qwen2.5-Math-7B、Qwen2.5-14B、Qwen2.5-32B、Llama-3.1-8B 和 Llama-3.3-70B-Instruct。这些基础模型具有不同规模和能力，使我们能够全面评估蒸馏方法的有效性，DeepSeek 提供了表 6-1 所示的蒸馏模型。

表6-1　蒸馏模型与对应的基础模型

蒸馏模型	基础模型
DeepSeek-R1-Distill-Qwen-1.5B	Qwen2.5-Math-1.5B
DeepSeek-R1-Distill-Qwen-7B	Qwen2.5-Math-7B
DeepSeek-R1-Distill-Llama-8B	Llama-3.1-8B
DeepSeek-R1-Distill-Qwen-14B	Qwen2.5-14B
DeepSeek-R1-Distill-Qwen-32B	Qwen2.5-32B
DeepSeek-R1-Distill-Llama-70B	Llama-3.3-70B-Instruct

上述蒸馏模型已在 Hugging Face 平台上公开发布，读者可以选择需要的模型部署到本地或云服务器上进行测试。

在蒸馏过程中，DeepSeek-R1 仅应用了监督微调，而没有包括强化学习。通过使用 DeepSeek-R1 生成的高质量数据对这些小型模型进行微调，DeepSeek 团队成功地将 DeepSeek-R1 的推理能力"蒸馏"到了这些模型中。

6.5.3 模型蒸馏的技术原理

DeepSeek-R1 提出的模型蒸馏技术是一种将大型教师模型（DeepSeek-R1）的高级推理能力迁移到较小、效率更高的学生模型中的方法，这种方法的优势在于能够以较低的计算成本和资源消耗，将大型模型的推理能力迁移到小型模型中。这对于资源有限的用户和应用场景来说具有重要意义，因为它使得小型模型能够在推理任务中表现出色，同时保持高效的运行速度。

1. 技术原理

- 知识迁移与软标签：传统的知识蒸馏方法主要依靠教师模型生成的"软标签"作为训练目标，这些软标签不仅包含标准的正确答案信息，还蕴含教师模型对样本的置信度分布和内部推理模式。DeepSeek-R1 经过大规模强化学习训练后，掌握了复杂的推理策略，其输出中包含详细的链式推理过程。通过将这些高质量、细粒度的推理数据作为训练样本，学生模型可以学习到教师模型在解决复杂问题时的思考路径和策略。

- 将监督微调作为蒸馏手段：在蒸馏过程中，DeepSeek-R1 直接使用其生成的约 80 万个推理样本对开源的学生模型进行监督微调。相较于强化学习，监督微调的过程更加稳定和高效，因为它利用的是现成的高质量标签数据。这样学生模型就能够在较短时间内捕捉到教师模型传递的推理模式和知识。

- 模型容量与性能传递：蒸馏技术利用了教师模型在大模型容量下形成的强大推理能力，并将这一能力迁移到参数规模较小的模型中。尽管学生模型的规模较小，但由于接受了高质量推理数据的指导，它们在推理任务（如数学问题处理、编程、逻辑推理等）中能达到与教师模型相当的性能水平。这种方法有效地打破了大模型与小模型之间性能差距的瓶颈，为资源受限的应用场景提供了实用的解决方案。

2．实现方法

（1）数据生成与收集

- 教师数据生成：利用 DeepSeek-R1 生成大规模的推理样本，这些样本不仅包含最终答案，还详细记录了推理过程。生成的数据通常经过精心设计，以确保每个样本都具有清晰的思维链和总结部分。

- 数据清洗与过滤：为了确保将高质量的数据输入学生模型中，研究团队对生成的样本进行了筛选和过滤，剔除混合语言、格式混乱或不符合预期的低质量输出，最终构成一个包含约 80 万个高质量样本的数据集。

（2）监督微调训练

- 目标模型选择：研究人员选择了多个开源的学生模型，如 Qwen2.5-Math 系列和 LlamA 系列模型。

- 训练过程：在训练过程中，学生模型通过对比教师模型生成的推理过程和最终答案，学习到如何生成类似的链式推理输出。训练过程中采用标准的监督学习损失函数，如交叉熵损失函数，通过多轮迭代使得学生模型逐步逼近教师模型的表现。

- 强化学习阶段的排除：在蒸馏过程中，研究团队仅使用监督微调，而不引入额外的强化学习训练。这既简化了训练流程，又将强化学习阶段的复杂性和高资源消耗留给教师模型，重点展示了蒸馏技术本身的有效性。

（3）模型评估与性能提升

- 性能验证：经过蒸馏训练后，小型模型在多项推理基准测试中的表现显著提升，证明了教师模型的推理模式成功迁移。具体的评估指标涵盖数学问题处理、编程以及逻辑推理等多个领域，结果显示，蒸馏后的模型在准确性和推理深度上均有优异表现。

- 应用场景扩展：由于蒸馏后的模型体积较小，计算效率高，这使得其在实际应用中更加灵活，能够满足在资源受限的环境中快速部署的需求。

第 **7** 章 稀疏矩阵技术

稀疏矩阵是指其中大部分元素为零的矩阵，这种矩阵在许多科学计算、工程应用和数据分析中非常常见。稀疏矩阵的核心在于利用矩阵的稀疏性减少存储空间的占用，并优化矩阵运算的效率。稀疏矩阵技术在人工智能大模型中得到了广泛的应用，它不仅优化了存储和计算效率，还为处理大规模数据提供了新的可能性。

7.1 稀疏矩阵介绍

稀疏矩阵是指其中大部分元素为零的矩阵。与密集矩阵相比，稀疏矩阵在存储和计算上有优化的空间，可以节省存储空间并提高计算效率。

7.1.1 稀疏矩阵的基础知识

矩阵中非零元素的个数远小于矩阵元素总数的矩阵称为稀疏矩阵。例如，一个 100×100 的矩阵中只有 10 个非零元素，那么这个矩阵就可以被视为稀疏矩阵。因为稀疏矩阵中大部分元素为零，所以直接存储整个矩阵会浪费大量的存储空间。稀疏矩阵通过只存储非零元素及其位置信息来优化存储。常见的存储方式有如下 3 种。

1. 三元组法

三元组法是稀疏矩阵最直观的存储方式。它用一个三元组表来存储稀疏矩阵，每个非零元素用一个三元组（行号、列号、值）表示。例如，对于以下稀疏矩阵：

$$\begin{pmatrix} 1 & 0 & 0 \\ 0 & 2 & 0 \\ 0 & 0 & 3 \end{pmatrix}$$

用三元组法表示为 (1,1,1), (2,2,2), (3,3,3)，这种方法简单直观，但不便于进行矩阵运算。

2. 十字链表法

十字链表是一种更复杂的存储方式，它通过链表结构存储稀疏矩阵。每个非零元素用一个节点表示，节点包含行指针、列指针、值以及指向同行和同列下一个非零元素的指针。十字链表法的优点是便于插入和删除非零元素，适合动态变化的稀疏矩阵。

3. 压缩稀疏行和压缩稀疏列法

压缩稀疏行和压缩稀疏列是两种高效的稀疏矩阵存储方式，广泛用于科学计算和数值分析中。

（1）压缩稀疏行（Compressed Sparse Row，CSR）：将矩阵的非零元素按行顺序存储，同时记录每行非零元素的起始位置。它包括如下 3 个数组。

- 值数组：存储所有非零元素的值。
- 列索引数组：存储每个非零元素对应的列号。
- 行指针数组：存储每行非零元素的起始位置，以及非零元素的个数。

例如，对于上述矩阵，其 CSR 表示如下。

- 值数组：[1, 2, 3]。
- 列索引数组：[0, 1, 2]。
- 行指针数组：[0, 1, 2, 3]。

（2）压缩稀疏列（Compressed Sparse Column，CSC）：与 CSR 类似，但按列存储。它同样包含值数组、行索引数组和列指针数组。

CSR 和 CSC 的优点是存储空间小，且便于进行矩阵乘法等运算。

总之，稀疏矩阵技术是一种重要的数据处理技术，它通过优化稀疏矩阵的存储和运算，解决了大规模稀疏数据的存储和计算问题。在科学计算、机器学习、网络分析等领域，稀疏矩阵技术发挥着不可替代的作用。随着数据规模的不断增长，稀疏矩阵技术的研究和应用也将不断发展。

7.1.2　稀疏矩阵在大模型中的应用

稀疏矩阵在大模型中得到了广泛应用，使得大模型在长文本和资源受限环境等场景下表现出色，这为大模型的进一步发展和应用提供了有力支持。具体来说，稀疏矩阵在大模型中的应用主要体现在以下方面。

1. 优化存储与提高计算效率

大模型通常具有高维度的特征空间和大量的参数，这使得矩阵中存在大量零值。稀疏矩阵技术通过只存储非零元素及其位置信息显著减少了存储空间和计算复杂度。例如，在 Transformer 模型中，注意力机制会生成稀疏矩阵，这些矩阵可以利用稀疏矩阵技术进行高效存储和计算。

2. 自然语言处理中的语义表示

稀疏矩阵可用于表示文本数据中的单词或短语，捕捉其语义信息。通过稀疏向量表示，模型能够更高效地计算词向量之间的距离，从而更好地理解上下文和语义关系。这种表示方式在自然语言处理任务（如文本分类、机器翻译和语义搜索等）中尤为重要。

3. 量子机器学习中的应用

在量子机器学习（Quantum Machine Learning, QML）中，稀疏矩阵的高效表示和操作是处理大规模数据的关键。例如，量子主成分分析利用稀疏矩阵表示数据，通过量子随机存取存储器和量子断层扫描技术，高效提取数据的显著特征。此外，稀疏矩阵还用于量子线性方程求解（如 HHL 算法）和量子支持向量机中。

4. 图神经网络中的邻接矩阵

在图神经网络中，稀疏矩阵常用于表示图的邻接矩阵。这种矩阵的稀疏性使得存储和计算更加高效，同时便于进行图的遍历和聚类等操作。

5. 模型压缩与剪枝

在大模型训练过程中，稀疏矩阵技术可用于模型压缩和剪枝。通过移除模型中接近零的权重，可以显著减少模型的存储需求和计算负担，同时保持模型性能。例如，使用稀疏矩阵存储优化后的模型参数，可以提高模型的推理速度和内存效率。

6. 量子算法中的稀疏矩阵操作

稀疏矩阵在量子算法中也发挥着重要作用，例如，量子 k- 最近邻（k-Nearest Neighbor, k-NN）算法利用稀疏矩阵存储数据，通过量子态的叠加和测量，高效计算数据点之间的距离。此外，量子基本线性代数子程序也依赖稀疏矩阵来优化量子计算中的线性代数操作。

7.2 DeepSeek 的稀疏注意力再造

2025 年 2 月，DeepSeek 发布了关于原生稀疏注意力（Native Sparse Attention，NSA）的论文，论文名称是 "Native Sparse Attention: Hardware-Aligned and Natively Trainable Sparse Attention"。

NSA 是一种新型的稀疏注意力机制，专为高效长文本建模而设计。它通过动态分层稀疏策略（包括粗粒度标记压缩和细粒度标记选择）以及硬件对齐优化，显著减少了建模的计算复杂度和内存访问量，同时保持了全注意力机制的性能。NSA 支持端到端训练，能够自动学习最优稀疏模式，适用于长序列处理，并在推理和训练阶段均展现出显著的加速效果。

7.2.1 NSA 技术背景介绍

随着人工智能技术的不断发展，长文本建模在下一代大型语言模型中的重要性日益凸显。这一趋势主要受到多种现实世界应用的推动，包括深入推理、代码库级代码生成以及多轮自主代理系统。这些应用需要模型能够处理复杂的长文本数据，以实现更高级的功能。

近期的技术突破，DeepSeek-R1 已经能够处理整个代码库、长篇文档，并维持跨数千个标记的连贯多轮对话。该模型还能够执行长距离依赖的复杂推理，展示了长文本建模的巨大潜力。

然而，随着序列长度的增加，标准注意力机制的高复杂性成为一个关键的延迟瓶颈。理论估计表明，当解码 64K 长度上下文时，基于 softmax 的注意力计算占总延迟的 70% ～ 80%。这一问题凸显了对更高效注意力机制的迫切需求。

为了解决这一问题，研究者们开始探索利用 softmax 注意力的固有稀疏性。通过选择性地计算关键的查询 - 键对，可以在保留模型性能的同时显著减少计算开销。最近的研究通过多种策略展示了这种潜力，包括 KV 缓存（Key-Value Cache）逐出方法、分块 KV 缓存选择方法以及基于采样、聚类或哈希的选择方法。

尽管这些方法在理论上具有很大的潜力，但在实际应用中，现有的稀疏注意力方法常常达不到预期效果。且大多数方法主要关注推理阶段，缺乏有效的训练时支持，无法充分利用注意力的稀疏模式。

为了克服这些限制，应用有效的稀疏注意力必须解决以下两个关键挑战。

- 硬件对齐的推理加速：将理论计算减少转化为实际速度提升，需要在预填充和解码阶段进行硬件友好的算法设计，以缓解内存访问和硬件调度瓶颈。
- 训练感知的算法设计：通过可训练的算子实现端到端计算，以减少训练成本，同时保持模型性能。

为了解决这些问题，DeepSeek 团队提出了 NSA，一种具有层次化标记建模的原生可训练稀疏注意力机制（也称原生稀疏注意力）。NSA 通过将键和值组织成时间块，并通过 3 个注意力路径（压缩粗粒度标记、选择性保留细粒度标记以及用于局部上下文信息的滑动窗口）处理它们，从而减少每个查询的计算量。然后实现专用内核以最大化其实用效率。

NSA 引入了两个核心创新，分别对应上述关键需求。

- 硬件对齐系统：优化分块稀疏注意力以利用 Tensor Core 和内存访问，确保平衡的算术强度。
- 训练感知设计：通过高效算法和反向算子实现稳定的端到端训练。

这种优化使 NSA 能够支持模型高效地部署和端到端训练，从而在实际应用中实现快速长文本推理或训练。Full Attention（全注意力）模型与 DeepSeek 的 NSA 在性能和效率上的对比如图 7-1 所示。

通过图 7-1 的对比可以看出：

- 尽管是稀疏的，NSA 在平均表现上超过了 Full Attention 模型，无论是在通用基准测试、长上下文任务还是推理评估中；
- 在处理 64K 长度的序列时，在所有阶段（解码、前向传播和反向传播），与全注意力相比，NSA 都实现了显著的计算加速。

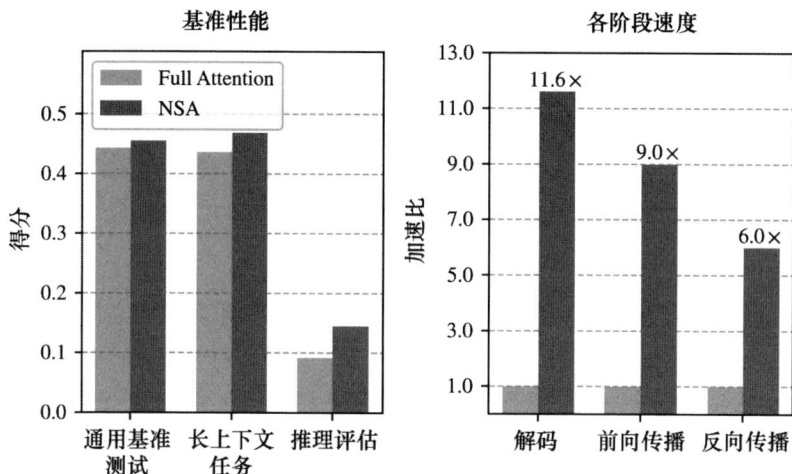

图 7-1   Full Attention 模型与 DeepSeek 的 NSA 在性能和效率上的对比

7.2.2 / 稀疏注意力方法的重新思考

现代稀疏注意力方法在降低 Transformer 模型的理论计算复杂度方面取得了显著进展。然而，大多数方法主要在推理阶段应用稀疏性，同时保留预训练的全注意力（Full Attention）架构，这可能会引入架构偏差，限制其充分发挥稀疏注意力的优势。在介绍 DeepSeek 提出的 NSA 之前，通过两个关键视角系统地分析这些限制。

1. 推理效率的幻象

虽然在注意力计算中实现了稀疏性，但是许多方法未能有效减少推理延迟，这主要是由以下两个挑战造成的。

（1）分阶段的稀疏性

一些方法在自回归解码阶段应用稀疏性，但在预填充阶段需要进行计算密集型的预处理。另一些方法仅关注预填充阶段的稀疏性。这些方法未能在所有推理阶段实现加速，因为至少有一个阶段的计算成本与全注意力相当。

这种阶段专化性降低了这些方法在预填充阶段主导的工作负载（如图书摘要和代码补全）或解码阶段主导的工作负载（如长链推理）中的加速能力。

（2）与先进注意力架构的不兼容性

一些稀疏注意力方法未能适应现代解码的高效架构，例如，多查询注意力（Multi-Query Attention，MQA）和分组查询注意力（Grouped-Query Attention，GQA）。这些架构通过在多个查询头之间共享键值（KV），显著减少了解码阶段的内存访问瓶颈。例如，在 Quest 等人提出的方法中，每个注意力头独立选择其 KV 缓存子集。尽管在基于多头注意力的模型中，这些方法能够实现一致的计算稀疏性和内存访问稀疏性，但在基于 GQA 的模型中，KV 缓存的内存访问量对应于同一 GQA 组内所有查询头选择的并集。

这种架构特性意味着，尽管这些方法可以减少计算操作，但所需的 KV 缓存内存访问量仍然相对较高。这种限制迫使我们在稀疏注意力方法中做出关键选择：虽然一些稀疏注意力方法可以减少计算量，但它们的分散内存访问模式与先进架构的高效内存访问设计相冲突。

这些限制的出现是因为许多现有的稀疏注意力方法主要关注 KV 缓存的减少或理论计算的减少，但在先进框架或后端中难以实现显著的延迟减少。这促使我们开发能够结合先进架构和硬件高效实现的算法，以充分利用稀疏性来提高模型效率。

2. 可训练稀疏性的神话

我们对 NSA 的追求基于对推理阶段稀疏性方法的两个关键洞察。

（1）性能退化。在预训练后应用稀疏性会迫使模型偏离其预训练的优化轨迹。这使得预训练模型中的检索头等结构在推理时容易被剪枝。

（2）训练效率需求。高效处理长序列训练对于大模型开发至关重要。这包括在更长的文档上进行预训练以增强模型容量，以及后续的适应阶段，例如，长上下文微调和强化学习。然而，现有的稀疏注意力方法主要针对推理，对训练中的计算问题关注较少。这一限制阻碍了通过高效训练开发更强大的长上下文模型。

此外，在尝试将现有的稀疏注意力方法应用于训练时，也面临着挑战。

- 不可训练组件：像 ClusterKV（包含 k- 均值聚类）和 MagicPIG（包含基于 SimHash 的选择）等方法中的离散操作会在计算图中引入不连续性。这些不可训练的组件阻止了梯度通过标记选择过程流动，限制了模型学习最优稀疏模式的能力。
- 反向传播效率低下：一些理论上可训练的稀疏注意力方法在实际训练中存在效率问题。例如，Hash Attention 中使用的基于标记粒度的选择策略需要在注意力计算期间从 KV 缓存中加载大量单独标记。这种非连续的内存访问阻止了像 Flash Attention 这样的快速注意力技术的高效适应，后者依赖于连续内存访问和分块计算以实现高吞吐量。因此，实现时硬件利用率低，这显著降低了训练效率。

3. 原生稀疏性势在必行

推理效率和训练可行性的限制促使我们重新设计稀疏注意力机制。DeepSeek 提出了 NSA，一种原生稀疏注意力框架，同时满足计算效率和训练需求。接下来，将详细介绍 NSA 的算法设计和算子实现。

7.2.3　整体设计和实现策略

接下来介绍 NSA 的整体框架及其关键组件的设计与优化。NSA 旨在通过稀疏注意力机制提升模型的性能和计算效率。具体而言，通过算法设计和硬件优化，实现了稀疏注意力的高效训练和推理。

1. 背景

在语言建模中，注意力机制通过计算每个查询标记 q_t 与所有前序键 $k_{:t}$ 的相关性分数，生成值 $v_{:i}$ 的加权和。我们形式化定义优化后的注意力输出如下：

$$O_i = \mathrm{Attn}(q_t, k_{:t}, v_{:i})$$

其中，注意力函数定义为

$$\mathrm{Attn}(q_t, k_{:t}, v_{:t}) = \sum_{i=1}^{t} \frac{\alpha_{t,i} v_i}{\sum_{j=1}^{t} \alpha_{t,i}}, \quad \alpha_{t,i} = \mathrm{e}^{\frac{q_t^{\mathrm{T}} k_i}{\sqrt{d_k}}}$$

在这里，$\alpha_{t,i}$ 表示 q_t 和 k_i 之间的注意力权重，d_k 是键的特征维度。随着序列长度的增加，注意力计算在整体计算成本中的占比越来越高，这对长文本处理提出了重大挑战。

算术强度是计算操作与内存访问的比率，它决定了算法在硬件上的优化方式。GPU 的算术强度由其峰值计算能力和内存带宽决定。对于因果自注意力机制，由于批量矩阵乘法和注意力计算的高算术强度，训练和预填充阶段在现代加速器上通常是计算受限的。然而，在自回归解码阶段，每次前向传播仅生成一个标记，但需要加载整个键值缓存，导致低算术强度和内存带宽受限。这使得解码阶段的优化目标是减少内存访问，而训练和预填充阶段的优化目标是减少计算成本。

2. 整体框架

为了利用注意力的自然稀疏模式，DeepSeek 提出用更紧凑且信息密度更高的键值对 $\tilde{K}_t$ 和 $\tilde{V}_t$ 替换原始的键值对 $k_{:t}$ 和 $v_{:i}$（针对每个查询 q_t）。优化后的注意力输出定义为：

$$\tilde{K}_t = f_K(q_t, k_{:t}, v_{:t}), \quad \tilde{V}_t = f_V(q_t, k_{:t}, v_{:t})$$
$$o_t^* = \mathrm{Attn}(q_t, \tilde{K}_t, \tilde{V}_t),$$

其中，$\tilde{K}_t$ 和 $\tilde{V}_t$ 是基于当前查询 q_t 与上下文记忆 $k_{:t}$ 和 $v_{:i}$ 动态构建的。我们可以设计多种映射策略来获得不同类别的 $\tilde{K}_t$ 和 $\tilde{V}_t$，并将它们组合如下：

$$o_t^* = \sum_{c \in C} g_t^c \cdot \mathrm{Attn}(q_t, \tilde{K}_t^c, \tilde{V}_t^c)$$

图 7-2 展示了 NSA 架构的概览，具体说明如下。

- 左图显示该架构通过 3 个并行的注意力分支处理输入序列：对于给定的查询，之前的键和值被处理为用于粗粒度模式的压缩注意力、用于重要 token 块的选择性注意力，以及用于局部上下文的滑动窗口注意力。

- 右图可视化了每个分支产生的不同注意力模式。灰色区域表示需要计算注意力分数的部分，白色区域则表示可以跳过的部分。

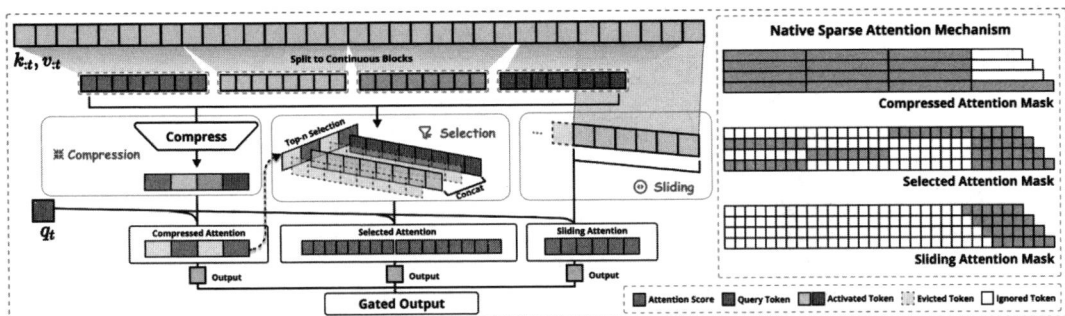

图 7-2　NSA 架构的概览

注：图来自官方，故图中英文没有翻译。

3. 算法设计

NSA 的核心目标是通过稀疏化注意力机制减少计算和内存访问的开销，同时保持模型对长文本的有效建模能力。为此，NSA 采用了 3 种主要的稀疏化策略：标记压缩、标记选择和滑动窗口。这些策略通过动态构建稀疏化的键值对减少了注意力计算的负担，同时避免了细粒度信息的丢失。

（1）标记压缩。标记压缩是通过将连续的键或值块聚合为块级表示来实现的，这种方法能够捕捉块内的高级语义信息，同时显著减少需要处理的键值对数量。通过这种方式，NSA 能够在不丢失重要信息的前提下，降低计算复杂度。

（2）标记选择。仅依赖压缩后的键值对可能会丢失一些重要的细粒度信息，因此 NSA 引入了标记选择机制。该机制通过选择性地保留一些关键的键和值，确保模型能够捕捉到细粒度的上下文信息。选择过程基于块的重要性评分，通过保留评分最高的块来实现稀疏化。这种方法不仅减少了计算量，还确保了模型能够专注于最重要的信息。

（3）滑动窗口。滑动窗口机制专门处理局部上下文信息。由于局部模式在注意力机制中通常更容易被模型捕捉，滑动窗口分支能够确保模型不会因局部信息而忽视全局信息。通过将局部上下文与其他稀疏化策略分离，NSA 能够更有效地学习长距离依赖关系。

另外，为了最大化实际效率，NSA 在硬件层面进行了优化设计。通过与现代 GPU 架构对齐，NSA 利用了 Tensor Core 和内存访问的高效性。具体而言，NSA 采用了以组为中心的数据加载策略，减少了冗余的键值对传输，并通过分块计算提高了内存访问效率。这种设计使得 NSA 能够在保持高算术强度的同时提高硬件利用率。

图 7-3 展示了 NSA 的内核设计。在该设计中，内核通过网格循环按 GQA 加载查询，获取相应的稀疏键值（KV）块（内循环），并在 SRAM 上执行注意力计算。图中标注为①的色块表示存储在 SRAM 上的数据，图中标注为②的色块表示存储在高带宽内存上的数据。这种设计旨在通过分组共享消除冗余的 KV 传输，并在 GPU 流式多处理器之间平衡计算负载，从而实现近乎最佳的算术强度。

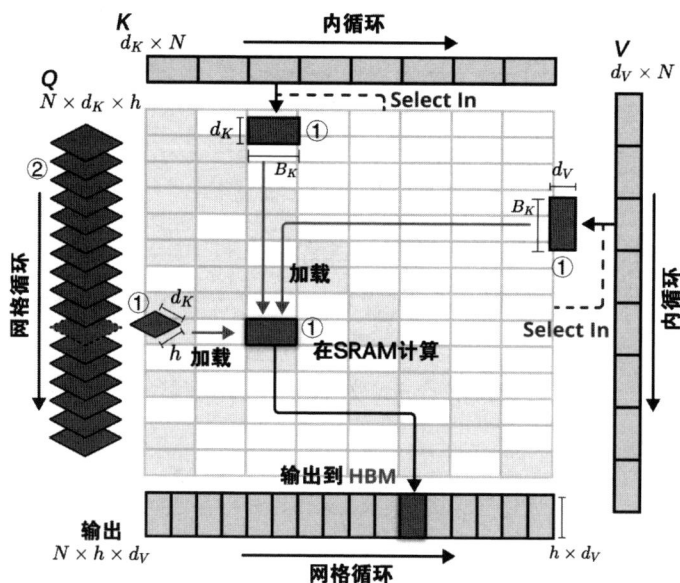

图 7-3　NSA 的内核设计

注：图来自官方，故图中英文没有翻译。

总之，DeepSeek 的 NSA 通过标记压缩、标记选择和滑动窗口 3 种策略，实现了稀疏化的注意力机制。这些策略不仅减少了计算和内存访问的开销，还通过动态聚合机制确保了模型对长文本的有效建模。同时，NSA 通过硬件优化设计，进一步提升了实际运行效率，在长文本任务中表现出色。

7.2.4　评估 NSA 的性能

DeepSeek 团队为了全面评估 NSA 的性能，从 3 个角度进行了实验：①通用基准测试性能；②长文本基准测试性能；③基于推理的链式思考性能。DeepSeek 将 NSA 与 Full Attention 基线和最先进的稀疏注意力方法进行了比较。

1. 预训练设置

DeepSeek 采用了当前先进的大语言模型的常见实践，结合了 GQA 和 MoE 的骨干架构，总参数量为 270 亿个，其中激活参数为 30 亿个。模型包含 30 层，隐藏维度为 2560 个。对于 GQA，我们将组数设置为 4，总共有 64 个注意力头。对于 MoE，我们使用 DeepSeek 的 MoE 架构，包含 72 个路由专家和 2 个共享专家，并将 Top-K 专家设置为 6。为了确保训练稳定，第一层的 MoE 被替换为 SwiGLU 形式的 MLP。图 7-4 展示了 270 亿个参数模型中 Full Attention 与 NSA 的预训练损失比较。两种模型均表现出稳定的收敛趋势，且 NSA 实现了更低的损失值。这表明，尽管 NSA 采用了稀疏注意力机制，但其性能仍优于 Full Attention 模型。

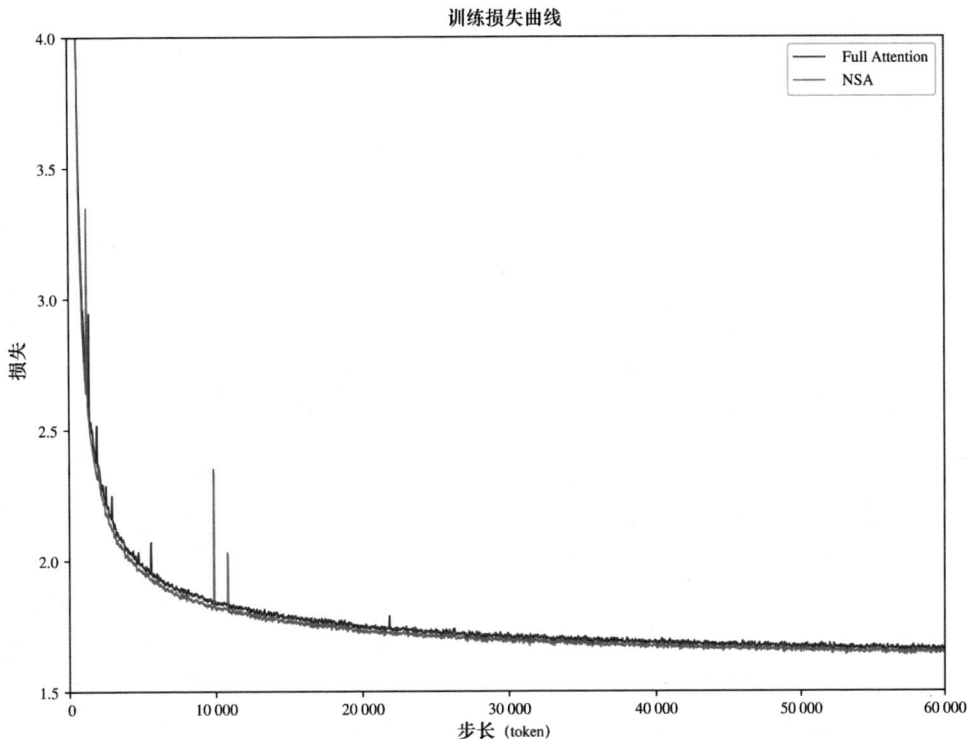

图 7-4　270 亿个参数模型中 Full Attention 与 NSA 的预训练损失比较

注：损失通常是无单位的标量。

在 NSA 中，DeepSeek 设置压缩块大小为 32token，滑动步长为 16token，选择块大小为 64token，选择块数量为 16 个（包括 1 个初始块和 2 个局部块），滑动窗口大小为 512token。Full Attention 和稀疏注意力模型都在 270 亿个 8K 长度的文本上进行预训练，随后通过 YaRN（Yetanother RoPE extension）继续训练和监督微调 32K 长度的文本，以适应长文本任务。两个模型都训练到完全收敛，以确保公平比较。实验结果显示，NSA 的预训练损失曲线稳定且平滑，并且始终优于 Full Attention 模型。

2. 基线方法

除了与 Full Attention 进行比较，DeepSeek 还评估了几种最先进的推理阶段稀疏注意力方法，包括 H2O.ai、infLLM、Quest 和 Exact-Top。这些方法涵盖了多样化的稀疏注意力范式，如 KV 缓存逐出、查询感知选择和精确 Top-K 稀疏选择。

在通用评估中，大多数样本的长度在稀疏注意力基线的局部上下文窗口内，这些方法实际上与 Full Attention 等效。因此，我们仅展示了 NSA 与 Full Attention 基线之间的比较结果。在长文本评估中，我们在所有基线方法上进行了比较，并将所有稀疏注意力方法的稀疏性设置为相同，以确保公平比较。对于基于链式思考的推理评估，因为需要长文本监督微调，所以我们仅将比较限制在 Full Attention 上，因为稀疏注意力基线不支持训练。

3. 性能比较

性能比较包括以下方面。

- 通用评估：DeepSeek 团队在涵盖知识推理和编码能力的综合基准测试套件上评估了 NSA 和 Full Attention 基线，包括 MMLU、MMLU-PRO、CMMLU、BBH、GSM8K、MATH、DROP、MBPP 和 HumanEval。尽管具有稀疏性，但 NSA 在 9 项指标中的 7 项上优于所有基线，包括 Full Attention，显示出了强大的性能。特别是在与推理相关的基准测试中，NSA 表现出显著的增益（DROP：+0.042，GSM8K：+0.034），表明预训练有助于模型开发专门的注意力机制。这种稀疏注意力预训练机制迫使模型专注于最重要的信息，通过过滤掉不相关注意力路径的噪声来增强性能。

- 长文本评估：在 64K 上下文长度的"针扎草垛"测试中，NSA 实现了完美的检索精度。这种性能归功于 NSA 的层次化稀疏注意力设计，它结合了用于高效的全局上下文扫描的压缩标记和用于精确的局部信息检索的选择标记。粗粒度压缩以较低的计算成本识别相关的上下文块，而对所选标记的标记级，NSA 确保了保留关键的细粒度信息。这种设计使 NSA 能够同时保持全局意识和局部精度。图 7-5 展示了在 64K 上下文长度下，不同上下文位置的检索准确率。NSA 通过其分层稀疏注意力设计实现了完美的准确率。结果表明，得益于其分层稀疏注意力机制，NSA 在所有位置均达到了完美的检索准确率。这一机制结合了压缩注意力用于高效的全局上下文扫描，以及选择性注意力用于精确的局部信息检索，从而在保持全局感知的同时确保了局部精度。

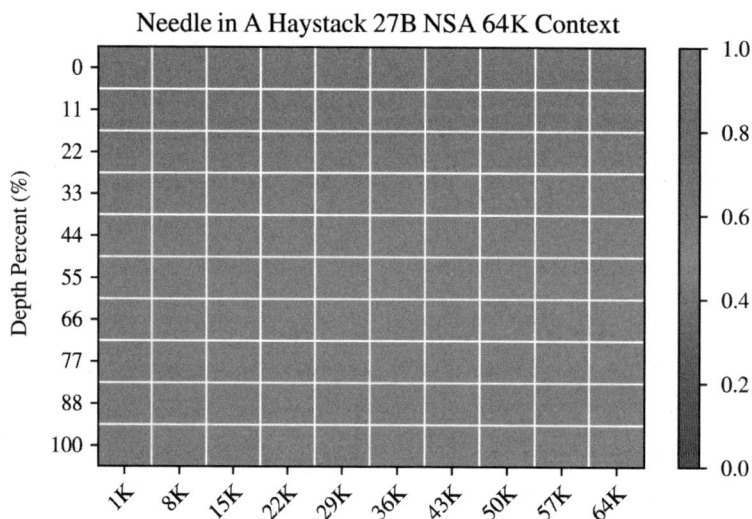

图 7-5　不同上下文位置的检索准确率

注：为了保留图中英文的原意，所以没有翻译。

- DeepSeek 团队还在 LongBench 上对 NSA 进行了评估，与先进的稀疏注意力方法和 Full Attention 基线进行了比较。实验结果显示，NSA 实现了最高的平均得分 0.469，优于所有基线。这一改进源于两个关键创新：①NSA 的原生稀疏注意力设计使得在预训练期间对稀疏模式进行端到端优化成为可能；②层次化稀疏注意力机制在局部和全局信息处理之间实现了平衡。

- 基于链式思考的推理评估：为了评估 NSA 对先进下游训练范式的兼容性，DeepSeek 团队研究了其通过后训练获得基于链式思考的数学推理能力的容量，采用了来自 DeepSeek-R1 的知识蒸馏，进行了包含 100 亿个 32K 长度数学推理轨迹的监督微调。实验结果显示，在 8K 上下文设置下，NSA 的准确率显著高于 Full Attention 的，并且在 16K 上下文中这种优势持续存在。这些结果验证了 NSA 的两个关键好处：①预训练的稀疏注意力模式能够高效地捕获长程逻辑依赖；②硬件对齐设计保持了足够的上下文密度，以支持推理深度的增加而不会发生灾难性遗忘。

总之，通过一系列实验，NSA 在通用基准测试、长文本任务和基于链式思考的推理评估中均表现出色。NSA 不仅在性能上优于 Full Attention 基线和其他稀疏注意力方法，还在训练和推理效率上实现了显著提升。这些结果验证了 NSA 作为一种高效且强大的稀疏注意力机制的有效性。

7.2.5　NSA 的效率分析

DeepSeek 团队在一个型号为 A100 的 GPU 上对 NSA 的计算效率进行了评估，并将其与 Full Attention 进行了比较。

DeepSeek 基于 Triton 实现了 NSA 的注意力机制，并与 Full Attention 进行了比较，以确保在相同后端下进行公平的速度对比。如图 7-1 所示，随着上下文长度的增加，NSA 的加速比逐渐增大。在 64K 上下文长度时，NSA 的前向传播速度提升了 9.0 倍，反向传播速度提升了 6.0 倍。值得注意的是，随着序列长度的增加，NSA 的速度优势变得更加明显。

这种加速主要来源于 DeepSeek 为稀疏注意力架构设计的硬件对齐算法。

- 分块内存访问模式：通过合并加载最大化 Tensor Core 的利用率。
- 精心设计的循环调度：消除冗余的 KV 缓存传输。

实验证明，注意力机制的解码速度主要由内存访问瓶颈决定，这与 KV 缓存的加载量密切相关。随着解码长度的增加，NSA 显著减少了延迟，在 64K 上下文长度时实现了高达 7.6 倍的加速。由于解码阶段的低算术强度和内存受限特性，这种内存访问效率的优势随着序列长度的增加而变得更加显著。

7.2.6　NSA 应用结论

DeepSeek 提出的 NSA 是一种面向长文本建模的硬件对齐稀疏注意力架构，它将层次化标记压缩与分块标记选择相结合，并将其集成到可训练的架构中。整个架构在保持 Full Attention 性能的同时，实现了加速的训练和推理。NSA 通过在通用基准测试中匹配 Full Attention 基线的性能，在长文本评估中超出建模能力，并在推理能力上实现显著提升，同时显著降低了计算延迟并实现了显著的加速。

7.3　MoBA——块注意力混合

Kimi 团队于 2025 年 2 月发布了名为 "MoBA: Mixture of Block Attention for Long-Context LLMs" 的论文。在该论文中发布了一种名为 MoBA（Mixture of Block Attention，块注意力混合）的新型注意力机制，旨在提升大语言模型处理长文本的效率。MoBA 通过将上下文划分为多个块，并让每个查询 token 动态选择最相关的块进行注意力计算，从而实现对长序列的高效处理。实验结果显示，MoBA 在长上下文场景中的性能与 Full Attention 相当，但在处理 1M 长文本时速度提升了 6.5 倍。

7.3.1　MoBA 介绍

MoBA 是一种新型的注意力机制（架构），旨在解决传统注意力机制在处理长文本时计算复杂度高和资源消耗大的问题。

1. 架构设计

架构设计包括以下方面。

- 块稀疏注意力：MoBA 将输入上下文划分为多个固定大小的块，每个查询 token 仅关注与之最相关的块，而不是整个上下文。这种稀疏注意力机制显著减少了计算量，同时保留了对长文本的处理能力。

- 动态块选择：通过一个无参数的 Top-K 门控机制，MoBA 为每个查询 token 动态选择最相关的块。该机制计算查询 token 与每个块的相关性得分，并选择得分最高的前 K 个块。

- 因果性保持：MoBA 通过限制查询 token 只能关注当前块和过去的块，确保了自回归语言模型的因果性。此外，它还对当前块应用因果掩码，避免未来信息的泄露。

- 细粒度块分割：MoBA 支持细粒度的块分割，类似于 MoE 架构中的专家模型划分，进一步提升了模型的性能。

- 与 Full Attention 的混合：MoBA 可以在 Full Attention 和稀疏注意力之间无缝切换，既适用于长文本任务，也兼容现有的预训练模型。

MoBA 架构的示意图如图 7-6 所示，这幅图说明了 MoBA 如何通过选择性地关注最相关的块来减少计算量，同时保持对长文本的处理能力。

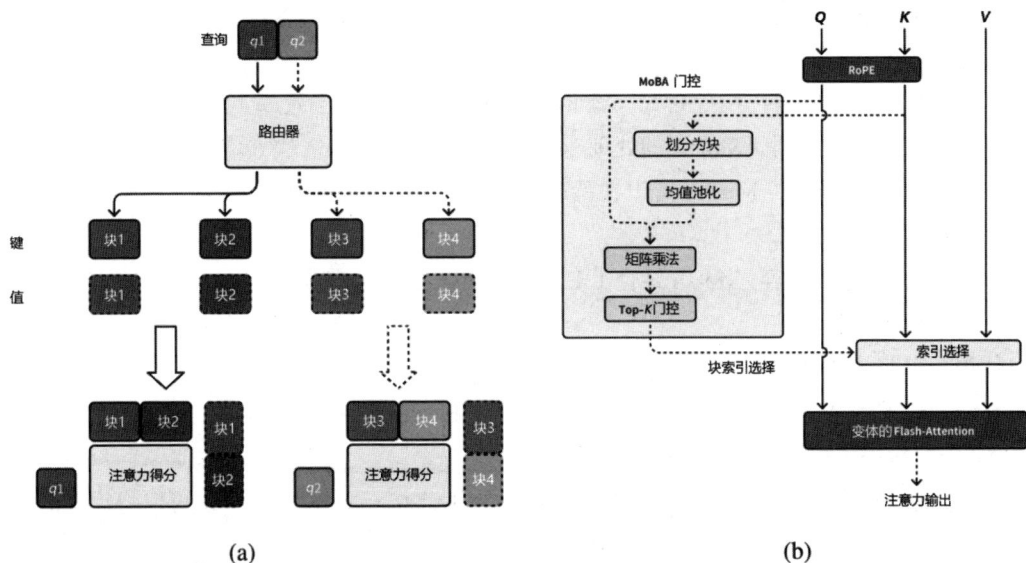

图 7-6　MoBA 架构的示意图

对图 7-6 的具体说明如下。

图 7-6（a）展示了 MoBA 的一个运行示例，显示了查询如何通过一个路由器被分配到不同的键值块中。每个查询仅关注被选中的块，计算注意力得分。

图 7-6（b）展示了 MoBA 如何集成到 Flash Attention 中，详细说明了 MoBA 门控的内部流程，包括将键值划分为块、进行均值池化、矩阵乘法和应用 Top-K 门控来选择最相关的块。然后，使用索引选择来确定哪些块将参与最终的注意力计算，这一过程通过变体的 Flash Attention 来完成，以得到注意力输出。

2. 实现细节

实现细节包含以下方面。

- 块划分：上下文被划分为多个块，每个块包含一组连续的 token。
- 门控机制：通过计算查询 token 与每个块的相关性得分，门控机制动态选择最相关的块。这种机制类似于 MoE 中的专家选择，但应用于注意力机制。
- 注意力计算：MoBA 仅对选定的块进行注意力计算，显著减少了计算复杂度。同时，它通过 Flash Attention 等高性能库优化计算。
- 因果掩码：为了保持自回归语言模型的因果性，MoBA 对当前块应用因果掩码，避免 token 关注未来位置。
- 与现有模型的兼容性：MoBA 保持与 Full Attention 机制相同的参数数量，可以作为 Full Attention 的替代品，无须对现有模型进行大规模修改。

3. 性能优势

性能优势包含以下方面。

- 显著的加速效果：在处理长文本时，MoBA 显著提高了效率。例如，在处理 100 万 token 的上下文时，MoBA 的处理速度比传统 Full Attention 快 6 倍。
- 灵活的切换能力：MoBA 可以在稀疏注意力和 Full Attention 之间无缝切换，适用于不同长度的上下文。
- 与现代加速器兼容：MoBA 结合了 Flash Attention 等高性能库，进一步优化了计算效率。

4. 使用与部署

使用与部署包含以下方面。

- 环境设置：MoBA 的实现依赖于 PyTorch 和 Flash Attention。用户可以通过简单的命令安装相关依赖并使用 MoBA。
- 集成与转换：MoBA 可以轻松集成到现有的 Transformer 模型中，也可以将现有的预训练模型转换为 MoBA 模型。

总之，MoBA 的设计和实现为大语言模型处理长文本提供了一种高效且灵活的解决方案，同时保持了与传统注意力机制相当的性能。

7.3.2 测试结果

Kimi 团队对 MoBA 进行了全面的测试和验证，测试结果显示 MoBA 在处理长文本时具有显著的性能优势。下面列出了 Kimi 团队的测试结果。

- 缩放定律实验：尽管 MoBA 的注意力模式稀疏度高达 81.25%，但其在语言模型损失方面的表现与 Full Attention 相当。
- 长文本缩放能力：实验表明，MoBA 在处理长文本时，其性能与 Full Attention 之间的差距逐渐缩小。
- 细粒度块分割消融研究：实验表明，更细粒度的块分割可以进一步提高 MoBA 的性能。
- MoBA 与 Full Attention 的混合训练：实验表明，通过混合使用 MoBA 和 Full Attention 进行模型训练，可以在训练效率和性能之间取得平衡。
- 效率和可扩展性：实验表明，MoBA 在处理长序列时比 Full Attention 更高效，计算复杂度为亚平方级。在处理 1 000 万 token 的序列时，MoBA 的注意力计算时间减少到原来的 1/16。

这些测试结果表明，MoBA 在保持相近性能的同时，显著降低了注意力计算的时间和内存消耗，特别是在处理超长文本时，MoBA 的优势更加明显。

7.3.3　NSA 和 MoBA 的对比

Kimi 的 MoBA 与 DeepSeek 的 NSA 都是针对长文本处理的创新技术，它们在提升处理效率和降低计算成本方面都有显著的表现。

1. 相似之处

两者的相似之处如下。

- 两者都针对长文本处理进行了优化，旨在提高 AI 处理长文本的效率。
- 两者都通过优先处理重要信息来减少计算负载，从而提高计算效率。
- 无论是提高推理能力（NSA）还是改善长文本处理（MoBA），这两种技术都有助于使 AI 更智能。

2. 不同之处

两者的不同之处如下。

- 主要关注点：NSA 更侧重于逻辑推理和效率的提升，MoBA 则专注于更快地处理长文本。
- 核心方法：NSA 采用稀疏注意力机制，通过选择关键值来优化注意力；MoBA 则采用基于块的注意力机制，有选择地进行处理。
- 最佳应用场景：NSA 更适合复杂问题的解决和深度推理，MoBA 则更适合摘要、长对话和文档分析。
- 计算策略：NSA 通过优化注意力机制来减少内存使用，MoBA 则通过将文本分成块并仅处理相关部分来缩短计算时间。
- 性能方面：MoBA 在处理 1M token 时的速度比 Full Attention 快了 6.5 倍，而在处理超长文本（如 1 000 万 token）时，MoBA 的优势更加显著，可以达到 16 倍以上的加速效果。此外，MoBA 在大语言模型的高效注意力计算方面取得了显著进展。NSA 在通用基准测试中超越了传统的 Full Attention。

第 **8** 章 DeepSeek 模型的本地部署

DeepSeek 模型的本地部署方案通过软硬件深度协同优化，实现了高性能与灵活部署的双重目标。该方案的核心优势在于其统一的多加速器融合适配层，能够有效整合 GPU、TPU、NPU 等多种异构计算设备，充分发挥不同硬件的计算能力，从而为大模型推理提供强大的算力支持。

8.1　Ollama 本地部署

Ollama 是一款专注于大模型本地部署与管理的软件，它通过提供直观的用户界面和标准化 API，使用户能够在本地环境中轻松加载、运行和调优大模型，从而无须依赖云端资源。Ollama 支持多模型协同与动态资源调度，在保证高效响应和低延迟的同时，严格保护数据隐私与安全。Ollama 帮助开发者在本地环境中实现大模型的部署。

8.1.1　安装 Ollama

安装 Ollama 的步骤如下。

（1）登录 Ollama 官网，根据计算机的操作系统类型下载对应的 Ollama 版本，目前 Ollama 支持 macOS、Linux 和 Windows 主流操作系统。笔者选择的是 Windows 系统版本的 Ollama，如图 8-1 所示。

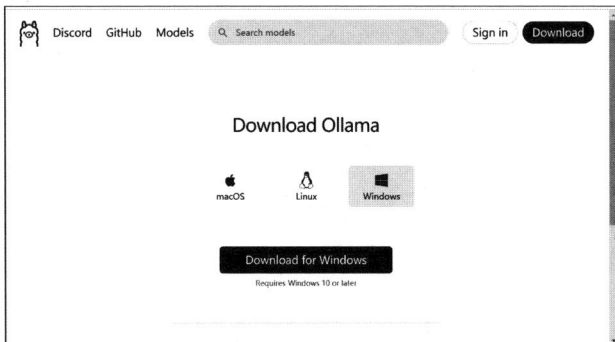

图 8-1　选择 Windows 系统版本的 Ollama

（2）单击"Download for Windows"按钮开始下载，下载完成后得到一个 .exe 格式的安装文件，我们以管理员身份打开它。

（3）在弹出界面中单击"Install"按钮开始安装，如图 8-2 所示。这里需要注意的是，需要将 Ollama 安装在 C 盘，不支持更改路径，因此 C 盘的剩余空间必须至少大于 5 GB。

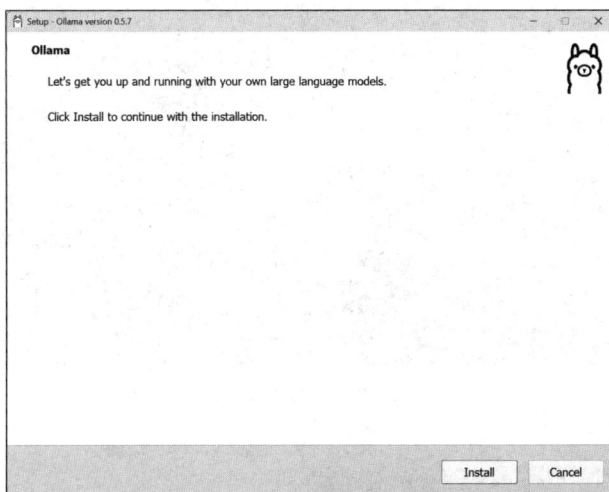

图 8-2　单击"Install"按钮

（4）在弹出的"Installing"界面中等待安装进度条完成，如图 8-3 所示。

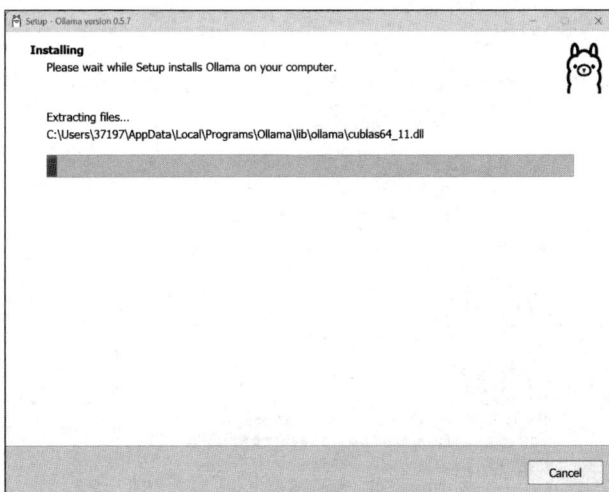

图 8-3　"Installing"界面

（5）完成安装后，为了确保 Ollama 服务已启动，在终端输入下面的 Ollama 命令进行验证，弹出图 8-4 所示的界面表示成功安装。

```
ollama -h
```

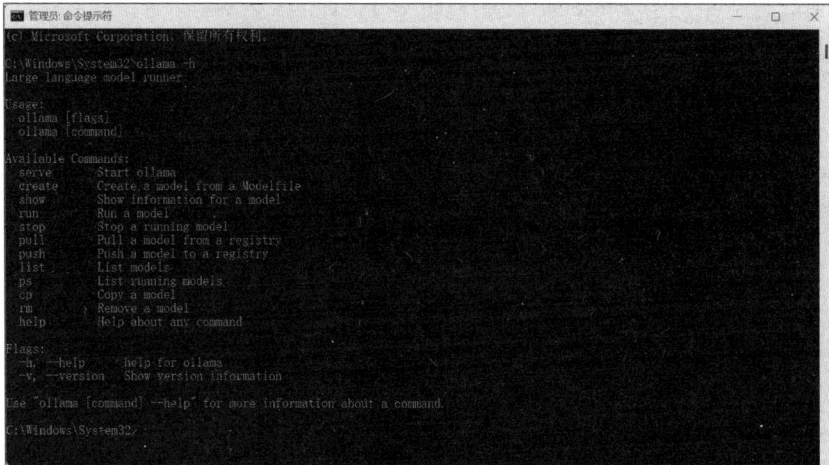

图 8-4　成功安装

8.1.2　DeepSeek 模型的安装与配置

用 Ollama 部署 DeepSeek 模型的基本步骤如下。

（1）登录 Ollama 官网，单击官网页面顶部的"Models"项来到模型界面，如图 8-5 所示。

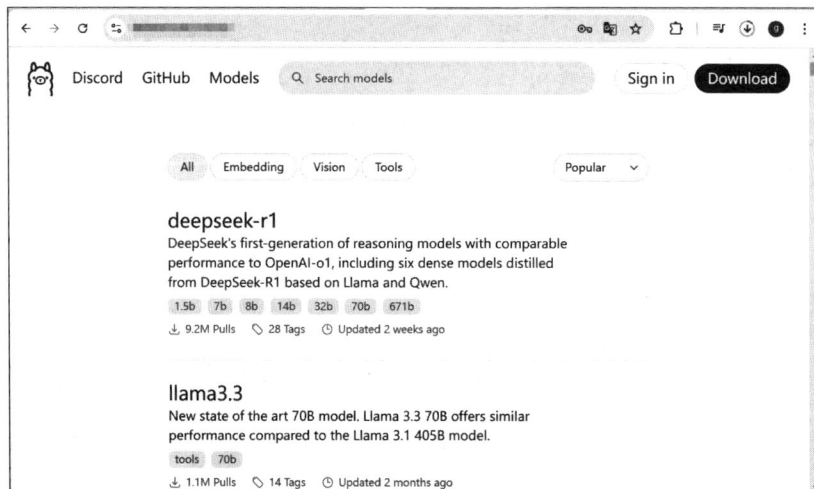

图 8-5　模型界面

（2）单击"deepseek-r1"链接来到 DeepSeek 的模型界面，如图 8-6 所示，下拉列表中列出了多个 DeepSeek 的模型版本，如 1.5b、7b、8b、14b、32b、70b 和 671b（这些数字加字母的组合名字，不但表示 DeepSeek 的模型版本，还有表示模型大小的意思，数字越大，代表的模型越大），如图 8-6 所示。

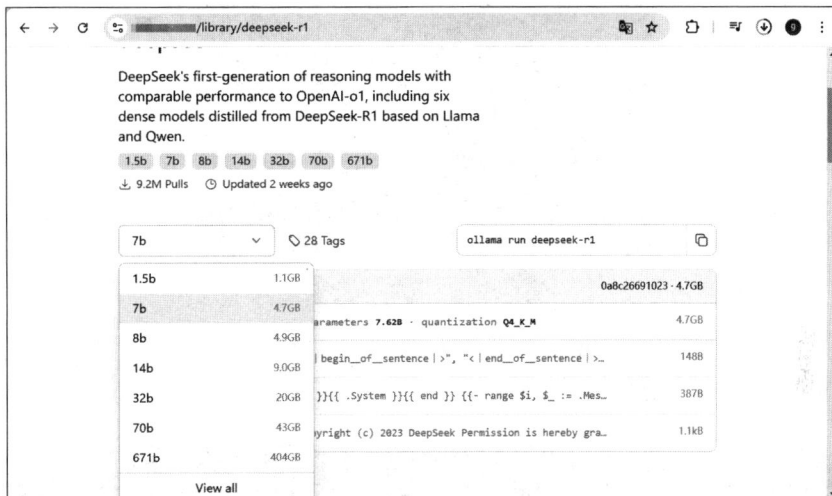

图 8-6　DeepSeek 的模型界面

（3）用户可根据硬件配置选择合适的模型版本，假设要安装 70b 版本，在下拉列表中选择 70b，然后复制对应的命令"ollama run deepseek-r1:70b"，如图 8-7 所示。

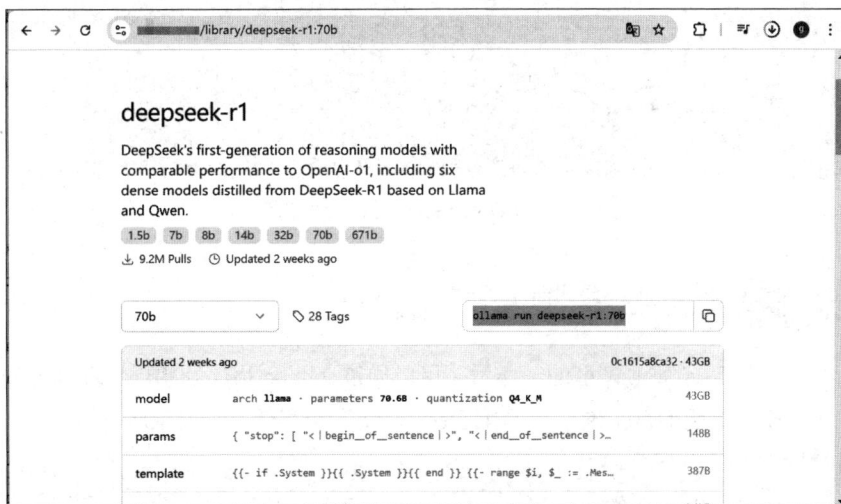

图 8-7　安装 70b 版本

（4）在命令行界面输入刚刚复制的命令，按下回车键后开始安装 70b 版本的 DeepSeek 模型。

安装时间可能会有点长,请耐心等待(模型越大安装时间越长),安装成功的界面如图 8-8 所示。

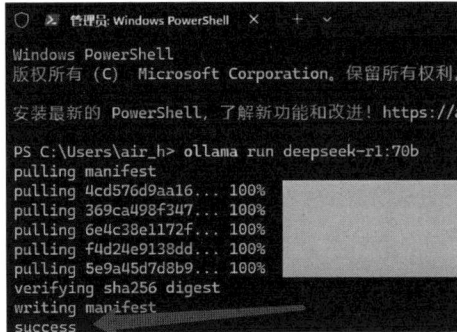

图 8-8　安装成功界面

(5)安装成功后,在终端即可启动 DeepSeek,输入"/bye"命令可退出模型。与 DeepSeek 进行对话的界面如图 8-9 所示。

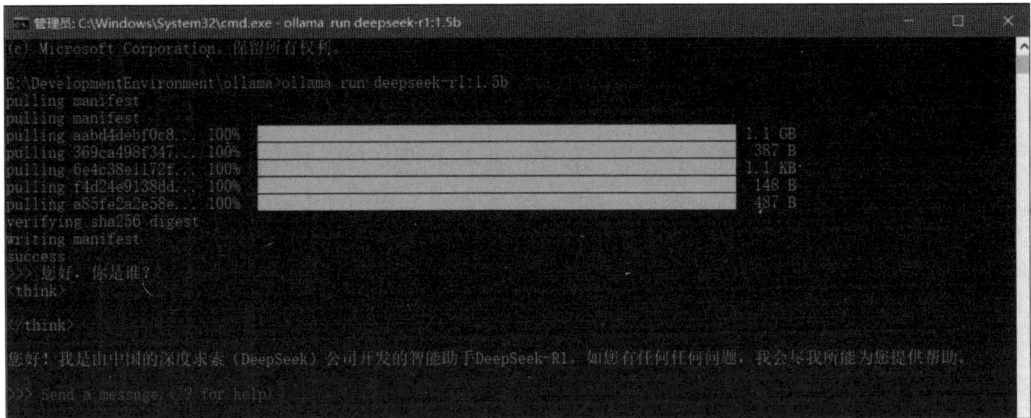

图 8-9　与 DeepSeek 进行对话的界面

8.1.3　基于本地 DeepSeek 模型的对话程序

在完成本地部署 DeepSeek 模型的工作后,可以通过 Python 程序调用部署在本地的 DeepSeek 模型实现对话功能。下面的例子展示了调用 DeepSeek 模型实现一个对话程序的过程。

1. 硬件准备

硬件方面,需要做以下准备。

- GPU 支持:DeepSeek 模型通常需要高性能的 GPU 来加速推理。建议使用 NVIDIA GPU (如 A100、RTX 4090、H100 等型号的 GPU),具体要求取决于模型大小。

- 内存和存储：确保有足够的内存（至少 64 GB）和快速的存储设备，以支持模型加载和运行。

2．软件环境

软件方面，需要做以下准备。

- 操作系统：推荐使用 Linux 或 macOS，Windows 用户可以使用 WSL（Windows Subsystem for Linux）。
- Python 环境：安装 Python 3.10 或更高版本。
- 依赖库：安装必要的 Python 库，如 Transformers、Torch、Accelerate 等。可以通过以下命令安装：

```
pip install transformers torch accelerate
```

3．下载模型

下载模型的步骤如下。

（1）选择模型版本：根据硬件配置选择合适的 DeepSeek 模型版本（如 1.5b、8b、14b、32b、70b）。

（2）通过 GitHub 网站下载：

```
git clone https://github.com/deepseek-ai/DeepSeek-R1.git
cd DeepSeek-R1
python fp8_cast_bf16.py --input-fp6-hf-path /path/to/DeepSeek-R1 --output-bf16-hf-path /path/to/deepseek-R1-bf16
```

或使用 Ollama 自动下载。

4．配置环境变量

配置环境变量时注意以下两点。

- 设置模型路径：确保模型权重文件的路径正确配置到程序中。
- 配置 CUDA 环境：确保 CUDA 和 cuDNN 已正确安装，并设置环境变量。

```
export CUDA_HOME=/usr/local/cuda
export LD_LIBRARY_PATH=$CUDA_HOME/lib64:$LD_LIBRARY_PATH
```

下面的例子是使用 subprocess 模块与 Ollama 进行交互，调用本地运行的 DeepSeek 模型实现对话程序。

实例 8-1：基于 Ollama 本地 DeepSeek 模型的对话程序（源码路径：codes\8\Deep01.py）

实例文件 Deep01.py 的具体实现代码如下所示。

```
import subprocess

def deepseek_query(prompt):
    # 使用 subprocess 运行 Ollama 命令，并传递用户输入
    result = subprocess.run(
        ['ollama', 'run', 'deepseek-r1:1.5b'],
```

```
        input=prompt.encode('utf-8'),
        capture_output=True
    )
    # 返回模型的响应
    return result.stdout.decode('utf-8')

if __name__ == "__main__":
    while True:
        user_input = input("你: ")
        if user_input.lower() in ['退出', 'exit', 'quit']:
            break
        response = deepseek_query(user_input)
        print("DeepSeek:", response)
```

程序执行后显示对话信息, 展示和 DeepSeek 模型的交互, 例如:

你: 你好!
DeepSeek: 你好! 有什么我可以帮助你的吗?

你: 介绍一下 Python 编程
DeepSeek: Python 是一种广泛使用的高级编程语言,支持多种编程范式,包括面向对象编程、函数式编程等。它语法简洁、易于学习。

你: 退出

根据 Hugging Face 官方提供的参考代码,以下是一个基于 Hugging Face 实现的 DeepSeek-R1 模型的本地调用示例。

实例 8-2: 基于 Hugging Face 本地 DeepSeek 模型的对话程序 (源码路径: codes\8\ Deep02.py)

实例文件 Deep02.py 的具体实现代码如下所示。

```
from transformers import pipeline

def main():
    # 加载模型
    pipe = pipeline("text-generation", model="deepseek-ai/DeepSeek-R1",
    trust_remote_code=True)

    print("DeepSeek 对话系统已启动, 输入 '退出' 结束对话。")
    while True:
        user_input = input("你: ")
        if user_input.lower() in ["退出", "exit", "quit"]:
            break

        # 修改输入为 DeepSeek 模型的格式
        messages = [{"role": "user", "content": user_input}]
```

```
    # 生成模型响应
    response = pipe(messages)

    # 解析输出内容
    bot_response = response[0]["generated_text"] if response else "无法获取响应"
    print("DeepSeek:", bot_response)

if __name__ == "__main__":
    main()
```

上述代码使用 pipeline() 加载 DeepSeek-R1 模型，设置 trust_remote_code=True 来信任模型远程代码。程序执行后显示对话信息，例如，下面是一个交互示例：

DeepSeek 对话系统已启动，输入 '退出' 结束对话。
你：Python 有哪些优点？
DeepSeek：Python 是一种简单易学的编程语言，它支持多种编程范式，包括面向对象编程、函数式编程等。同时，它有丰富的第三方库。

你：退出

8.2　LM Studio 本地可视化部署

LM Studio 是一款功能强大的应用程序，它提供了直观的用户界面，支持模型的下载和运行，并内置了聊天界面。LM Studio 提供了图形界面，无须执行命令行操作，支持 GGUF 格式模型的下载、管理和运行，支持 Windows 和 macOS 操作系统。

8.2.1　LM Studio 的特点与安装

LM Studio 的主要特点如下。
- 离线运行：允许用户在本地设备上运行大语言模型，无须依赖外部服务器，保护数据的隐私和安全。
- 广泛的兼容性：支持 GGUF 格式模型的下载、管理和运行，兼容 Hugging Face 等平台的多种模型。
- 内置 GPU 加速：支持 Windows 和 macOS 操作系统，内置 GPU 加速，提高模型运行效率。
- 多功能集成：除了文本生成，还集成了本地文档聊天、模型微调和文档交互等功能。

安装 LM Studio 的步骤如下。

（1）登录 LM Studio 官网，然后根据自己计算机的操作系统下载对应的版本，例如，笔者用的是 Windws 11 操作系统，单击 "Download LM Studio for Windows" 按钮下载安装文件，如图 8-10 所示。

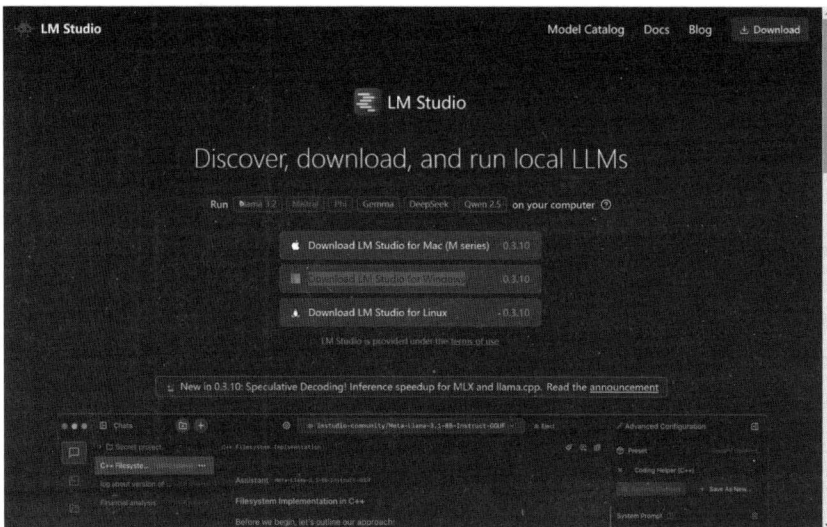

图 8-10　单击"Download LM Studio for Windows"按钮

（2）下载完成后得到".exe"格式的安装文件，双击这个文件后开始安装 LM Studio，首先弹出"安装选项"界面，选中"为使用这台电脑的任何人安装（所有用户）"单选按钮，如图 8-11 所示。

（3）单击"下一步"按钮来到"选定安装位置"界面，设置 LM Studio 的安装路径，如图 8-12 所示。

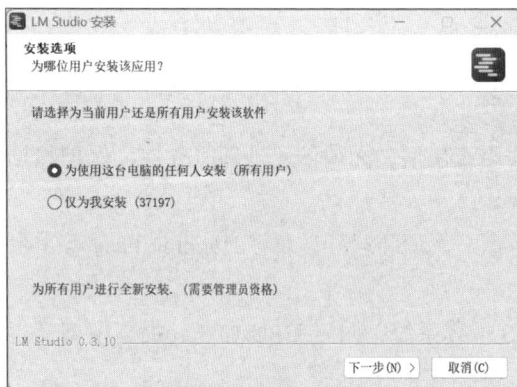

图 8-11　"安装选项"界面

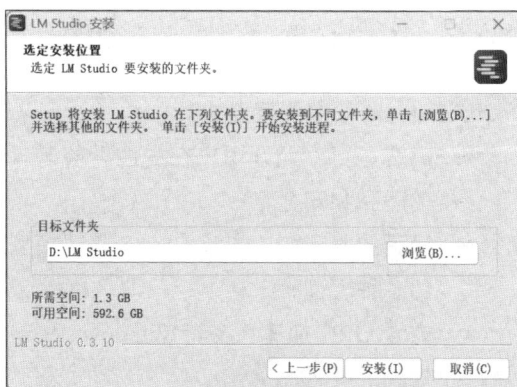

图 8-12　"选定安装位置"界面

（4）单击"安装"按钮后开始安装，出现"正在安装"界面，如图 8-13 所示。

（5）当显示"正在完成 LM Studio 安装向导"界面时，如图 8-14 所示，单击"完成"按钮后完成所有安装工作。

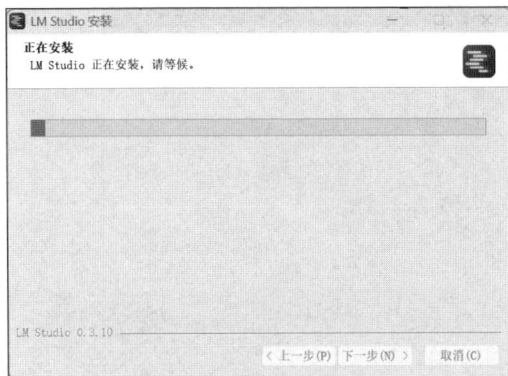

图 8-13　"正在安装"界面

图 8-14　"正在完成 LM Studio 安装向导"界面

8.2.2　安装并配置 DeepSeek 模型

安装并配置 DeepSeek 模型的步骤如下。

（1）双击 LM Studio 的快捷图标打开 LM Studio，初始界面如图 8-15 所示，单击右上角的"Skip onboarding"按钮跳过这个界面。

图 8-15　LM Studio 的初始界面

（2）弹出聊天界面，如图 8-16 所示。在界面中需要选择一个大模型实现聊天功能，因为是第一次安装 LM Studio，所以大模型为空。

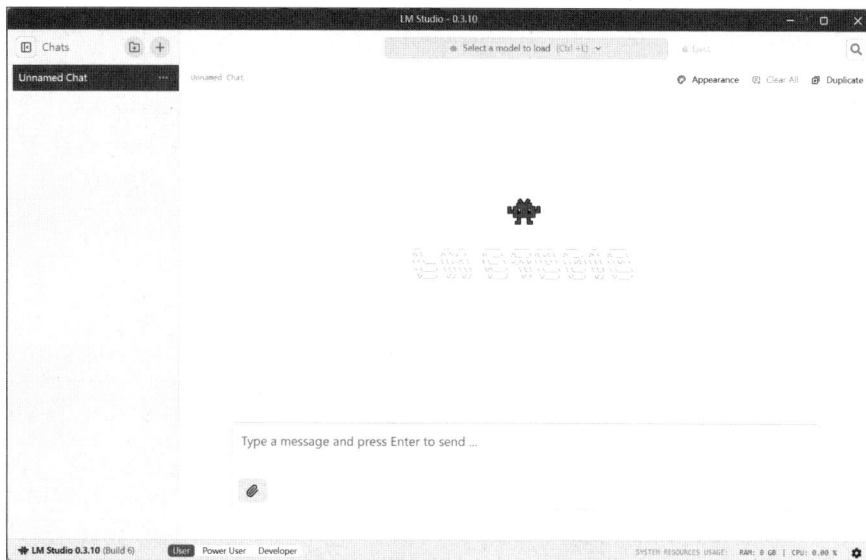

图 8-16　聊天界面

（3）单击顶部的模型搜索表单，在里面输入搜索关键字"DeepSeek"，然后单击下面的"Search more results for "DeepSeek""按钮，如图 8-17 所示。

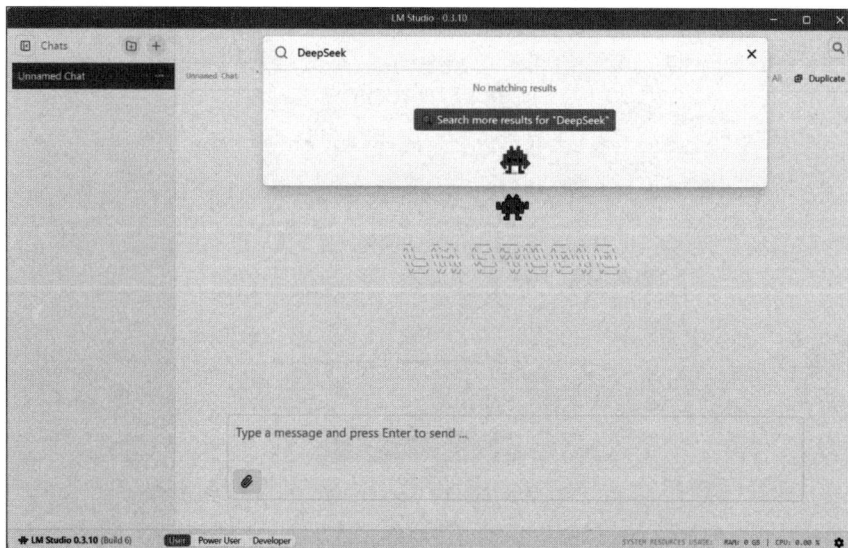

图 8-17　在模型搜索表单输入关键字"DeepSeek"

（4）弹出和"DeepSeek"关键字对应的大模型检索界面，如图 8-18 所示。选中一个模型，如 DeepSeek R1 Distill(Qwen 7B)，然后单击右下角的"Download 4.68GB"按钮开始下载。

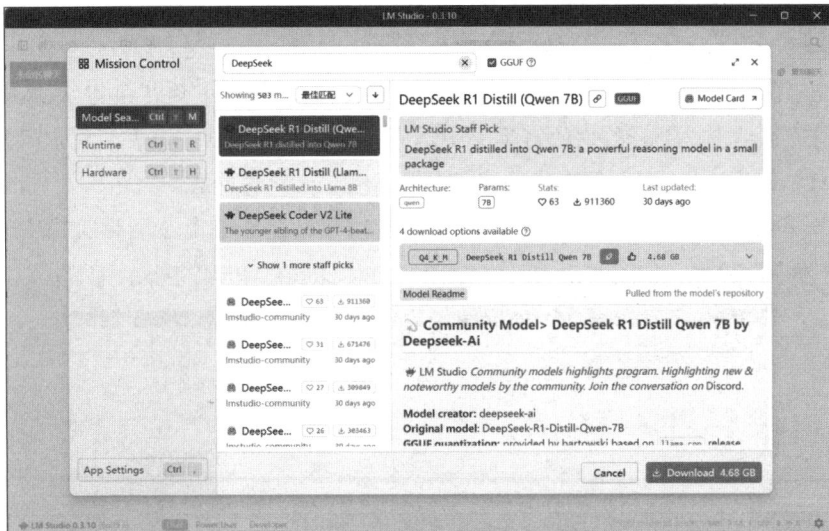

图 8-18　"DeepSeek"关键字对应的大模型检索界面

（5）当出现"下载完成"界面的时候，表示模型下载完成，如图 8-19 所示。单击"Load Model"按钮或按回车键即可加载刚下载的 DeepSeek R1 Distill(Qwen 7B) 模型。

（6）DeepSeek 模型的安装工作全部完成，可以在聊天界面内与 DeepSeek 交流，如图 8-20 所示。

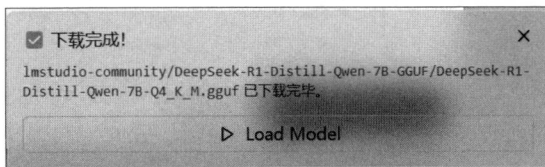

图 8-19　"下载完成"界面

图 8-20　聊天界面

8.2.3 / LM Studio API

LM Studio 的 API 提供了与 OpenAI 兼容的接口，这使得开发者可以无缝地将现有的 OpenAI 应用迁移到本地部署的大语言模型中。通过这种兼容模式，开发者可以继续使用熟悉的 OpenAI API 调用方式，而无须对代码进行大量修改。

（1）首先单击 LM Studio 底部的"Developer"按钮，然后单击左侧导航栏中的终端图标 🖵 来到"开发者"界面，如图 8-21 所示，展示了 LM Studio API 服务器的配置。

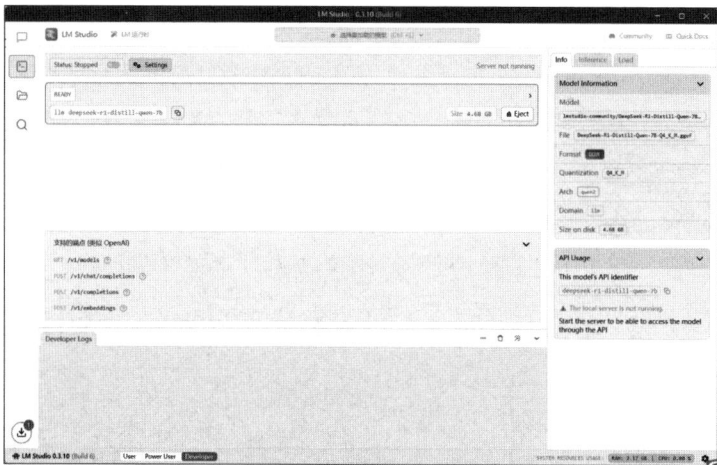

图 8-21   "开发者"界面

（2）在界面中单击"Settings"按钮，在弹出的界面中打开"在局域网内提供服务"选项，如图 8-22 所示。

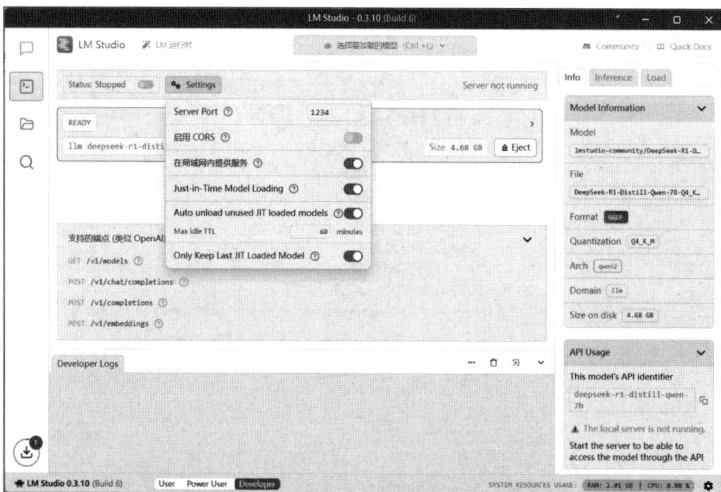

图 8-22   打开"在局域网内提供服务"选项

（3）打开"Settings"按钮左侧的"Status:Running"开关来打开 API 服务器，如图 8-23 所示。

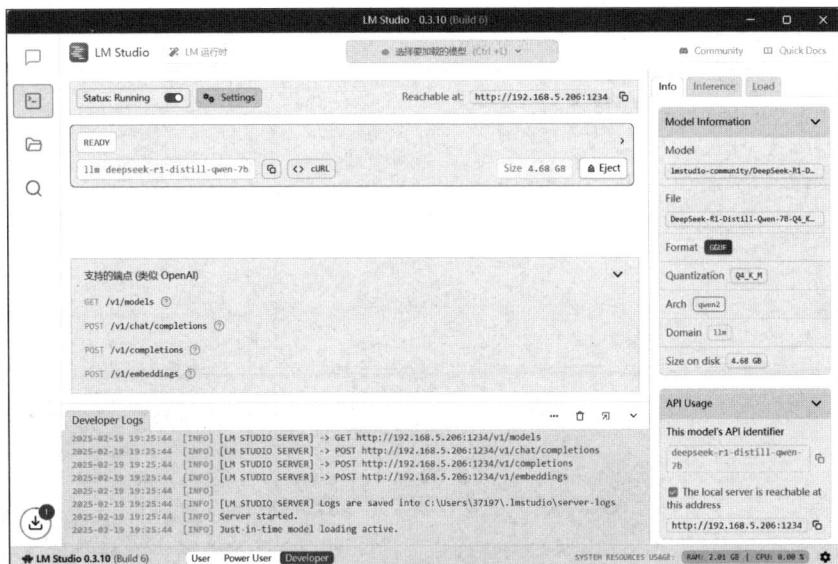

图 8-23　打开"Status:Running"开关

（4）此时打开计算机浏览器，在地址栏中输入"http://< 运行 LM Studio 设备的局域网 IP>:1234/v1/models"，如果出现图 8-24 所示的界面，则代表 API 服务器已成功运行。

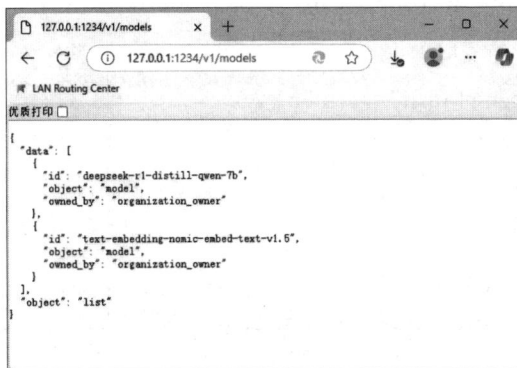

图 8-24　API 服务器成功运行的界面

8.2.4　使用 Dify 调用 LM Studio 模型

Dify 是一个 LLM 开发平台，支持接入不同的大模型，并通过流水线与自动化实现 LLM 之间协作，同时又能够将用户的流水线直接包装成 Web App 以供用户随时使用。在 Dify 中接入 LM Studio 模型的步骤如下。

（1）打开 Dify，单击左上角的"设置"项，在设置面板中选择左侧的"模型供应商"，在模型供应商面板中选择"OpenAI-API-compatible"，如图 8-25 所示。

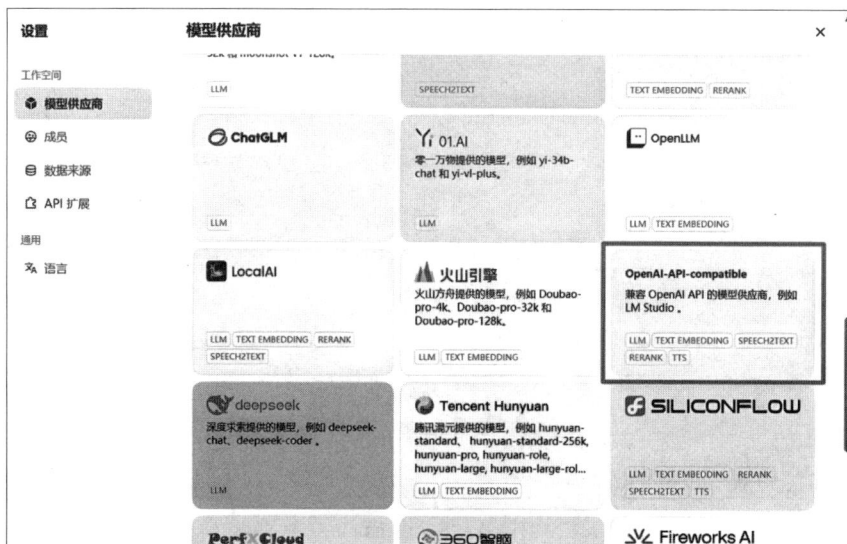

图 8-25　选择"OpenAI-API-compatible"

（2）在弹出的"模型配置参数页面"中设置模型配置参数，如图 8-26 所示。
在"模型配置参数页面"填入以下参数。

- 模型类型：LLM。
- 模型名称：deepseek-r1-distill-qwen-7b。
- API Key：＜留空不填＞。
- API endpoint URL：http://＜运行 LM Studio 设备的局域网 IP＞:1234/v1。
- Completion mode：对话。
- 模型上下文长度：4096（如果你在 LM Studio 中自定义了模型上下文长度，则此处的数字需一样）。
- 最大 token 上限：4096。

图 8-26　模型配置参数页面

- Function calling：不支持。
- Stream function calling：不支持。
- Vision 支持：不支持。
- 流模式返回结果的分隔符：\n\n。

（3）补全参数后单击"保存"按钮即可完成模型的新建，之后可以创建一个 Bot（机器人程序）进行测试，如图 8-27 所示。

图 8-27　Dify 调用 LM Studio 模型的聊天界面

8.3　Chatbox 本地部署

Chatbox 是一款开源免费的 AI 客户端工具，专为本地部署的 AI 模型（如 DeepSeek）设计，提供简洁美观的界面，让用户能够轻松与 AI 模型进行交互。

8.3.1　Chatbox 介绍

Chatbox 是一个开源的、用户友好的聊天机器人开发工具，旨在简化聊天机器人的创建、测试和部署过程。它支持 Windows、macOS 和 Linux 三大主流操作系统，以及 Web 和移动端，让用户能够在不同设备上轻松使用。Chatbox 的功能丰富多样，包括对话管理、多平台集成、插件系统、用户界面、数据分析等。另外，Chatbox 还具备强大的自然语言处理能力，能够理解用户复杂的语言表达，并给出准确、自然的回复。

在 DeepSeek 本地部署中，Chatbox 主要起到以下作用。

● 提供用户界面：Chatbox 为 DeepSeek 模型提供了一个直观、友好的用户界面，使得用户可以方便地与模型进行交互。用户可以通过 Chatbox 的可视化编辑器设计和调整对话流程，并在部署前进行实时测试。

- 简化部署流程：Chatbox 支持一键部署功能，使得用户可以轻松地将 DeepSeek 模型部署到本地环境。
- 增强模型功能：通过 Chatbox 的插件系统，用户可以扩展 DeepSeek 模型的功能，如添加新的自然语言处理模型、数据分析工具等。开发者还可以编写自定义插件以满足特定需求。
- 保护数据隐私：Chatbox 支持本地存储聊天记录，增强了数据的隐私性和安全性。用户可以放心地与 DeepSeek 模型进行交流，不用担心数据泄露给第三方。
- 支持多平台使用：Chatbox 的多平台支持特性使得用户可以在不同设备上使用 DeepSeek 模型，提高了使用的便利性和灵活性。

8.3.2 Chatbox+Ollama 的本地部署

在按照 8.1 节的方法使用 Ollama 下载 DeepSeek 模型后，使用 Chatbox 可视化部署 DeepSeek 的步骤如下。

（1）登录 Chatbox 官网下载安装包，例如，单击"免费下载（for Windows）"按钮下载 Windows 版本的安装包，如图 8-28 所示。

图 8-28　Chatbox 官网

（2）下载完成后得到一个".exe"格式的可安装文件，双击该文件开始安装。在弹出的"安装选项"界面中选中"仅为我安装（37197）"单选按钮，然后单击"下一步"按钮，如图 8-29 所示。

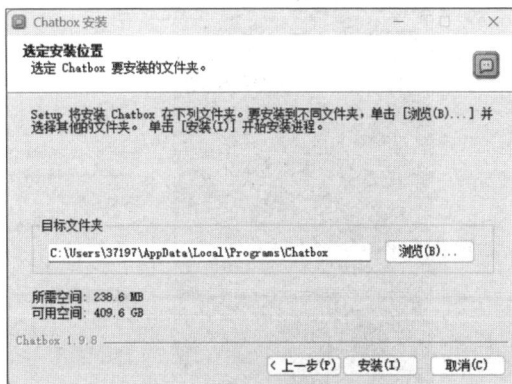

（3）在弹出的"选定安装位置"界面中设置安装位置，然后单击"安装"按钮，如图 8-30 所示。

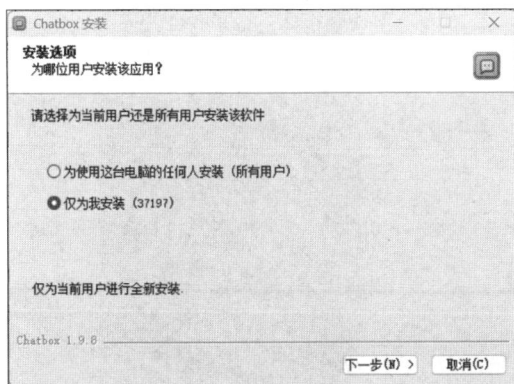

图 8-29　选中"仅为我安装（37197）"单选按钮　　　图 8-30　"选定安装位置"界面

（4）安装好之后自动运行 Chatbox，单击"使用自己的 API Key 或本地模型"按钮，配置刚刚部署的模型，如图 8-31 所示。

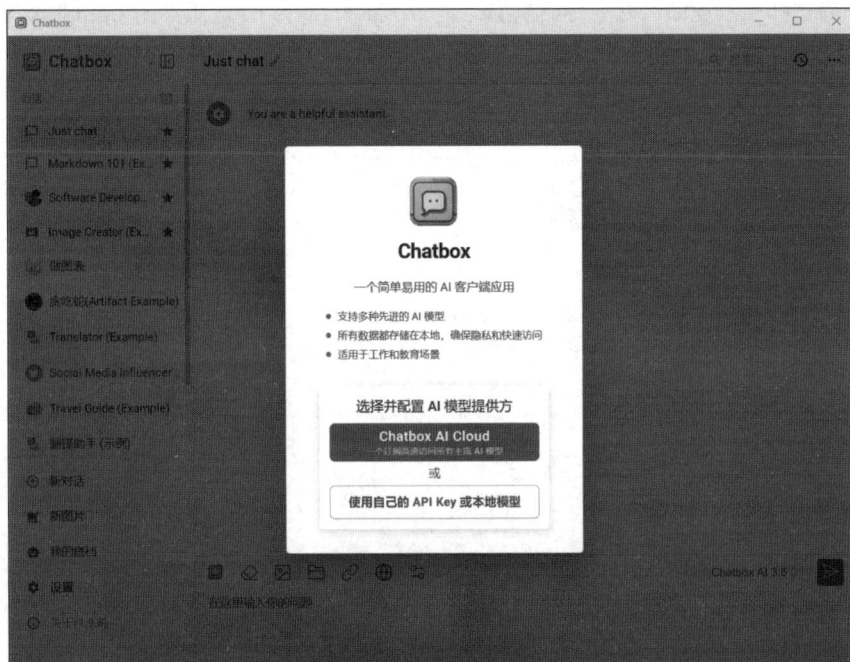

图 8-31　配置模型

（5）在弹出的"选择并配置 AI 模型提供方"界面中选择 Ollama API，如图 8-32 所示。

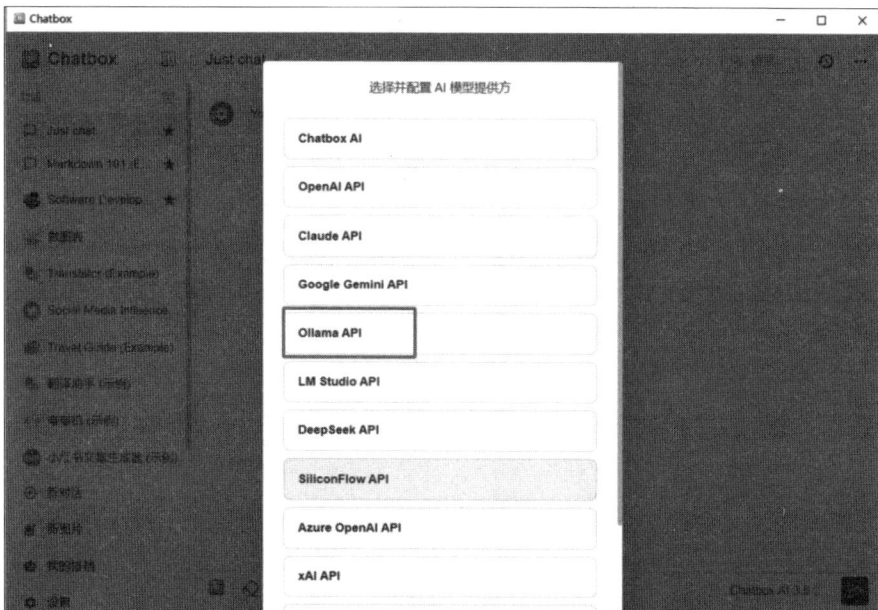

图 8-32　选择"Ollama API"

（6）然后选择在本地已经部署好的模型，例如，前面部署的 70b 版本的 DeepSeek 模型。当然也可以选择其他已经部署好的模型，例如，笔者还部署了 14b 版本的 DeepSeek 模型，如图 8-33 所示。

图 8-33　选择部署好的 DeepSeek 模型

这样就把 DeepSeek 模型部署到了本地，并且可以可视化使用 DeepSeek 进行对话，如图 8-34 所示。

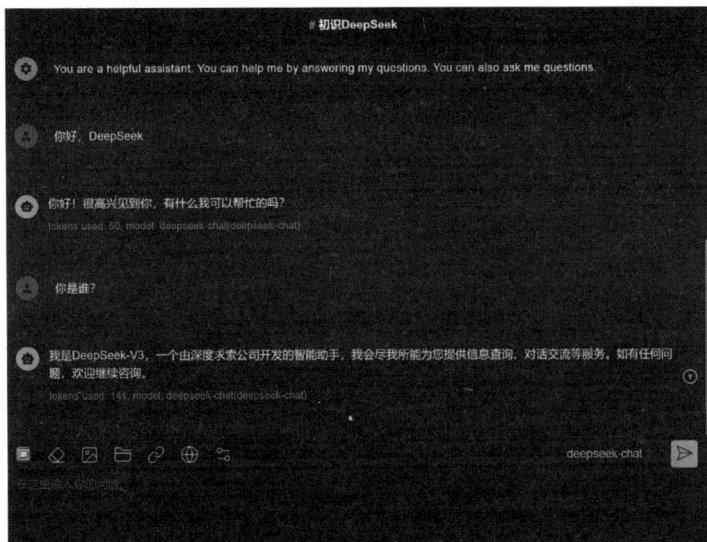

图 8-34　可视化使用 DeepSeek

8.4　基于 Ollama+Docker+Open WebUI 的本地部署

本节将详细讲解本地化部署 DeepSeek-R1 大语言模型的步骤，旨在帮助用户实现 AI 大模型的私有化部署工作。

8.4.1　Open WebUI 介绍

Open WebUI 是一个开源的、用于和大模型交互的用户界面（UI）框架，旨在帮助开发者、研究者和企业快速部署和访问各种 AI 应用。

1. 主要特点和功能

Open WebUI 的主要特点和功能如下。

- 开源与社区驱动：Open WebUI 是开源项目，开发者可以自由地修改、定制和贡献代码。它得到了社区的大力支持，提供了大量的文档和教程，方便开发者快速上手。
- 多模型支持：支持多种大模型，可以与各类流行的预训练模型进行集成。
- 易于定制的用户界面：提供了灵活的前端框架，开发者可以根据需求定制界面布局和设计风格，支持插件扩展功能，可以添加新的组件和交互方式，满足不同业务的需求。
- 简化部署与集成：该框架使大模型的部署变得更加简单，用户只需通过几行代码即可将模型嵌入 Web 应用中。此外，Open WebUI 支持与其他系统的集成，方便与现有的业务流程和数据流进行对接。

- 互动性强：提供丰富的互动功能，用户可以通过网页界面与模型进行实时对话。
- 支持本地与云部署：可以在本地环境或云服务器上运行，用户可以根据需求选择合适的部署方式。
- 安全与隐私控制：提供了详细的权限管理和数据安全配置，确保用户和组织可以对敏感数据进行保护。
- 灵活的 API 和集成能力：提供 API 接口，开发者可以通过这些接口访问大模型。

2. 应用场景

Open WebUI 的应用场景如下。

- 聊天机器人与客服自动化：可以轻松集成到企业的客户支持系统中，实现智能应答与自动化服务。
- 内容生成与编辑：自动化文章生成、图像创作、代码生成等。
- 数据可视化与分析：结合大模型对数据进行深度分析，并通过 Web 界面展示结果。

8.4.2 Docker 介绍

Docker 是一个开源的容器化平台，旨在自动化地部署、扩展和管理应用程序。

1. 核心概念

Docker 的核心是容器、镜像和仓库。容器是独立运行的应用程序单元，镜像是容器的静态模板，仓库是存储和分发镜像的地方。通过 Docker，开发者可以将应用程序及其依赖打包成一个镜像，然后在不同的环境中快速部署，确保应用程序在任何地方都能一致运行。

2. 工作原理

Docker 使用容器将应用程序与其依赖项隔离，从而使应用程序在独立环境中运行。容器基于镜像创建，并在其中运行应用程序。Docker 引擎在宿主机上运行，管理容器的生命周期。它为容器提供了虚拟的文件系统、网络接口和进程空间，使容器内的应用程序与宿主机环境隔离。

3. Docker 在 DeepSeek 模型部署中的作用

Docker 在 DeepSeek 模型部署中发挥着至关重要的作用，以下是一些具体的作用。

- 环境一致性：DeepSeek 模型的部署通常需要复杂的环境和依赖项。Docker 提供了一种简单的方法来打包和分发这些依赖项，确保模型在不同的环境中都能一致运行。例如，在部署 DeepSeek 模型时，可以将模型及其依赖项打包成一个 Docker 镜像，并在不同的服务器上运行相同的镜像，从而保证模型的运行环境一致。
- 资源隔离：Docker 容器提供了资源隔离的功能，可以确保 DeepSeek 模型在运行时不会与其他应用程序相互干扰。
- 可移植性：Docker 镜像可以在不同的环境中轻松移植，包括本地开发环境、测试环境和生产环境。这使得 DeepSeek 模型的部署变得更加灵活和便捷，可以快速地在不同的服务器或云平台上部署和运行。

- 简化部署：Docker 提供了简单易用的命令行工具和 API，使得 DeepSeek 模型的部署变得更加简单和高效。
- 动态管理：Docker 允许开发人员动态地管理容器资源，可以轻松地扩展或缩减模型的运行实例。例如，在高负载时，可以启动更多的 DeepSeek 模型容器来处理大量的请求；在低负载时，可以停止一些容器以节省资源。

8.4.3 使用 Docker 部署 Open WebUI

对于希望在本地进行 Open WebUI 开发的人员，可以按照以下步骤进行。

（1）安装 Docker：在本地计算机上安装 Docker。

（2）"拉取" Open WebUI 源代码：使用如下 Git 命令将 Open WebUI 的源代码从 Git 仓库拉取到本地计算机：

```
git clone
cd open-webui
```

（3）安装 Node.js：如果尚未安装 Node.js，需要先进行安装。

（4）配置 docker-compose.yml 文件：对文件 docker-compose.yml 进行一些调整，以支持本地代码挂载和开发模式，主要包括添加 volumes、修改服务的 command 以及端口配置等。

（5）启动开发环境：在配置好 docker-compose.yml 文件后，可以启动 Docker 容器并进入开发模式。使用命令构建镜像并启动容器，用 http://localhost:3000 来访问本地开发环境，如图 8-35 所示。

图 8-35 启动 Open WebUI 后的主界面

（6）初次使用 Open WebUI 时需要创建管理员账号，设置用户名、邮箱及密码，如图 8-36 所示。

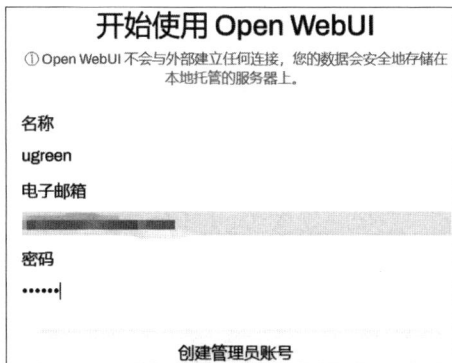

图 8-36　创建管理员账号

（7）在首次加载 Open WebUI 界面成功后，可以在管理员面板→设置→外部连接里将 OpenAI 的 API 选项关闭，如图 8-37 所示，再重新打开页面即可。

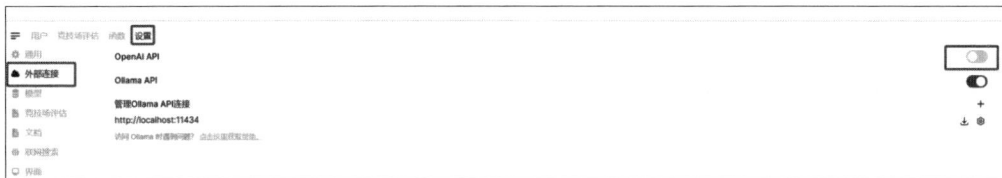

图 8-37　关闭 OpenAI 的 API 选项

（8）按照 8.1 节中的方法，通过 Ollama 下载 DeepSeek 模型，例如，可以使用 1.5b 版本的模型，复制旁边的拉取命令"ollama run deepseek-r1:1.5b"，如图 8-38 所示。

图 8-38　选择 1.5b 版本并复制旁边的拉取命令"ollama run deepseek-r1:1.5b"

（9）返回 Docker 应用，进入"容器"，选中 Open WebUI 容器，单击"终端"→"新增"按钮，打开"新增连接"界面新增一个连接，如图 8-39 所示。

图 8-39　新增一个连接

（10）在 Bash 终端粘贴拉取命令"ollama run deepseek-r1:1.5b"，等待模型下载完成，如图 8-40 所示。

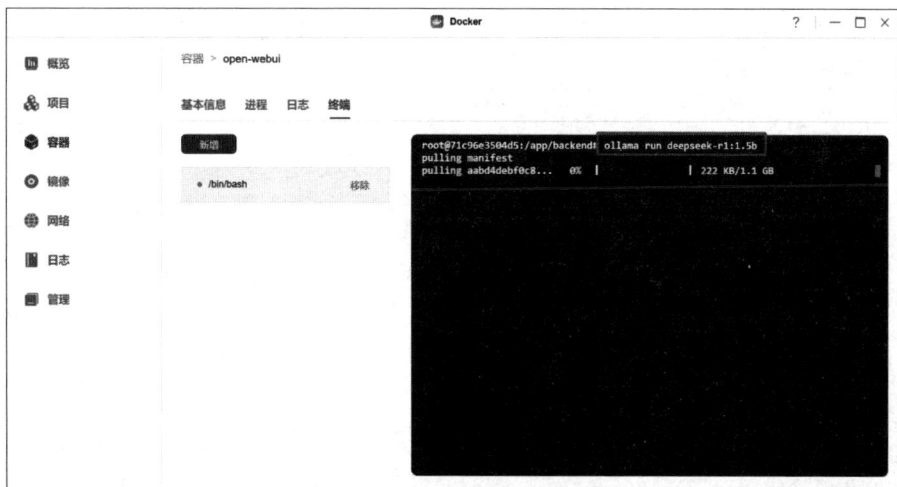

图 8-40　等待模型下载完成

（11）当界面显示"success"信息时说明模型下载完成，重启容器，然后登录 Open WebUI，确认模型是否已加载，如图 8-41 所示。

（12）在 Open WebUI 界面选中 DeepSeek 模型，然后就可以使用模型进行对话了，如图 8-42 所示。

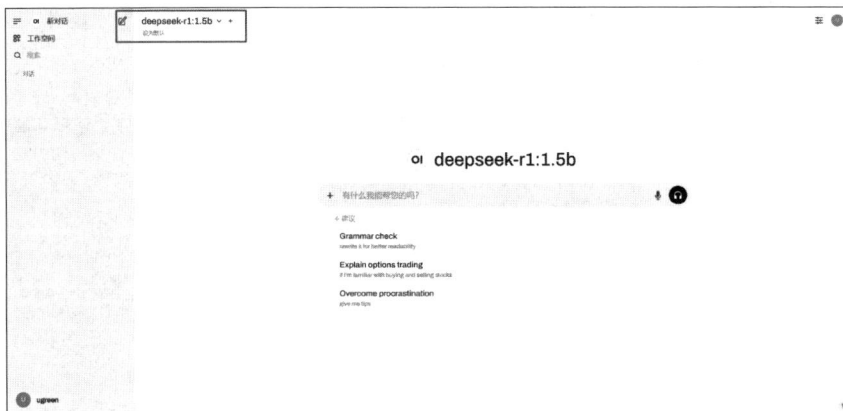

图 8-41　确认模型是否已加载

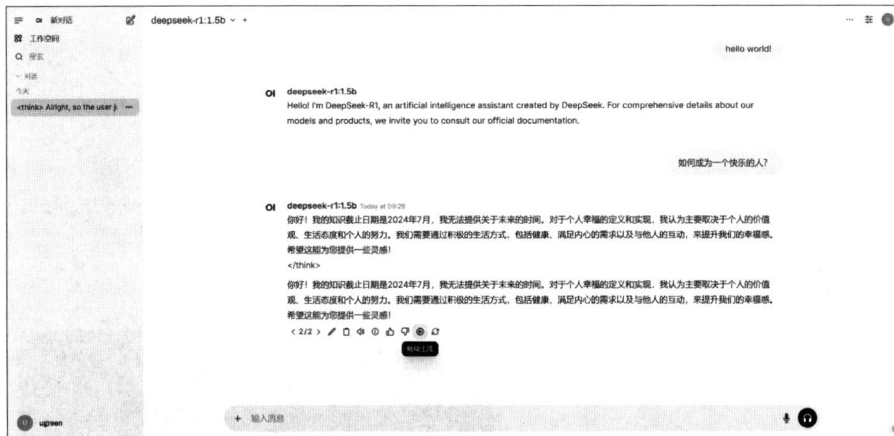

图 8-42　在 Open WebUI 界面中选中 DeepSeek 模型

第 **9** 章　DeepSeek 应用开发实战

DeepSeek API 应用开发是指，利用 DeepSeek 提供的 API 开发各种智能化的应用程序。通过简单的 API 调用，开发者可以快速搭建起具有高级 AI 能力的应用，极大地降低了开发门槛，提升了开发效率。

9.1　DeepSeek API 开发基础

DeepSeek 官网为开发者提供了 API，允许开发者将 DeepSeek 模型的功能集成到他们的应用程序中。

9.1.1　DeepSeek API 介绍

DeepSeek API 的主要功能如下所示。

（1）自然语言处理：包括如下功能。

- 文本生成和补全：DeepSeek API 具有高质量的文本生成和补全功能，能够根据输入的提示文本生成连贯、自然的回复。
- 代码生成和分析：除了文本生成和代码补全，DeepSeek API 还支持代码生成和分析，帮助开发者快速生成代码片段或进行代码审查。
- 数据分析和洞察：通过 DeepSeek API，开发者可以进行数据分析，获取有价值的洞察和信息。

（2）多模态处理：支持文本 / 代码生成、图片解析、技术文档翻译。

（3）跨语言分析：实时翻译与多语言文本处理，支持中文、英文等主流语言。

9.1.2　DeepSeek API 基本教程

DeepSeek 官网为开发者提供了完整的学习教程，读者可以按照以下步骤获取 DeepSeek API 的开发教程。

（1）登录 DeepSeek 官网首页，如图 9-1 所示。单击右上角的"API 开放平台"链接即可打开 DeepSeek API 主页面。

图 9-1　DeepSeek 官网首页

（2）DeepSeek API 主页面默认显示"用量信息"，展示了调用 DeepSeek 模型的价格信息，如图 9-2 所示。

图 9-2　用量信息

（3）在使用 DeepSeek API 之前需要先获得 API key（应用程序接口密钥），API key 是用于身份验证和授权的唯一标识符，通常由一串字符组成。单击 DeepSeek API 主页面左侧导航栏中的"API keys"链接打开"API keys"页面，单击"创建 API key"按钮，弹出"创建 API key"表单页面，如图 9-3 所示。

图 9-3　"创建 API key"表单页面

（4）在表单中输入 API key 的名称，然后单击"创建"按钮完成创建工作。此时在"API keys"页面会显示新创建的 API key，如图 9-4 所示。切记，一定不要泄露自己的 API key，避免被别人盗用。

图 9-4　新创建的 API key

（5）单击 DeepSeek API 主页面左侧导航栏中的"接口文档"链接打开"DeepSeek API 文档"页面，通过这个页面可以找到官方为开发者提供的使用 DeepSeek API 的教程，如图 9-5 所示。

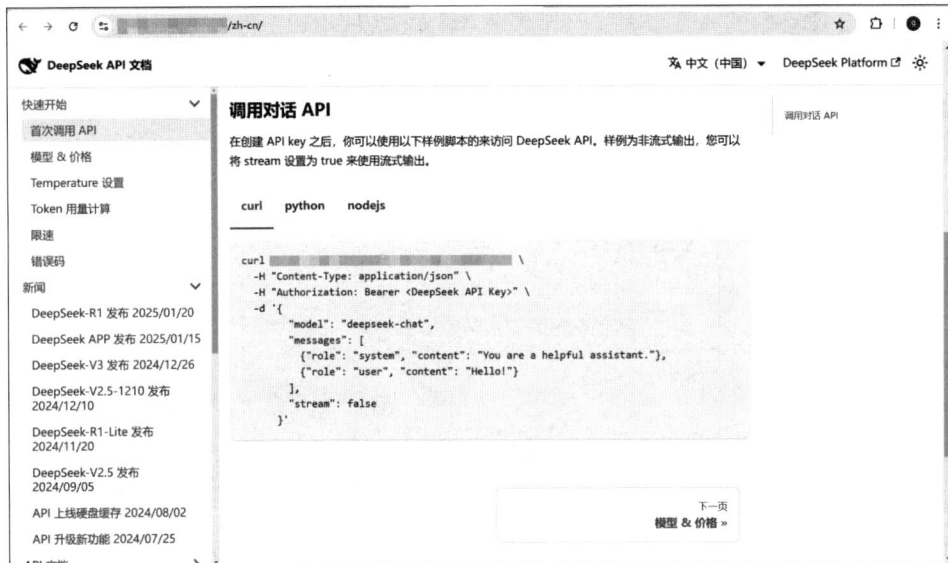

图 9-5　"DeepSeek API 文档"页面

9.1.3　基于 DeepSeek API 的对话程序

DeepSeek API 的官方教程中提供了调用对话 API 的方法，并且分别给出了 curl、python 和 nodejs 版本的示例代码，如图 9-6 所示。

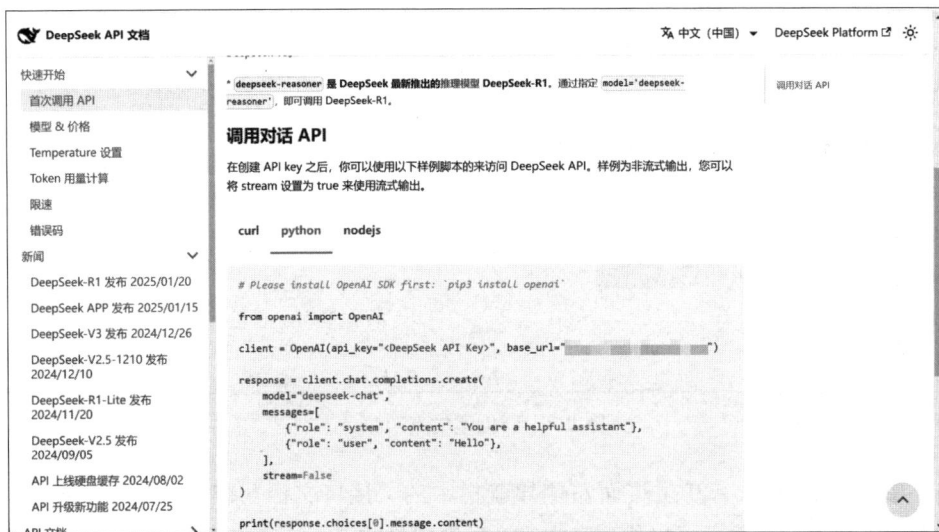

图 9-6　调用对话 API

在下面的代码中，演示了使用 DeepSeek API 调用 DeepSeek 模型实现对话的方法。

实例 9-1：基于 DeepSeek API 的对话程序（源码路径：codes\9\Deep01.py）

实例文件 Deep01.py 的具体实现代码如下所示。

```python
from openai import OpenAI
import time

def deepseek_chat(api_key, message):
    client = OpenAI(api_key=api_key, base_url="                    ")
    response = client.chat.completions.create(
        model="deepseek-chat",
        messages=[
            {"role": "system", "content": "你是一个全能助手，能够准确解答用户的问题"},
            {"role": "user", "content": message},
        ],
        stream=False
    )
    print(response.choices[0].message.content)


if __name__ == "__main__":
    api_key = "sk-XXX"

    message = "请介绍一下 DeepSeek 大模型，谢谢"
    strat = time.time()
    deepseek_chat(api_key, message)
    end = time.time()

    print(f"deepseek_chat 此次调用花费时间为 {(end - strat):.4f} 秒")
```

上述代码的实现流程如下。

（1）初始化 API 客户端：通过 OpenAI 类初始化了一个客户端实例，用于与 DeepSeek 的在线 API 进行交互。在初始化时，需要提供 API 密钥（api_key）和 API 的基础地址（base_url）。这一步是与 DeepSeek 服务建立连接的关键。

（2）构造对话请求：构造一个对话请求，包括系统角色（system）和用户角色（user）的消息。系统角色的消息用于定义模型的行为和角色，而用户角色的消息则是用户输入的具体问题或指令。

（3）发送请求并获取响应：通过调用 chat.completions.create() 方法，将构造好的对话请求发送给 DeepSeek 模型。模型会根据输入的消息生成回复，并将回复返回给客户端。

（4）输出模型的回复：从响应对象中提取模型生成的回复内容，并将其打印出来。这样，用户就可以看到模型的回复。

（5）记录调用时间：为了评估 API 调用的性能，在调用前后分别记录了时间戳，并计算了调用所花费的时间。最后，将调用时间打印出来，以便用户了解 API 的响应速度。

（6）主程序入口：通过 if __name__ == "__main__": 定义了主程序入口。在主程序中，设置了 API 密钥和用户输入的消息，然后调用了 deepseek_chat 函数来执行上述流程。执行后会输出 DeepSeek 模型的回复内容：

```
杭州深度求索人工智能基础技术研究有限公司（简称 " 深度求索 " 或 "DeepSeek"）成立于 2023 年，是一家
专注于实现 AGI 的中国公司。
deepseek_chat 此次调用花费时间为 6.3697 秒
```

9.2　DeepSeek 的基本接入实战

DeepSeek 接入是指将 DeepSeek 提供的应用程序接口（API）集成到开发者自己的应用程序、系统或服务中的过程。通过 DeepSeek API，开发者可以利用 DeepSeek 模型的强大自然语言处理能力，为自己的应用添加诸如智能对话、文本生成、代码生成等功能。

9.2.1　DeepSeek 接入 Chatbox

按照 8.3 节介绍的方法下载并安装 Chatbox 后，按照如下步骤通过 DeepSeek API 将 DeepSeek 接入对话服务。

（1）打开 Chatbox，单击"使用自己的 API Key 或本地模型"按钮，如图 9-7 所示。

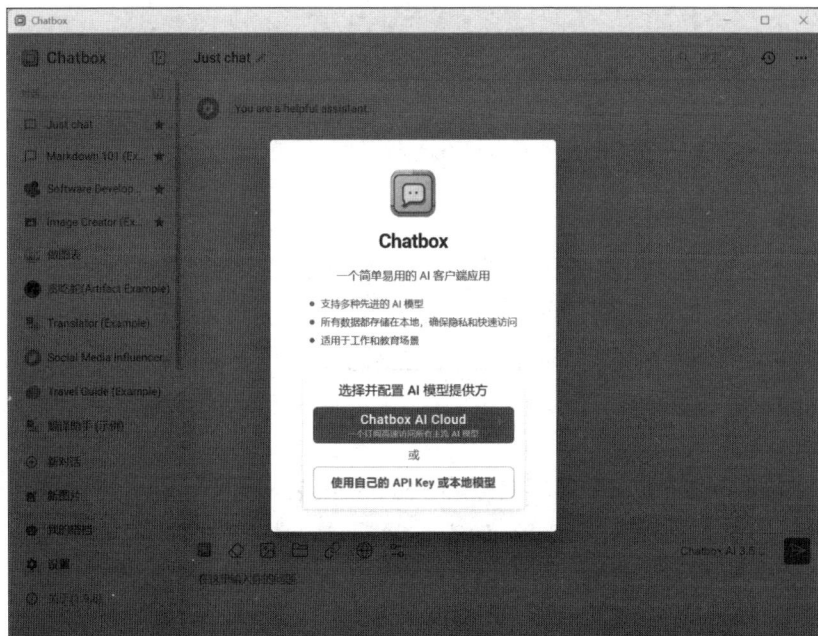

图 9-7　单击"使用自己的 API Key 或本地模型"按钮

（2）在弹出的"选择并配置 AI 模型提供方"界面中选择"DeepSeek API"选项，如图 9-8 所示。

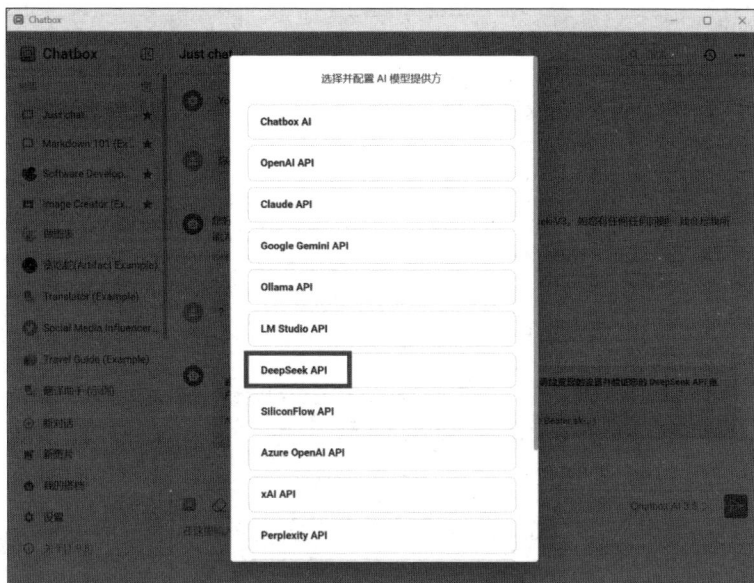

图 9-8　选择"DeepSeek API"选项

（3）弹出"设置"界面，在"API 密钥"输入框中输入自己的 API Key，如图 9-9 所示。

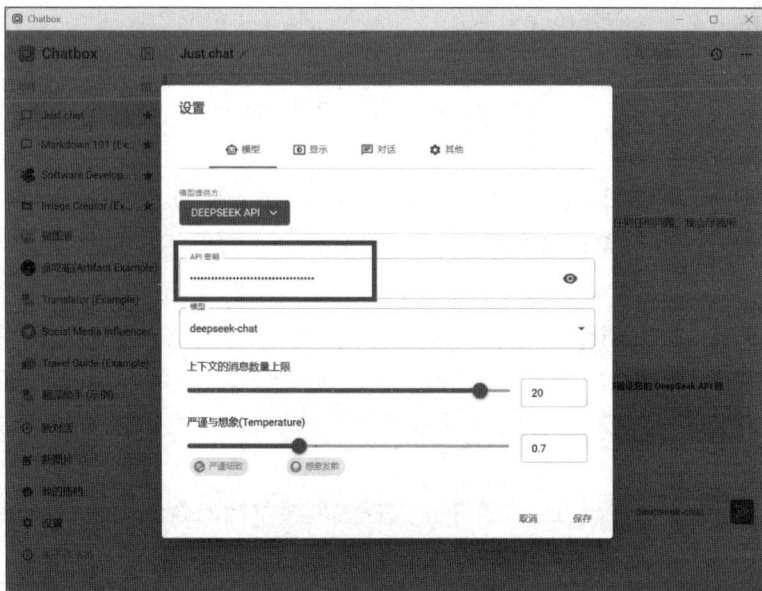

图 9-9　输入自己的 API Key

（4）单击"保存"按钮完成设置工作，此时可以使用 Chatbox 调用 DeepSeek 实现聊天功能，如图 9-10 所示。

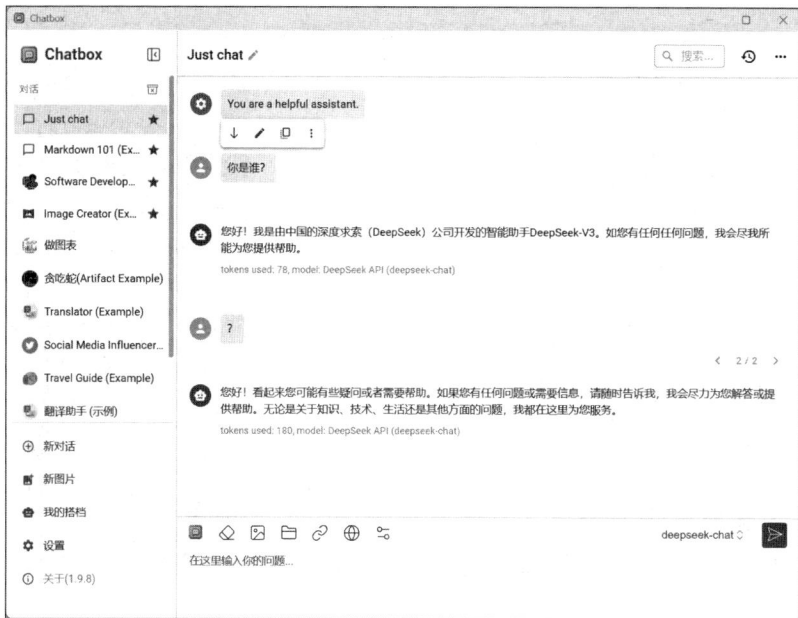

图 9-10　Chatbox 调用 DeepSeek 聊天界面

9.2.2　DeepSeek 接入 NextChat

NextChat 是一个开源项目，旨在帮助用户轻松将 ChatGPT 等 AI 模型集成到 Web 应用中。NextChat 的主要功能如下。

- AI 集成：NextChat 的核心亮点在于通过 OpenAI 密钥集成 ChatGPT 模型。它内置了多种场景提示，用户用它能够进行创意和文案的写作，甚至进行图像搜索等操作。
- 跨平台支持：NextChat 支持多种平台部署，包括 Web、Linux、Windows 和 macOS。
- 一键部署：借助 Vercel 等平台，NextChat 实现了快速部署，极大地简化了用户的设置流程。
- 多模型接入：NextChat 支持多种大模型接入，用户可以根据自己的需求选择最适合的大模型。
- 个性化智能体：NextChat 允许用户选择或创建不同的 AI 智能体，以满足特定对话需求。
- Markdown 支持：NextChat 提供完整的 Markdown 编辑功能。

- 隐私安全：所有数据保存在用户浏览器本地，以确保隐私安全。
- 预制角色功能：NextChat 提供预制角色功能（面具），方便用户创建、分享和调试个性化对话。
- 内置 Prompt（提示词）列表：NextChat 内置了大量中文和英文的 Prompt 列表，方便用户使用。
- 自动压缩上下文聊天记录：NextChat 自动压缩上下文聊天记录，在节省 token 的同时支持超长对话。
- 多种语言支持：NextChat 支持多种语言，包括中文英文、日文等。

在实际应用中，有如下几种使用 NextChat 的方法。

1. 运行本地源码

运行本地源码的步骤如下。

（1）前往 NextChat 的 GitHub 项目页面，根据说明复制或下载源代码到本地。

（2）确保计算机上安装了必要的开发环境，如 Node.js。

（3）在 NextChat 源代码根目录中打开命令行或终端，并运行以下两个命令来安装项目所需的依赖：

```
npm install
```

或

```
yarn install
```

（4）获取所需 DeepSeek 模型的 API 密钥，并在 NextChat 的配置文件中填写密钥和模型信息。

（5）在命令行或终端运行以下命令启动 NextChat 的本地开发服务器：

```
npm run dev
```

访问指定的本地地址（通常为 http://localhost:3000）以查看 NextChat 界面。

2. 本地安装 NextChat

本地安装 NextChat 的步骤如下。

（1）前往 NextChat 的 GitHub 项目页面，根据自己的计算机系统下载对应的安装文件，如图 9-11 所示。

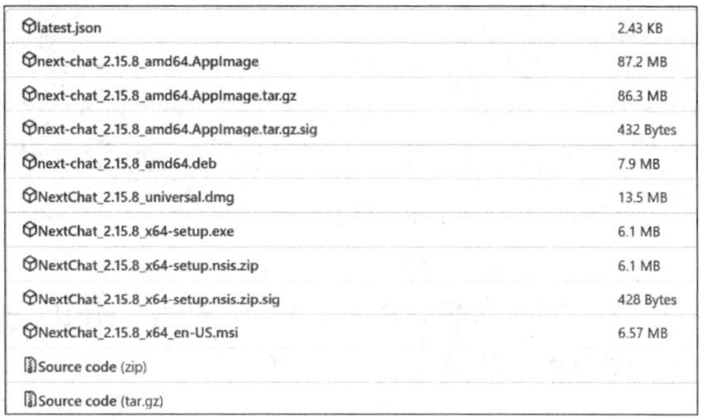

（2）笔者下载的是 Windows 系统的安装文件。下载完成后，双击 ".exe" 格式的安装文件开始安装，弹出 "Welcome to NextChat Setup" 界面，如图 9-12 所示。

（3）单击 "Next" 按钮后弹出 "Choose

latest.json	2.43 KB
next-chat_2.15.8_amd64.AppImage	87.2 MB
next-chat_2.15.8_amd64.AppImage.tar.gz	86.3 MB
next-chat_2.15.8_amd64.AppImage.tar.gz.sig	432 Bytes
next-chat_2.15.8_amd64.deb	7.9 MB
NextChat_2.15.8_universal.dmg	13.5 MB
NextChat_2.15.8_x64-setup.exe	6.1 MB
NextChat_2.15.8_x64-setup.nsis.zip	6.1 MB
NextChat_2.15.8_x64-setup.nsis.zip.sig	428 Bytes
NextChat_2.15.8_x64_en-US.msi	6.57 MB
Source code (zip)	
Source code (tar.gz)	

图 9-11　NextChat 的安装文件

Install Location"界面，设置安装的目标文件夹，如图 9-13 所示。

图 9-12 "Welcome to NextChat Setup"界面

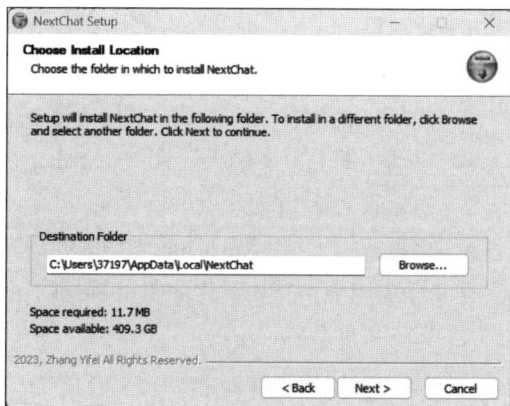

图 9-13 "Choose Install Location"界面

（4）单击"Next"按钮后弹出"Choose Start Menu Folder"界面，选择开始菜单文件夹，如图 9-14 所示。

（5）单击"Install"按钮后弹出"Installation Complete"界面，进度条展示安装进度，如图 9-15 所示。

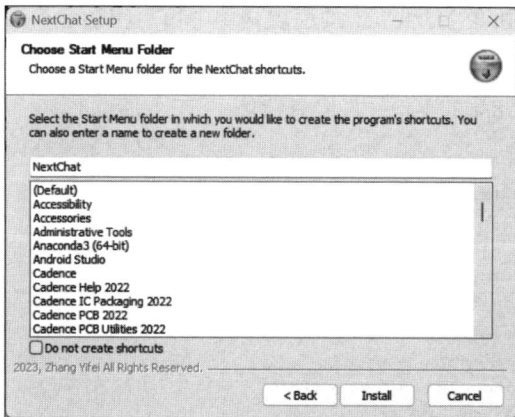

图 9-14 "Choose Start Menu Folder"界面

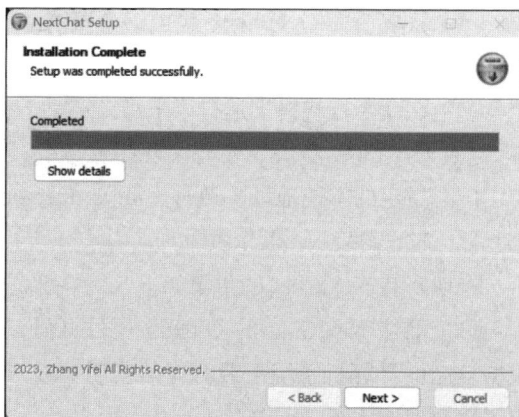

图 9-15 "Installation Complete"界面

（6）完成安装后单击"Next"按钮，弹出"Completing NextChat Setup"界面，单击"Finish"按钮完成整个安装工作，如图 9-16 所示。

（7）启动 NextChat，初始界面是一个聊天界面，单击左下角的 ⚙ 按钮，如图 9-17 所示。

图 9-16　"Completing NextChat Setup"界面

图 9-17　单击左下角的◉按钮

（8）在弹出的"设置"界面中设置"模型服务商""接口地址""API Key""自定义模型名"和"模型"，例如，使用 deepseek-coder 模型进行对话，如图 9-18 所示。

图 9-18　"设置"界面

（9）设置完成后即可调用 DeepSeek 进行对话了，如图 9-19 所示。

图 9-19　调用 DeepSeek 进行对话

9.3　DeepSeek 接入社交媒体工具

本节将介绍如何将基于 DeepSeek 的智能聊天机器人接入微信和 QQ 这两个主流社交媒体平台，实现更智能、更高效的社交互动。

9.3.1　基于 DeepSeek 的微信聊天机器人

茴香豆（HuixiangDou）是一个基于大语言模型的专业知识助手，旨在群聊场景中为用户提供技术支持。茴香豆通过设计三阶段处理流程（预处理、拒绝和响应），在群聊场景中回答用户问题，避免消息泛滥。

1. 主要特点

茴香豆的主要特点如下。

- 多平台支持：提供完整的 Web、Android 和管道源代码，支持工业级和商业级应用。
- 多种集成方式：支持微信、飞书、HTTP 服务器等多种集成方式。

2. 核心功能

茴香豆的核心功能如下。

- 支持群聊场景：茴香豆的 chat_in_group 功能专门针对群聊场景设计，能够在不泛滥消息的情况下回答用户的问题。
- 支持实时流式聊天：chat_with_repo 功能支持实时流式聊天。

- 支持知识库管理：用户可以用其创建知识库，开启网络搜索，测试聊天，并将其集成到飞书和微信中。

- 支持多模态：支持图像和文本检索。

3. 使用茴香豆接入 DeepSeek

使用茴香豆接入 DeepSeek 的步骤如下。

（1）确保 Android 设备已安装微信，然后安装 Android 版的茴香豆。

（2）从 GitHub 网站（如图 9-20 所示）获取茴香豆的源代码，也可以通过下面的命令从 GitHub 网站中复制茴香豆的源代码。

```
git clone "茴香豆在 GitHub 上的网址"
cd HuixiangDou
```

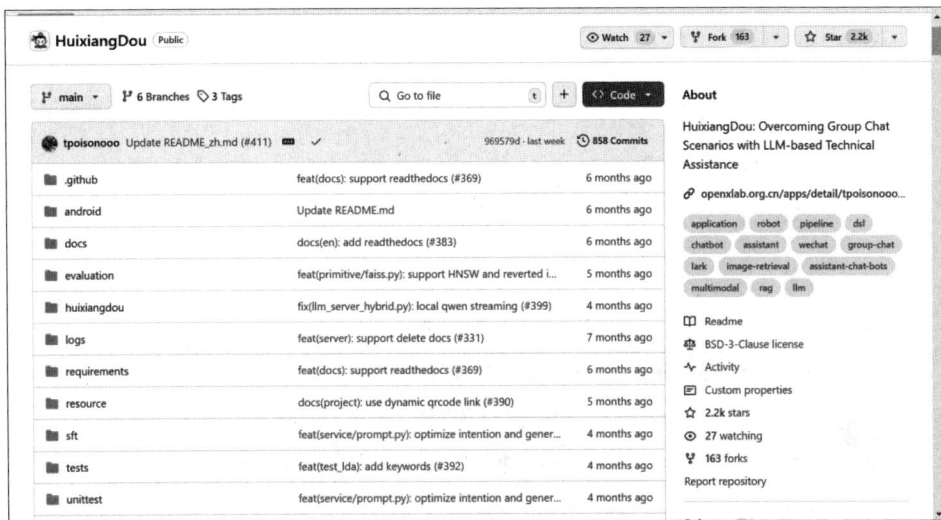

图 9-20　茴香豆的源代码

（3）在茴香豆的源代码中打开配置文件 config.ini，在 config.ini 中分别设置用到的模型参数 remote_type（模型名称）和 API key，例如，将"remote_type"参数设置为"deepseek"，将"remote_api_key"参数设置为自己的 DeepSeek API key。代码如下所示。

```
# config.ini
[llm]
enable_local = 0
enable_remote = 1
..
[llm.server]
..
remote_type = "deepseek"
remote_api_key = "YOUR-API-KEY"
```

```
remote_llm_max_text_length = 16000
remote_llm_model = "deepseek-chat"
```

（4）运行下面的命令启动服务：

```
python3 -m huixiangdou.main --standalone
```

4．微信集成

微信集成的步骤如下。

（1）打开 OpenXLab 中茴香豆的 Web 客户端，创建自己的知识库，其登录界面如图 9-21 所示。

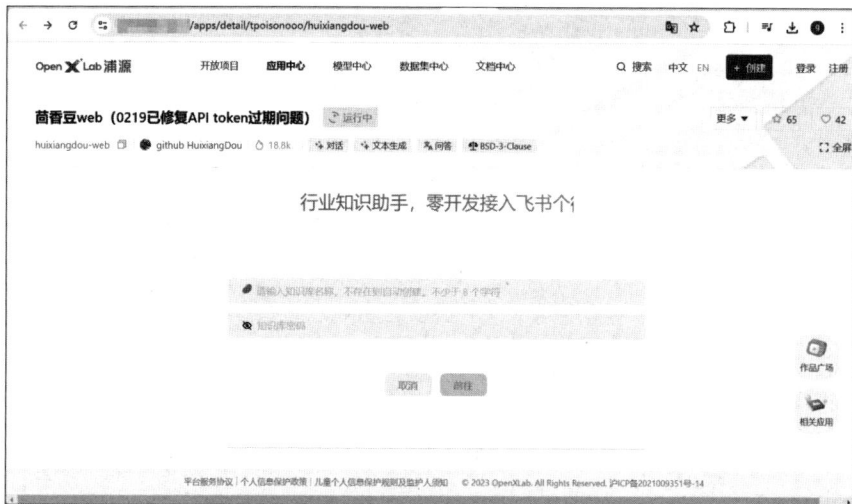

图 9-21　茴香豆的 Web 客户端登录界面

（2）分别输入用户名和密码登录系统，登录成功后的界面如图 9-22 所示。

图 9-22　登录成功后的界面

（3）单击"零开发集成微信"下面的"查看教程"按钮后弹出"集成微信"对话框，然后复制里面的微信回调地址，如图 9-23 所示。

（4）从 GitHub 网站上下载编译好的 apk 安装包文件（huixiangdou-0.1.0.apk），并在 Android 设备中安装，如图 9-24 所示。

图 9-23　"集成微信"对话框

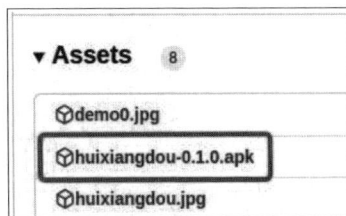

图 9-24　apk 安装包文件

（5）安装成功后，在 Android 设备中打开茴香豆 Android 助手，在文本框中填入前面刚刚复制的微信回调地址，如图 9-25 所示。

（6）进入微信聊天界面，用户就能体验基于 DeepSeek 的智能聊天机器人，如图 9-26 所示。

图 9-25　填入前面复制的微信回调地址

图 9-26　基于 DeepSeek 的智能聊天机器人

9.3.2　基于 DeepSeek 的 QQ 机器人

LangBot 是一个开源的即时聊天机器人平台，支持多平台和多种大语言模型。它具备多模态交互能力，支持文本、语音、图片等多种输入输出形式，能够进行多轮对话。

1. 主要特点

LangBot 的主要特点如下。

- 多平台支持：无缝集成到多种主流即时通信平台，如 QQ、微信、飞书等。
- 多模态交互：支持文本、语音、图片等多种输入输出形式，能处理复杂的交互任务，如图片识别和语音识别，为用户提供更丰富的互动体验。
- 多模型适配：支持接入多种主流的大语言模型，如 ChatGPT、DeepSeek 等。
- 高稳定性：内置访问控制、限速和敏感词过滤等机制，以确保机器人稳定运行，避免不当内容的输出。
- 插件扩展：支持强大的插件系统，用户可以根据业务需求定制功能模块，拓展机器人的功能。
- Web 管理面板直观：提供直观的 Web 管理面板，方便用户配置和管理机器人，无须频繁编辑配置文件，即可快速调试和优化机器人。

2. 安装 NapCat

安装 NapCat 的步骤如下。

（1）准备一个 QQ 账号作为聊天机器人，建议使用 QQ "小号"作为机器人，用 QQ "大号"调试机器人。

（2）登录 NapCat 的 Release 界面，下载 Windows 版本的 NapCat，单击 "Win64 无头"链接下载免安装版，如图 9-27 所示。

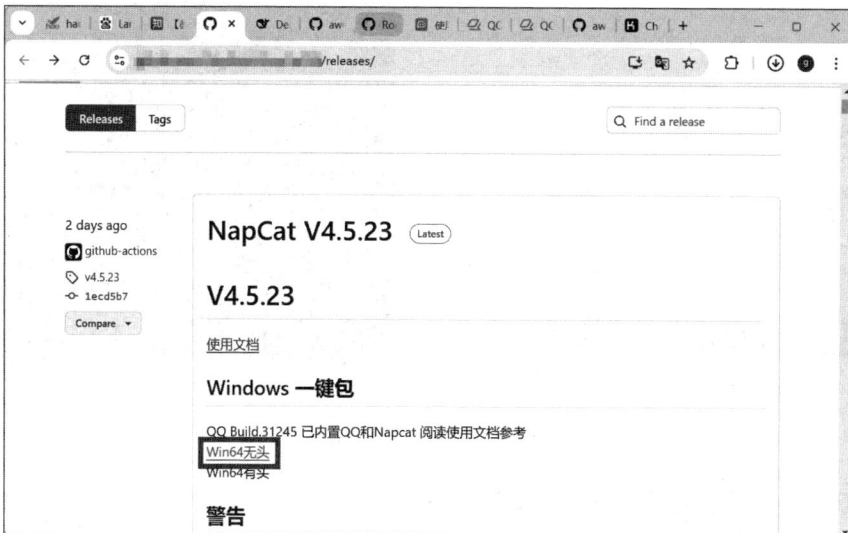

图 9-27　单击 "Win64 无头"链接

（3）下载完成后得到压缩文件 NapCat.Shell.zip，解压缩后的内容如图 9-28 所示。

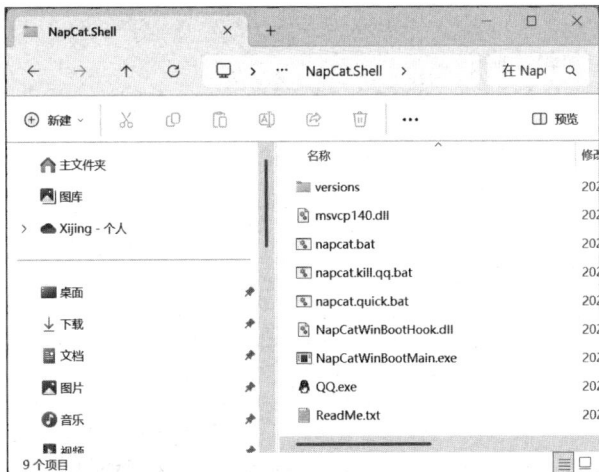

图 9-28 解压缩文件 NapCat.Shell.zip 后的内容

（4）用记事本打开文件 napcat.quick.bat，然后将 .\NapCatWinBootMain.exe 后面的数字改成聊天机器人的 QQ 号。

（5）运行文件 napcat.quick.bat，如果之前在计算机上登录过这个 QQ 号，那么运行后会自动登录 QQ；如果登录失败，则需要用手机 QQ 扫描二维码登录，如图 9-29 所示。

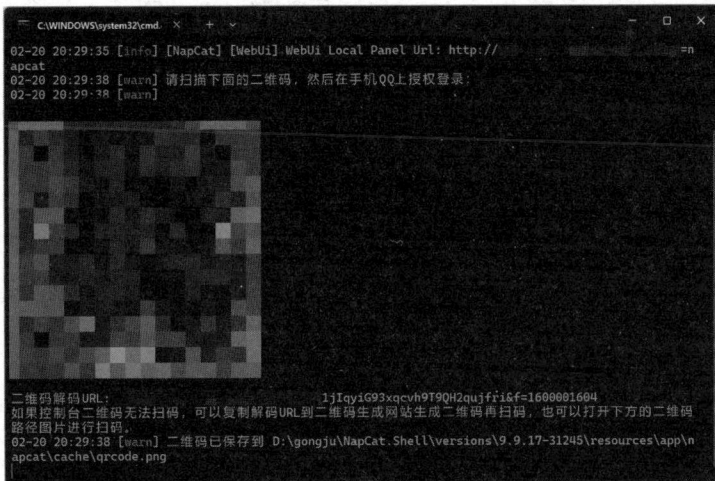

图 9-29 扫描二维码登录 QQ

（6）复制图中的网址 http://127.0.0.1:6099/webui?token=napcat，将复制的网址粘贴到浏览器地址栏中，打开 WebUI 界面，这是一个基于网页的用户管理界面，用于管理和配置 NapCat 的各种功能，如图 9-30 所示。

图 9-30　WebUI 用户管理界面

3. 安装 LangBot

安装 LangBot 的步骤如下。

（1）在 GitHub 中下载 LangBot 的安装文件，安装文件名类似于 langbot-xxx-all.zip（请勿下载 Source Code，因为其中不包含 WebUI），如图 9-31 所示。

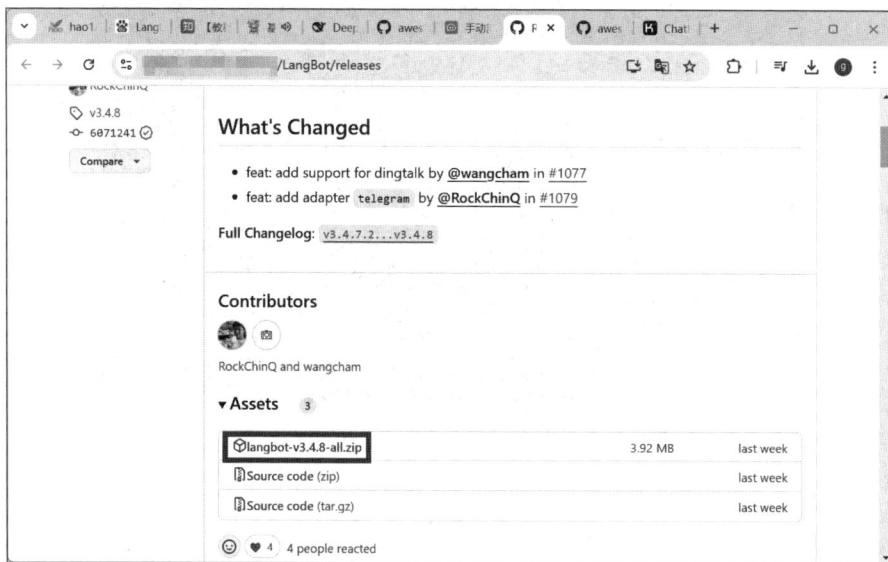

图 9-31　下载安装文件

（2）下载完成后，解压文件得到全部的 LangBot 程序文件，如图 9-32 所示。

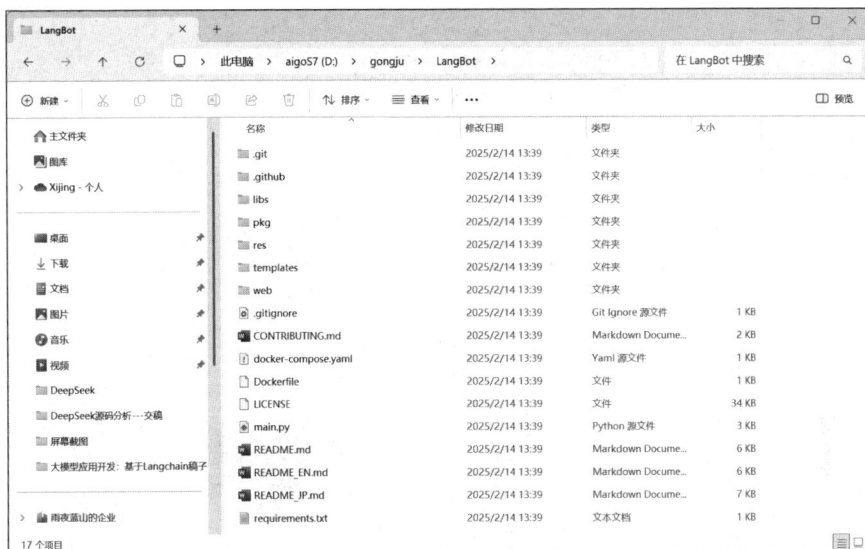

图 9-32　LangBot 程序文件

（3）使用 cd 命令来到 LangBot 程序的根目录，通过如下命令安装依赖库：

```
pip install -r requirements.txt
```

（4）打开文件 provider.json，在 keys 属性下找到 "deepseek"，然后填入自己的 DeepSeek API key；在 "model" 属性下把名称改为 "deepseek-chat"。

（5）打开文件 platform.json，在 platform-adapters 属性下找到 "adapter": "aiocqhttp" 部分，然后把 enable 设置为 true，记住 host 和端口号，并设置 access-token。

（6）打开文件 system.json，在 admin-sessions 中增加 "person_ 你的 QQ 号"，从而设置机器人的管理员。

（7）打开文件 pipeline.json，推荐把 access-control-mode 设置为 whitelist（白名单模式），然后在 whitelist 处增加想要让机器人对话的群聊 QQ 和个人 QQ 账号。群聊 QQ 的格式为 "group_QQ 群号"。个人 QQ 账号的格式为 "person_QQ 号"。

（8）通过如下命令运行 LangBot：

```
python main.py
```

4. 配置 QQ 聊天机器人

配置 QQ 聊天机器人的步骤如下。

（1）返回 NapCat 的 WebUI 界面，依次选择 "网络配置" → "新建" → "Websocket 客户端"，如图 9-33 所示。

图 9-33　网络配置

（2）在弹出的"Websocket Client"界面中设置配置信息，名称为 Langbot，URL 和 Token 要与 LangBot 设置的 host、端口号及 access-token 保持一致。例如，host 为 127.0.0.1（或 0.0.0.0），端口号为 6099，那么填写的 URL 就应该为 ws://127.0.0.1:6099/ws，如图 9-34 所示。

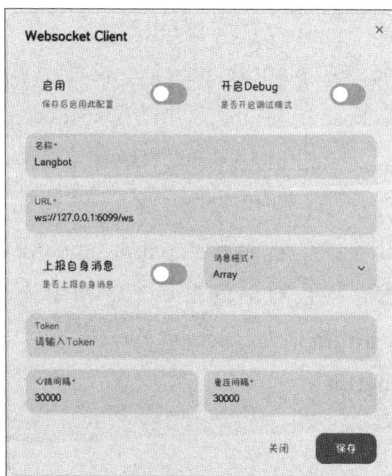

图 9-34　"Websocket Client"界面

（3）单击"保存"按钮创建成功，启动客户端后就可以使用基于 DeepSeek 的 QQ 机器人了。

9.4　将 DeepSeek 接入 Office

Office 用户面临着海量数据处理和高效办公的双重挑战。DeepSeek 强大的文本理解和生成能力，能为 Office 应用（如 Word 文档撰写、Excel 数据分析等）提供有力支持。DeepSeek 可以帮助用户快速生成高质量的文本内容、精准解读复杂数据背后的含义，还能输出更具创新性的演示方案，极大地提升办公效率，满足用户在数字化办公场景下对智能化辅助工具的迫切需求，使 Office 软件的功能得到进一步拓展。

9.4.1　OfficeAI 介绍

OfficeAI 是一款免费的 AI 办公软件，专为 Microsoft Office 和 WPS 用户设计，旨在通过 AI 技术帮助用户提升办公效率。

1. 功能介绍

（1）文档编辑与创作

- WordAI 插件：在 Word 或 WPS 中以插件形式使用，具备整理周报、撰写会议纪要、总结内容、文案润色等功能。
- AI 创作与文案生成：生成多种文案类型，如市场营销文案、内部沟通内容及技术文档等。

（2）数据分析与处理

ExcelAI 插件：在 Excel 或 WPS 表格中使用，可以帮助用户自动完成复杂的公式计算等任务。

（3）智能助手

- AI 插画：用户用它可在 Word 中生成所需的插画。
- 多语言支持：支持中文和英文，满足不同用户的语言需求。

（4）AI 大模型引擎

- 内置 AI 大模型引擎：包括豆包、文心一言、通义千问等。
- 支持 API key：包括 ChatGPT、文心一言、Kimi、DeepSeek 等的 API key。

2. 下载并安装 OfficeAI 助手

下载并安装 OfficeAI 助手的步骤如下。

（1）访问 OfficeAI 官网，如图 9-35 所示，单击"立即下载"按钮下载 OfficeAI 安装包文件。

（2）关闭计算机中打开的 Office 程序，双击下载的 OfficeAI 安装包文件，按照安装向导提示完成 OfficeAI 的安装。

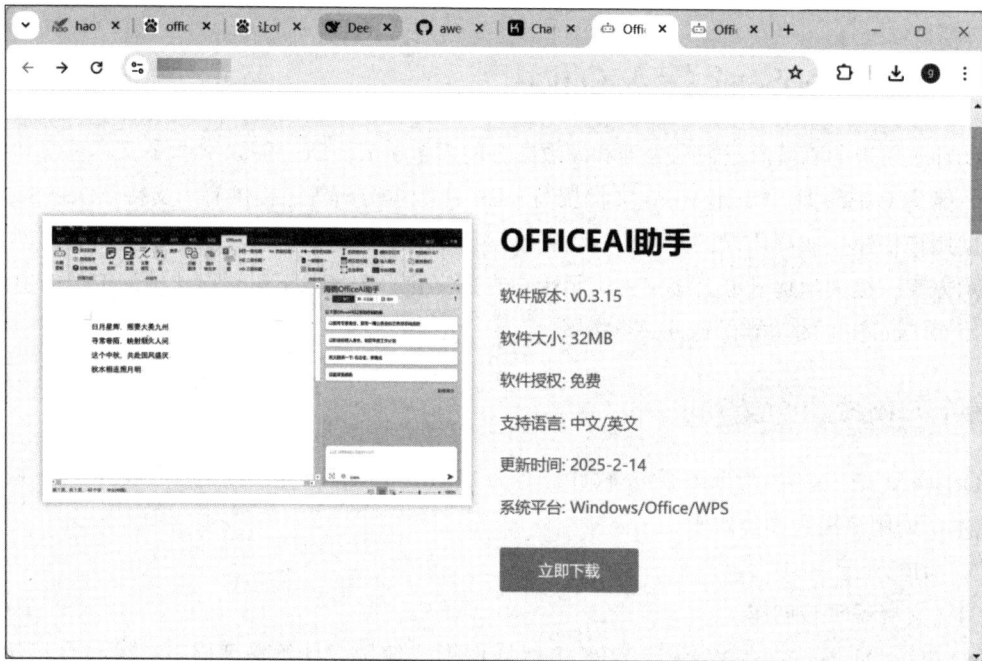

图 9-35　OfficeAI 官网

9.4.2　在 Word 中应用 DeepSeek

在 Word 中应用 DeepSeek 的步骤如下。

（1）在成功安装 OfficeAI 后打开 Word，然后单击 Word 顶部菜单中的"OfficeAI"项，会发现在 OfficeAI 面板中提供了很多功能，如"会议总结""一键排版""AI 校对""文案生成""万能翻译""图片转文字"等，如图 9-36 所示。

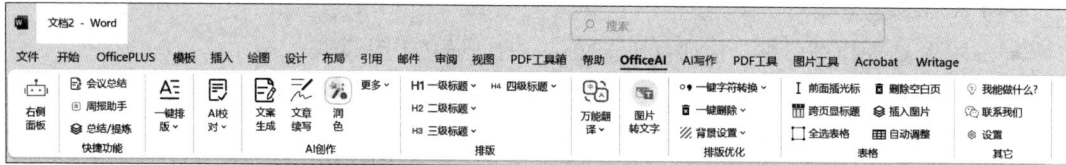

图 9-36　Word 中的"OfficeAI"面板

（2）单击"OfficeAI"面板最左侧的"右侧面板"项，界面右侧会出现"海鸥 OfficeAI 助手"窗格，如图 9-37 所示，这便是在 Word 中与大模型对话的界面。单击右下角的⚙按钮打开大模型的"设置"对话框。

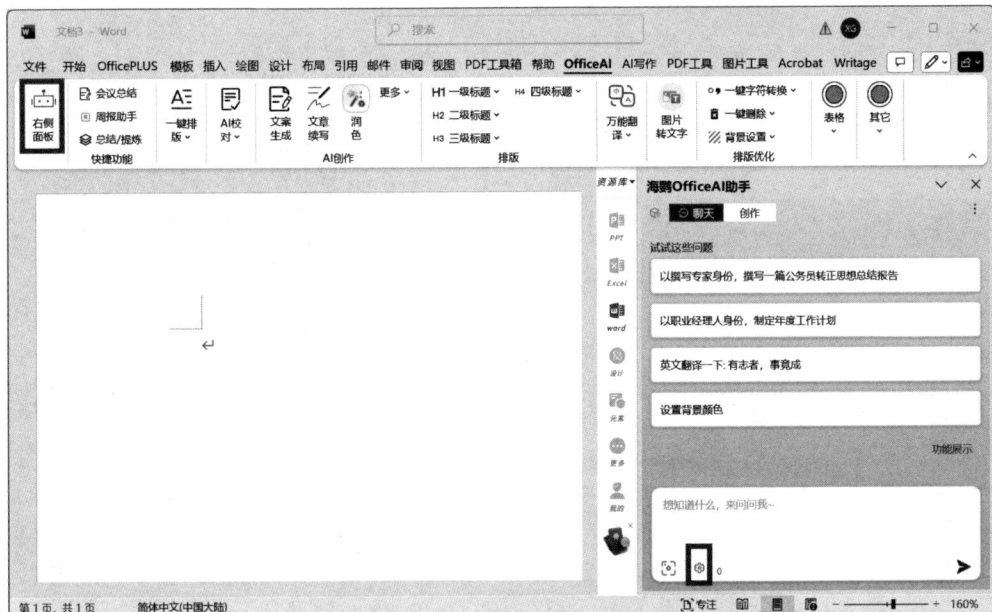

图 9-37　与大模型聊天的界面

（3）在大模型的"设置"对话框中选择顶部的"ApiKey"选项卡，然后依次设置需要的
DeepSeek 信息，并输入自己的 DeepSeek API key，如图 9-38 所示。

图 9-38　"设置"对话框

（4）设置完成后，可以在右侧的对话框中与 DeepSeek 进行对话，如图 9-39 所示。

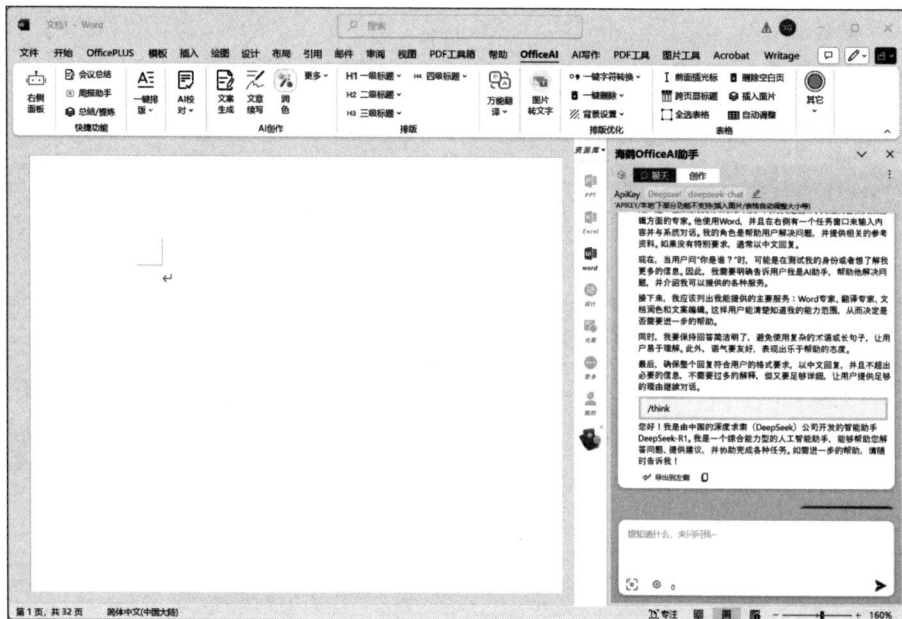

图 9-39　在 Word 中与 DeepSeek 对话

（5）单击对话下面的"导出到左侧"按钮，可以将对话内容快速复制到 Word 中，如图 9-40 所示。

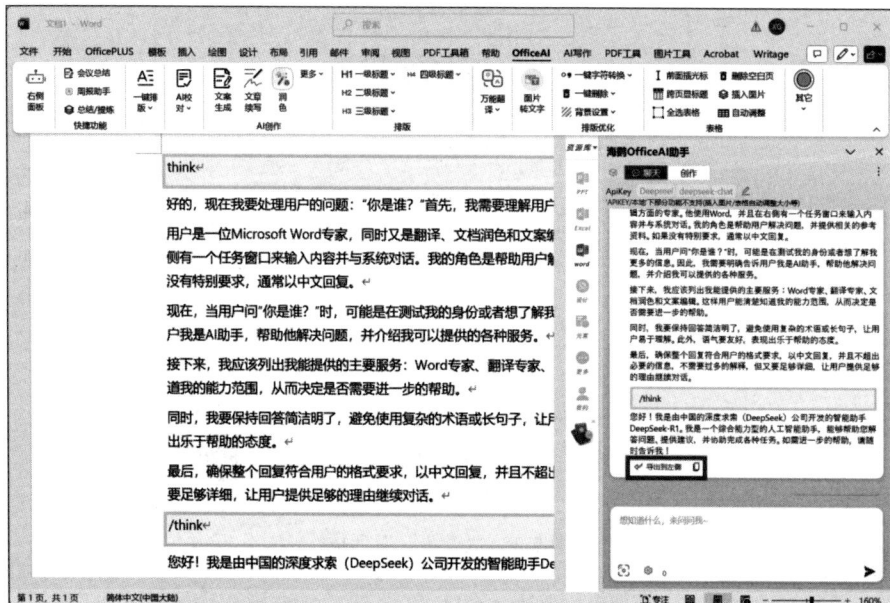

图 9-40　单击"导出到左侧"按钮

（6）在 OfficeAI 中也可以调用本地部署的 DeepSeek 模型，例如，使用在 LM Studio 中配置的 deepseek-r1-distill-qwen-7b 模型，具体方法是在"设置"对话框中选择"本地"选项卡，然后依次设置"框架"为"lmstudio"，"模型名"为"deepseek-r1-distill-qwen-7b"，如图 9-41 所示。

图 9-41　使用本地模型

（7）单击"保存"按钮完成设置工作，此时，可以在 OfficeAI 中调用的本地模型，如图 9-42 所示。

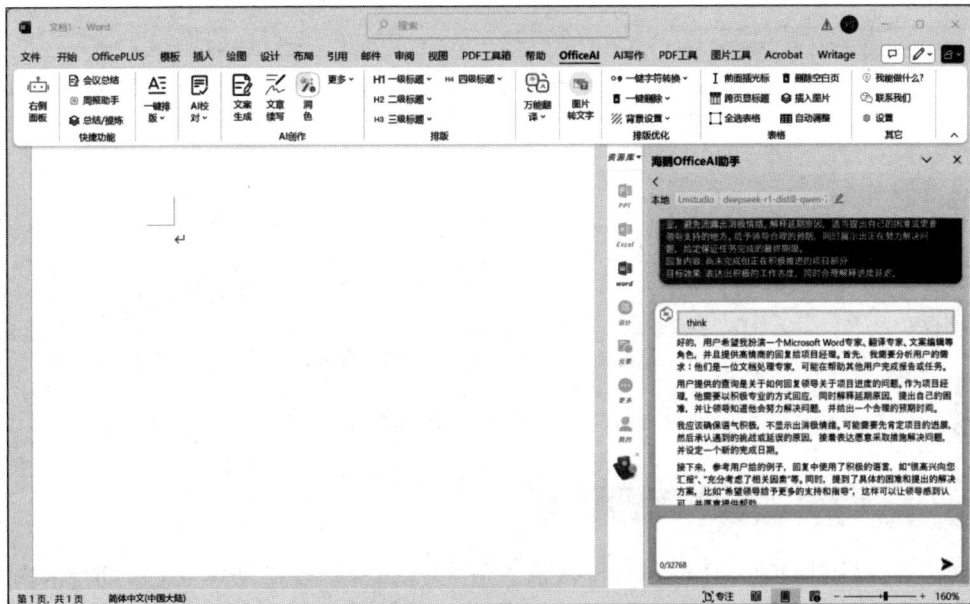

图 9-42　使用基于本地部署的 DeepSeek 模型

（8）另外，在 Word 顶部导航栏中的 OfficeAI 面板中提供了很多功能，例如，在 Word 文件中已经写入了文字"我在游览大明湖，"，选中文字，然后单击"OfficeAI"中的"文章续写"按钮，此时会调用 DeepSeek 帮我们续写"我在游览大明湖，"的内容，如图 9-43 所示。

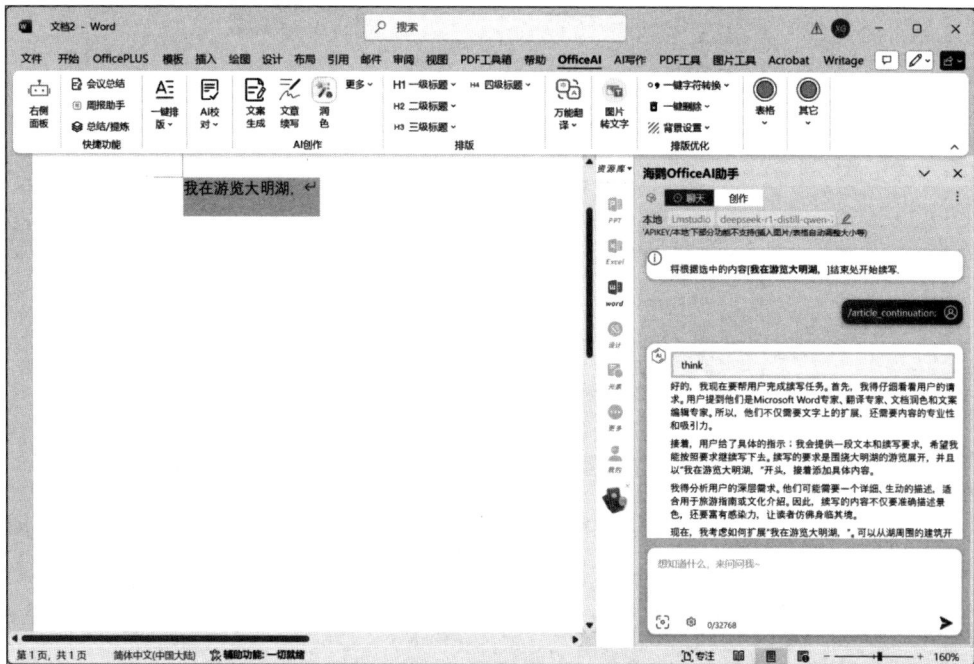

图 9-43 "文章续写"功能

DeepSeek 续写后得到的内容如下：

think
好的，我现在要帮用户完成续写任务。首先，我得仔细看看用户的请求。用户提到他们是 Microsoft Word 专家、翻译专家、文档润色和文案编辑专家。所以，他们不仅需要文字上的扩展，还需要内容的专业性和吸引力。

接着，用户给了具体的指示：他们会提供一段文本和续写要求，希望我能按照要求继续写下去。续写的要求是围绕大明湖的游览展开，并且以"我在游览大明湖，"开头，接着添加具体内容。

我得分析用户的深层需求。他们可能需要一个详细、生动的描述，适合用于旅游指南或文化介绍。因此，续写的内容不仅要准确描述景色，还要富有感染力，让读者仿佛身临其境。

现在，我考虑如何扩展"我在游览大明湖，"。可以从湖周围的建筑开始，如……

9.4.3 在 Excel 中应用 DeepSeek

除了可以通过 OfficeAI 将 DeepSeek 接入 Word，还可以通过 OfficeAI 将 DeepSeek 接入 Excel，具体方法和前面介绍的 DeepSeek 接入 Word 类似，具体步骤如下所示。

（1）打开 Excel，单击顶部菜单中的"OfficeAI"项，发现在 OfficeAI 面板中提供了很多功能，如"快速录入""格式化""文本提取拆分""数值处理""信息录入"等，如图 9-44 所示。

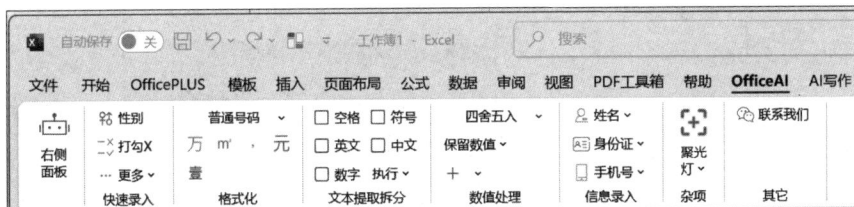

图 9-44　Excel 中的"OfficeAI"面板

（2）单击"OfficeAI"面板最左侧的"右侧面板"项，右侧会出现"OfficeAI 助手"窗格，如图 9-45 所示，这便是在 Excel 中与大模型进行对话的界面。单击右下角的⚙按钮打开大模型的"设置"对话框。

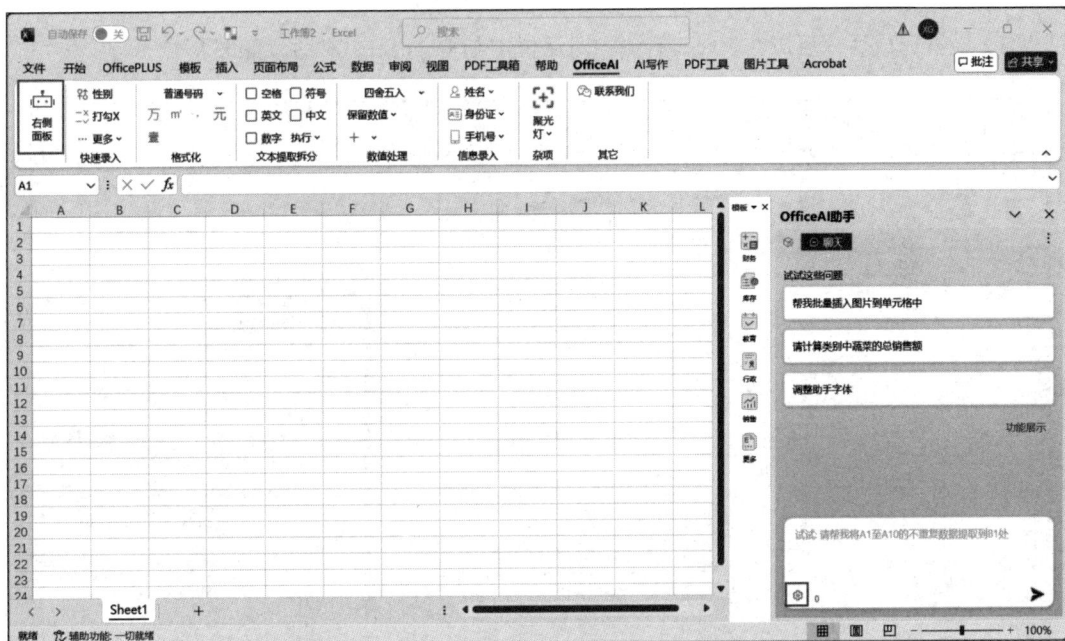

图 9-45　与 AI 大模型聊天的界面

（3）在弹出的大模型的"设置"对话框中选择顶部的"ApiKey"选项卡，然后依次设置需要的 DeepSeek 信息，如在 API_KEY 文本框中输入自己的 DeepSeek API key，如图 9-46 所示。

图 9-46 大模型的"设置"对话框

（4）设置完成后，可以在 Excel 右侧的对话框中与 DeepSeek 对话，如图 9-47 所示。

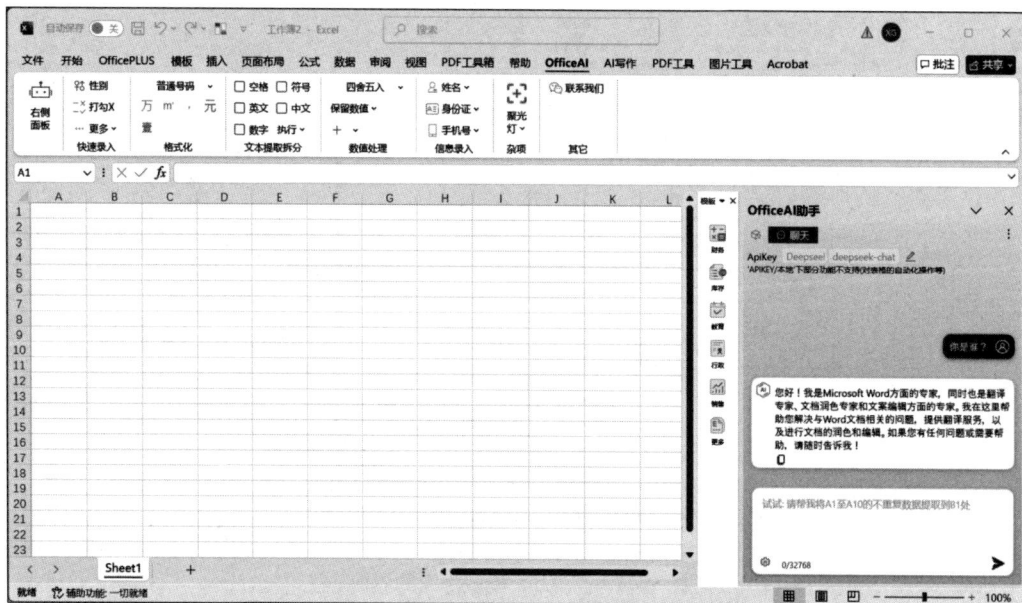

图 9-47 在 Excel 中与 DeepSeek 对话

（5）单击对话下面的 ▯ 按钮可以复制对话内容，这样可以快速将 DeepSeek 输出的内容复制到 Excel 中，如图 9-48 所示。

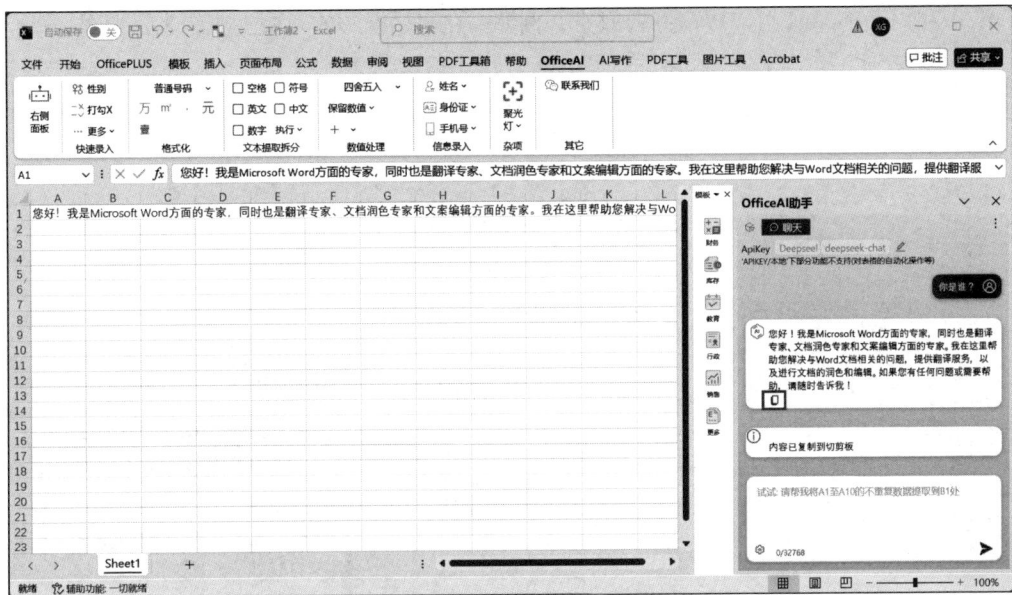

图 9-48　快速复制 DeepSeek 输出的内容

（6）在 OfficeAI 中也可以调用本地部署的 DeepSeek 模型，例如，使用在 LM Studio 中配置的 deepseek-r1-distill-qwen-7b 模型，具体方法是在"设置"对话框中选择"本地"选项卡，然后依次设置"框架"为"lmstudio"，"模型名"为"deepseek-r1-distill-qwen-7b"，如图 9-49 所示。单击"保存"按钮完成设置工作，此时 OfficeAI 助手调用的是本地大模型。

图 9-49　在 Excel 中使用本地大模型

（7）利用 OfficeAI 可以提高办公效率，例如，在对话框中输入要生成的表格要求：

请帮我生成一张包含 "类别 ""食物 " 和 " 销售额 " 的表，表有 5 行数据

OfficeAI 会按照要求生成表格，然后可以将生成的表格复制到 Excel 中，如图 9-50 所示。

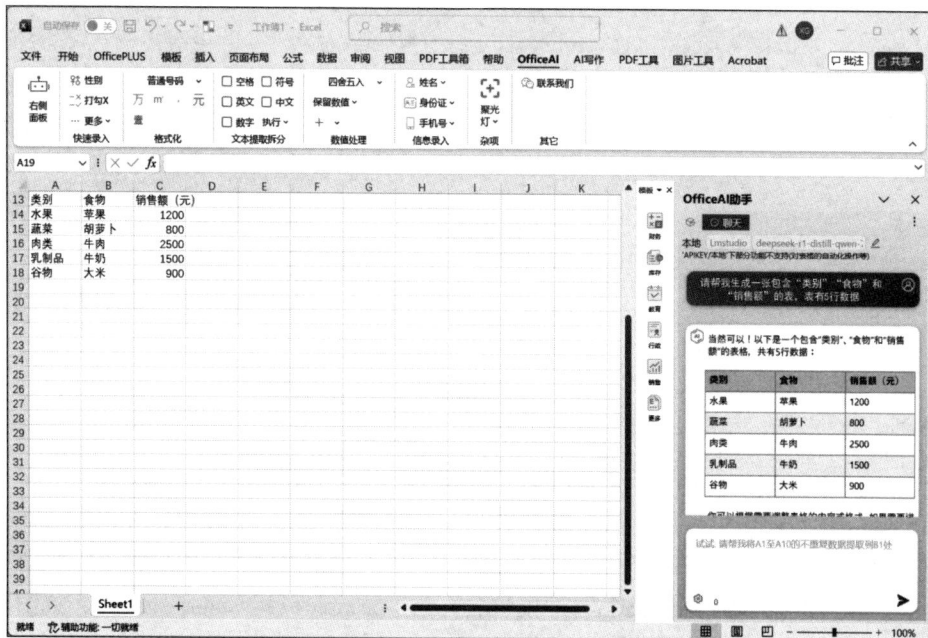

图 9-50　OfficeAI 生成的表格

（8）OfficeAI 在 Excel 中的功能十分强大，包括 AI 对话、数据分析、单元格格式、智能替换等，具体使用方法读者可以参考其官方教程，这里不再一一介绍。

9.5　将 DeepSeek 接入 VS Code

Continue 是一款开源的 AI 代码助手插件，通过连接各种大模型，为开发者提供代码补全、代码生成、代码优化、错误修复以及代码解释等功能，帮助开发者提升开发效率。

9.5.1　Continue 基础

Continue 插件通过其强大的 AI 辅助功能，极大地提升了开发者的编程效率和代码质量，也是 VS Code（Visual Studio Code 的缩写）中一款非常实用的插件。

1. 核心功能

Continue 的核心功能如下。

- 聊天（Chat）：在 VS Code 中使用 Continue，开发者可以与大模型互动。
- 代码编辑（Edit）：用其修改代码。
- 快捷操作（Actions）：提供快捷操作，如格式化代码、生成注释或执行测试。
- 代码补全：在编写代码时，Continue 会自动根据上下文提供代码补全建议。
- 生成代码块：在代码文件中输入注释，描述用户想要的代码功能，Continue 会自动生成相应的代码。

2. 安装 Continue

Continue 的安装步骤如下。

（1）打开 VS Code，单击左侧导航栏中的 图标进入扩展商店，然后在顶部的搜索表单中输入"Continue"关键字，在下方列表中会显示搜索结果，如图 9-51 所示。

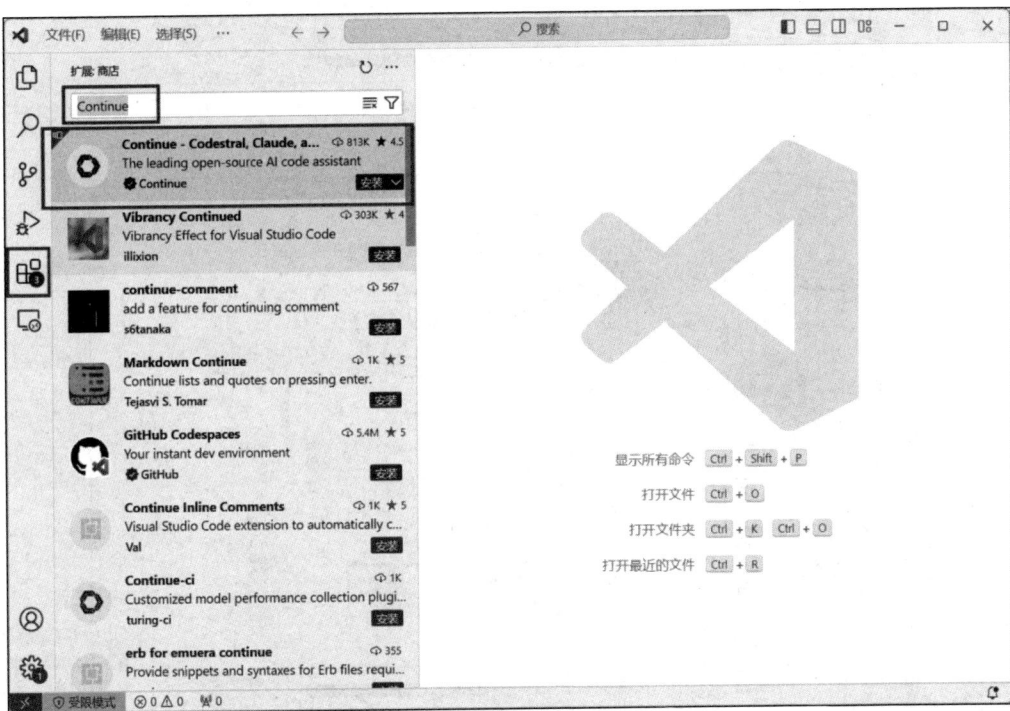

图 9-51　扩展商店

（2）单击搜索列表中的"Continue - Codestral，Claude，and more"项，在右侧窗格中显示 Continue 插件的详细信息，如图 9-52 所示。单击 安装 按钮安装这个插件。

（3）安装成功后，在 Continue 插件详细信息中显示禁用、卸载、切换到预发布版本、自动更新等信息，如图 9-53 所示。

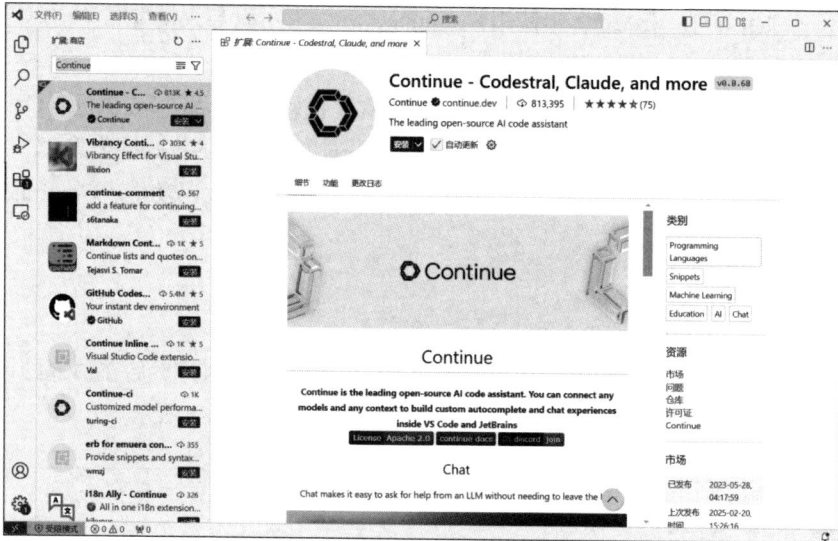

图 9-52　Continue 插件详细信息

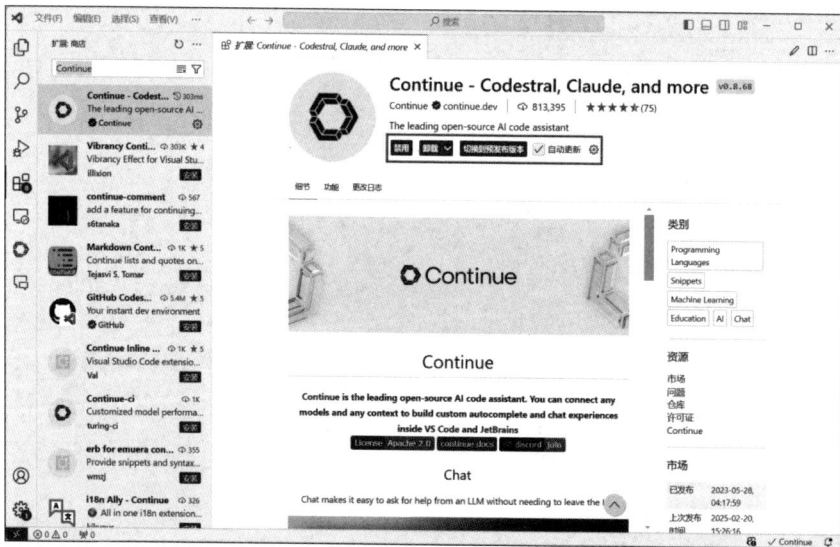

图 9-53　成功安装后的界面

9.5.2　DeepSeek 中用 VS Code 生成代码

将 VS Code 接入 DeepSeek 的步骤如下。

（1）在 VS Code 中成功安装 Continue 插件后，单击 VS Code 左侧导航栏中的 ⊙ 按钮来到 Continue 界面，然后单击导航栏顶部的 ⊛ 按钮来到 Continue 配置界面，如图 9-54 所示。

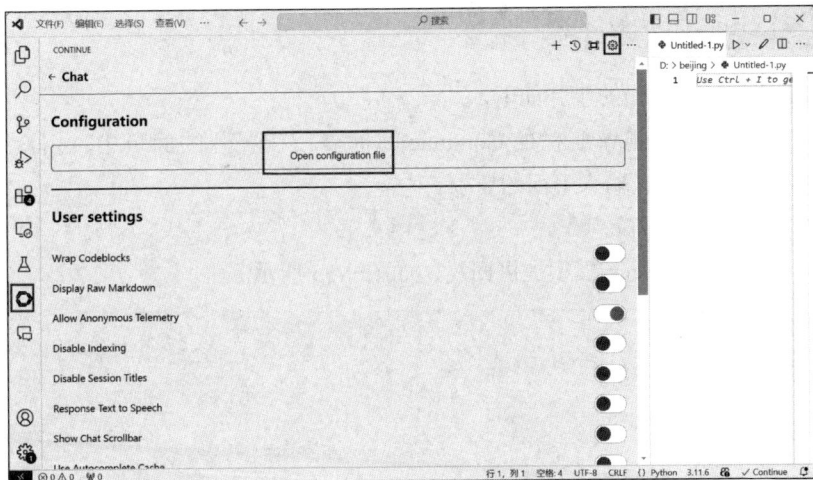

图 9-54　Continue 配置界面

（2）单击"Open configuration file"按钮打开配置文件 config.json，在这个文件里面设置接入 DeepSeek API 的配置信息，包括 DeepSeek 的模型名和 API Key，config.json 的代码如下：

```json
{
  "completionOptions": {
    "BaseCompletionOptions": {
      "temperature": 0.0,
      "maxTokens": 256
    }
  },
  "models": [
    {
      "title": "DeepSeek",
      "model": "deepseek-chat",
      "contextLength": 128000,
      "apiKey": "REDACTED",
      "provider": "deepseek",
      "apiBase": "                              "
    }
  ],
  "tabAutocompleteModel": {
    "title": "DeepSeek Coder",
    "model": "deepseek-coder",
    "apiKey": "REDACTED",
    "provider": "deepseek",
    "apiBase": "                              "
  },
...
```

9.5.3 调用 DeepSeek 生成代码

调用 DeepSeek 生成代码的步骤如下。

（1）单击 VS Code 左侧导航栏的 Continue 图标 ⚙️，在展开的面板中，用户可以直接与 DeepSeek 进行对话，例如，输入下面的要求：

我需要一个 Python 函数来计算阶乘

Continue 会调用 DeepSeek 模型提供回复，如图 9-55 所示。

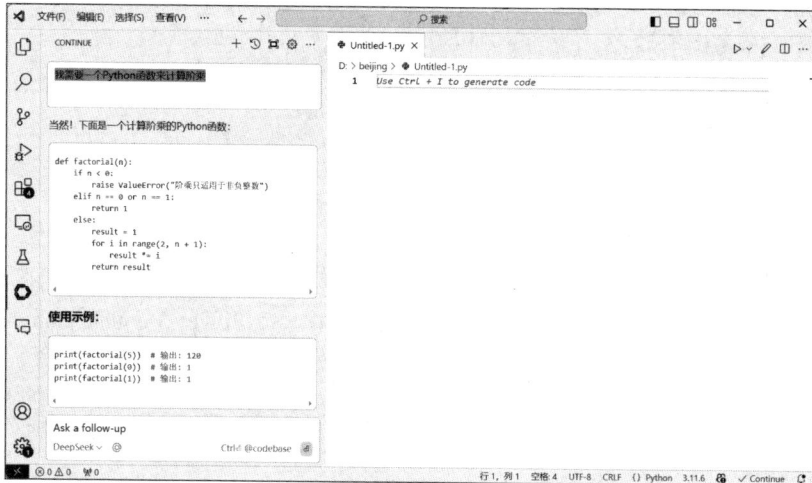

图 9-55　DeepSeek 生成的代码

（2）单击生成代码右上角的 ⏻或 ▷ 按钮后，生成的代码将被添加到 VS Code 的源文件中，如图 9-56 所示。

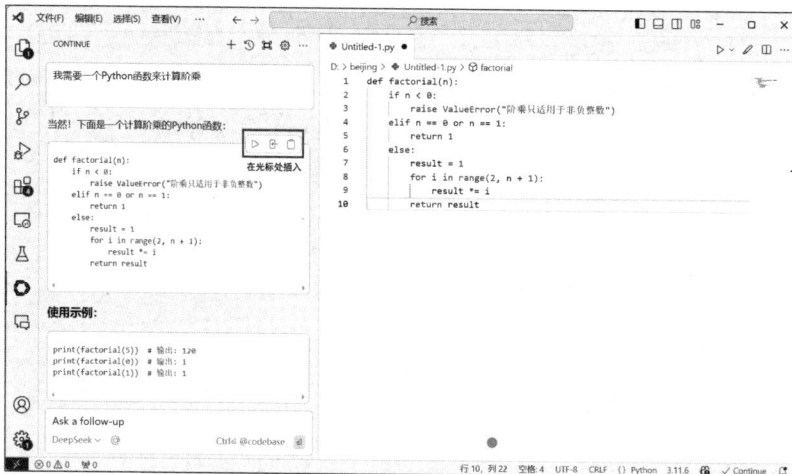

图 9-56　代码被添加到 VS Code 的源文件中

9.5.4　DeepSeek 代码生成和补全

准备好一个 Python 程序文件，在空的文件中按下快捷键 Ctrl+I，DeepSeek 可以根据用户描述直接生成完整代码，也可以补全代码。例如，在对话框中输入：

我需要一个 Python 函数来计算阶乘

在空的文件中按下快捷键 Ctrl+I 后会自动生成代码，如图 9-57 所示。

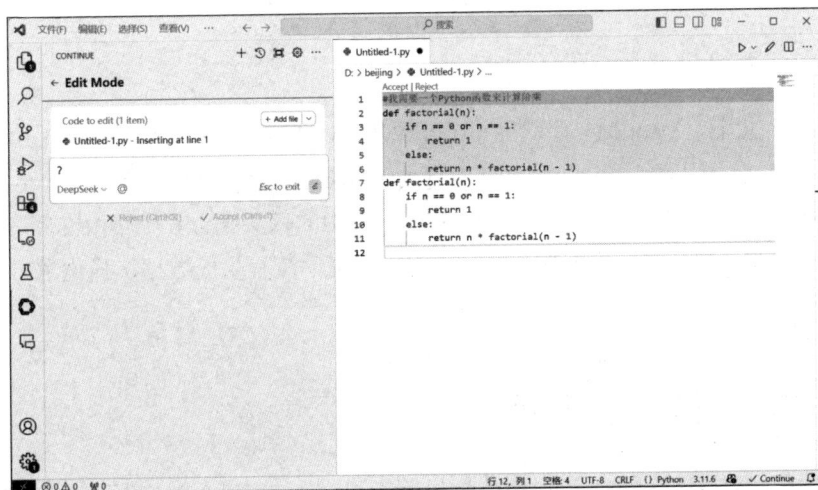

图 9-57　代码生成和补全

第**10**章 推理技术解密：DeepSeek-Prover-V2 全景分析

2025 年 4 月 30 日，DeepSeek 团队发布了开源的形式化定理证明大模型 DeepSeek-Prover-V2，这个大模型专为 Lean 4 环境下的数学定理自动证明任务设计。DeepSeek-Prover-V2 有 7B 和 6710 亿参数的版本，采用混合专家架构（MoE），架构的每层含 256 个路由专家、1 个共享专家，这个大模型支持超长上下文处理，通过递归定理证明流程生成数据、强化学习等创新方法训练而来的。

10.1 启示引擎：模型概述

DeepSeek-Prover-V2 是 DeepSeek 团队推出的大模型，专为 Lean 4 数学定理自动证明任务设计。

10.1.1 动机探源：背景与驱动

在人工智能领域，大模型在数学问题解决方面取得了显著进展，尤其是在非形式化的数学推理方面。然而，将大模型的这些能力应用于形式化的定理证明仍然是一个具有挑战性的问题。形式化定理证明要求每一步推理都必须严格遵循逻辑规则，并且能够被形式化验证系统（如 Lean 4）所验证。这与大模型在自然语言推理中依赖启发式方法和近似方法的方式形成了鲜明对比。因此，如何弥合非形式化推理和形式化证明之间的差距，成为神经定理证明领域的一个长期研究的问题。

为了利用非形式化数学推理的优势来支持形式化定理证明，一种经典的方法是基于自然语言证明草稿的指导，对形式化证明进行分层分解。这种方法与人类数学家解决问题时的策略相似，即通过将复杂问题分解为一系列中间命题或引理，逐步构建完整的证明。这种分层分解策略不仅提高了证明搜索的效率，还支持模块化和可重用性，使得证明过程更加高效。

DeepSeek-Prover-V2 的主要任务正是为了解决上述问题。通过结合 DeepSeek-V3 的强大非形式化推理能力和形式化证明系统，DeepSeek 团队旨在构建一个能够自动生成形式化证明的模型。具体来说，DeepSeek 团队利用 DeepSeek-V3 来生成自然语言证明草稿，并将其转化为 Lean 4 中的形式化证明步骤。这种方法不仅保留了非形式化推理的灵活性，还确保了形式化证明的严谨性。

为了实现这一目标，DeepSeek 团队设计了一个递归定理证明框架，通过课程学习和强化学习来训练模型。课程学习通过逐步增加训练任务的难度，引导模型系统地解决复杂问题。强化学习则通过与环境的交互，优化模型的证明策略，使其能够更好地弥合非形式化推理和形式化证明之间的差距。最终，DeepSeek-Prover-V2-671B 版本在多个基准测试中取得了最好的效果，证明了这种结合非形式化推理和形式化证明的方法的有效性。

10.1.2　初露锋芒：DeepSeek–Prover–V2 模型简介

DeepSeek-Prover-V2 采用了混合专家（MoE）架构，这种架构通过将任务分配给多个专家模型来处理，每个专家模型专注于特定的子任务，从而提升整体性能和效率。具体来说，DeepSeek-Prover-V2 的 MoE 架构具有以下特点。

- 稀疏激活：在每次处理时，只激活一小部分参数，这显著降低了训练和推理的计算成本，同时保持了模型的高性能。
- 多头潜在注意力（MLA）：通过压缩键值缓存（Key Cache 和 Value Cache 的简称，即 KV Cache），有效降低了推理过程中的内存占用和计算开销，使模型在资源受限的环境下依然能高效运行。
- 无辅助损失的负载均衡策略：确保各个专家模型的负载均衡，避免某些专家模型被过度使用而其他专家模型处于闲置状态。

DeepSeek-Prover-V2 提供了两个版本，分别是 7B 和 671B 参数规模的模型。

- DeepSeek-Prover-V2-7B：拥有 70 亿参数，适合在资源受限的环境中部署，同时具备较强的数学推理能力。
- DeepSeek-Prover-V2-671B：拥有 6710 亿参数，是目前最大规模的开源数学证明专用模型之一。其超大规模的参数量使其在处理复杂的数学证明任务时表现出色。

这两个版本的模型在开源数学推理模型中具有重要地位，尤其是 671B 版本，其规模和性能在同领域内处于领先地位。

10.2　架构深潜：核心设计

混合专家（MoE）架构是一种高效处理大规模数据和复杂任务的模型设计策略。其核心在于将多个专家模型与一个门控网络相结合，不同专家模型分别学习输入数据的不同特征或模式，门控网络动态分配权重，决定各专家模型的激活程度。在处理任务时，只有部分专家模型被激活，实现稀疏计算，大幅降低计算资源消耗，同时通过专家模型间的协作提升模型对复杂数据的理解和处理能力。

10.2.1　智能集结：DeepSeek-Prover-V2 中的 MoE 协同

DeepSeek-Prover-V2 中的混合专家（MoE）架构是其核心设计之一，使其在处理复杂的数学证明任务时具备卓越的性能和效率。MoE 架构通过将多个专家模型与一个门控网络相结合，不同专家模型分别学习输入数据的不同特征或模式，门控网络动态分配权重，决定各专家模型的激活程度。

在 DeepSeek-Prover-V2 模型中，MoE 架构包含 61 层 Transformer 层，7168 维隐藏层。DeepSeek-Prover-V2 中的 MoE 关键特点如下。

- 稀疏激活：MoE 架构通过稀疏激活机制，只激活部分专家模型来处理输入数据。例如，DeepSeek-Prover-V2-671B 单次推理仅调用约 370 亿参数，在保持强大推理能力的同时显著提升计算效率。这种机制使模型的浮点运算量远低于同等总参数的密集模型，实现了更快的推理速度。
- 专家并行处理：MoE 架构天然支持并行化，不同 token 可以被路由到不同专家模型，而这些专家模型可以被放置在不同的计算设备上。路由器只需将 token 发送到其对应的专家模型所在设备即可，这使得 MoE 非常适合部署在分布式计算环境中。
- 多头潜在注意力（MLA）机制：DeepSeek-Prover-V2 的 MoE 架构延续了 DeepSeek-V2 的 MLA 机制，实现 KV（Key 和 Value）缓存压缩与吞吐量突破，从而在降低内存需求的同时提升运算速度。
- 细粒度专家模型分割与共享专家模型隔离：采用了更细粒度的专家模型分割，并隔离了一些专家模型作为共享专家模型。这种设计在保持计算成本不变的前提下，激活更多的细粒度专家模型，以实现更灵活和适应性强的专家模型组合。此外，通过将共同知识压缩到共享专家模型中，可以减少其他路由专家模型之间的冗余。
- 负载均衡机制：为了保证各个专家模型的负载均衡，DeepSeek-Prover-V2 设计了 3 种辅助损失——专家级负载平衡损失、设备级负载平衡损失和通信平衡损失，以防止路由崩溃、提高计算效率，并确保每个设备的通信平衡。
- 超长上下文处理能力：支持高达 163840 tokens 的超长上下文窗口，使其能够处理复杂的数学证明。

注意：DeepSeek-Prover-V2 的 MoE 架构通过稀疏激活机制显著降低了计算资源消耗，提升了模型的计算效率，使其能够快速处理复杂的数学证明任务。专家模型并行处理和负载均衡机制使得 DeepSeek-Prover-V2 能够高效地利用分布式计算资源，确保各个专家模型的负载均衡，从而提高了模型的扩展性和整体性能。

10.2.2 时空拓展：超长上下文处理策略

DeepSeek-Prover-V2 支持超长上下文处理，这使得它在处理复杂的数学证明任务时具有显著优势。

1. 上下文窗口扩展

DeepSeek-Prover-V2 通过精心设计的架构和优化策略，成功支持最长 163840 tokens 的上下文窗口。这种扩展能力主要得益于以下几个关键因素。

- 架构优化：采用混合专家（MoE）架构，稀疏激活机制只激活部分参数，从而有效降低了计算资源消耗，使得模型能够处理更长的上下文。同时，多头潜在注意力（MLA）机制通过压缩键值缓存（KV Cache），进一步减少了内存占用和计算开销。

- Transformer 层设计：整个模型包含 61 层 Transformer 层，这种多层设计有助于捕捉长距离的依赖关系，从而更好地处理复杂的数学证明逻辑。每一层都经过优化，以确保在处理长序列时保持高效的计算和信息传递。

- KV 缓存优化：在解码过程中，通过优化键值（KV）缓存的存储和访问方式，显著降低了长时间生成任务中的显存占用，同时提高了计算速度。特别是对于像数学证明这样需要长逻辑链条的任务，这种优化至关重要。

2. 关键特点

- 最大位置嵌入：DeepSeek-Prover-V2 的最大位置嵌入达到了 163840 tokens，这使得模型能够处理大规模、长逻辑链条的数学证明任务。

- Transformer 层设计：模型包含 61 层 Transformer 层，这种多层设计有助于模型捕捉长距离的依赖关系，从而更好地处理复杂的数学证明逻辑。

- 上下文窗口扩展：DeepSeek-Prover-V2-7B 的上下文长度扩展至 32K tokens，而 DeepSeek-Prover-V2-671B 则支持更长的上下文窗口，这使得模型能够处理更长的证明链。

- 子目标分解：通过将复杂问题分解为多个子目标，模型可以逐步解决每个子目标，从而避免单次处理过长的上下文。

3. 应用场景适配

DeepSeek-Prover-V2 的超长上下文处理能力在实际数学问题解决中具有重要的应用价值。

- 复杂数学证明：数学证明通常需要多步推理和长逻辑链条的处理。超长上下文窗口使得模型能够完整地理解和处理复杂的证明步骤，确保在每一步推理中都能够充分利用之前的信息，从而提高证明的准确性和完整性。

- 长篇数学推导：在处理长篇数学推导时，模型能够保持对整个推导过程的连贯理解，避免因上下文限制而导致的信息丢失或推理中断。这种能力对于解决涉及大量计算步骤和中间结果的问题尤为重要。

例如，在解决涉及多步代数变换或几何证明的问题时，DeepSeek-Prover-V2 能够完整地跟踪每一步的变换和推理过程，确保最终结果的正确性。这种能力使其在处理复杂的数学问题时具有明显的优势，能够更好地满足实际应用中的需求。

10.3　设计范式

DeepSeek-Prover-V2 的设计范式通过递归定理证明与子目标分解，将复杂问题拆解为可独立解决的子目标，生成初始冷启动数据。

10.3.1　递归裂变：证明与子目标分解

DeepSeek-Prover-V2 通过递归定理证明流程，将复杂定理分解为一系列相互关联的子目标，并明确其逻辑顺序与依赖关系，形成清晰的证明路线图。随后，模型尝试解决这些子目标，整合成功路径构建完整证明链，并将其标注为结构化数据，作为冷启动训练的基础，从而提升模型处理复杂证明任务的能力。

1. 递归定理证明流程

- 复杂问题分析：DeepSeek-Prover-V2 接收到复杂定理证明任务后，先快速扫描整个问题，识别关键数学概念、变量和证明目标，为后续分解做好准备。
- 子目标初始分解：基于对问题的理解，将原始复杂定理分解为多个初步子目标，这些子目标是证明过程中的关键中间步骤，相互之间具有逻辑关联，为后续证明提供方向。
- 子目标细化与逻辑关系确定：对每个初步子目标进一步细化，明确它们之间的逻辑顺序和依赖关系，形成清晰的证明路线图，确保模型在后续处理中能按正确顺序解决子目标。
- 子目标表达式生成：将细化后的子目标转化为形式化的数学表达式，使其具有明确的数学含义和结构，便于模型后续处理和证明。

2. 冷启动数据生成

利用递归证明流程生成的子目标表达式，DeepSeek-Prover-V2 尝试解决这些子目标，记录证明过程中的每一步尝试，包括成功和失败的路径。将所有成功解决的子目标证明过程整合起来，构建完整的证明链，确保从初始条件到最终结论的每一步都有严密的逻辑连接。对生成的完整证明链进行标注，明确每个子目标在整体证明中的位置和作用，并将其组织成结构化的数据格式，用于模型的冷启动训练。

10.3.2　语义蜕变：自然语言到形式化证明的转换

DeepSeek-Prover-V2 通过递归定理证明流程，将复杂定理分解为一系列相互关联的子目标，明确其逻辑顺序与依赖关系，并转化为形式化的数学表达式。随后，模型尝试解决这些子目标，记录每一步尝试，整合成功路径构建完整证明链，并进行标注和结构化组织，形成冷启动训练数据，从而提升处理复杂证明任务的能力。

1. 自然语言证明草稿生成

DeepSeek-V3 生成自然语言证明草稿的过程主要包括以下几个步骤。

（1）问题理解与高层次证明思路生成：DeepSeek-V3 首先接收复杂的数学定理问题，通过自然语言处理技术理解问题的核心内容和目标。基于对问题的理解，模型生成高层次的证明思路，这些思路以自然语言的形式呈现，类似于人类数学家在构思证明时的初步想法。

（2）语言组织与逻辑结构构建：生成的自然语言证明草稿具有清晰的逻辑结构，通常按照数学证明的标准格式组织，包括引言、假设、中间步骤和结论等部分。每个步骤都通过自然语言详细描述，确保逻辑连贯性和可读性。这种结构不仅便于人类理解，也为后续的形式化证明步骤转化提供了基础。

（3）同步生成形式化语句框架：在生成自然语言证明草稿的同时，DeepSeek-V3 还会同步生成对应的 Lean 4 形式化语句框架。这些框架以"have...sorry"语句的形式存在，其中"sorry"是一个占位符，表示需要进一步证明的部分。这种同步生成的方式确保了自然语言证明草稿与形式化证明之间的紧密联系。

2. 形式化证明步骤转化

将自然语言证明草稿转化为 Lean 4 形式化证明步骤的过程如下。

（1）子目标提取与分解：从自然语言证明草稿中提取出关键的子目标，并将其转化为形式化的数学表达式。这些子目标是证明过程中的中间步骤，每个子目标都对应一个具体的数学命题。

（2）递归解决子目标：利用较小的 7B 参数的 DeepSeek-Prover-V2 模型递归地解决这些子目标。每个子目标的解决过程都生成一个形式化的证明片段，这些片段最终将组合成完整的证明。

（3）整合与验证：将所有成功解决的子目标证明片段整合起来，构建完整的 Lean 4 形式化证明。在整合过程中，确保每一步的逻辑连接和数学严谨性。最后，通过 Lean 4 验证器对生成的证明进行验证，确保其正确性。

（4）优化与修正：对生成的形式化证明进行优化和修正，以提高其可读性和效率。这可能包括简化证明步骤、优化符号表示等。

10.3.3　知识进阶：课程学习框架构建

DeepSeek-Prover-V2 的课程学习框架通过递归定理证明流程和子目标分解，构建了一套系统化的训练方法，使模型能够逐步解决复杂问题。

1. 子目标导向的课程设计

DeepSeek-Prover-V2 的课程学习方法基于子目标分解，通过以下步骤实现。

（1）子目标选择：利用 DeepSeek-V3 将复杂定理分解为多个子目标，每个子目标都是一个较小的引理，具有明确的数学表达式。

（2）子目标排序：根据子目标之间的逻辑依赖关系和难度进行排序，确保模型能够按照合理的顺序逐步解决。

（3）子目标形式化：将子目标转化为 Lean 4 中的 lemma 语句，其中原始目标被替换，前面的子目标作为前提条件纳入。

2. 任务难度的渐进式提升

DeepSeek-Prover-V2 通过递归定理证明流程和子目标分解来逐步增加训练任务难度。首先，利用 DeepSeek-V3 将复杂定理分解为多个子目标，转化为 Lean 4 中的 lemma 语句，形成一系列可管理的小问题。接着，采用较小的 DeepSeek-Prover-V2-7B 模型逐一解决这些子目标，降低计算负担，并组合子目标的证明构建原始问题的完整形式化证明。

课程学习框架根据子目标的逻辑依赖关系和难度进行排序，将简单子目标作为初始任务，后续逐步引入复杂子目标，动态调整任务难度，确保模型始终在挑战性适中的任务上训练。此外，通过专家迭代生成更多挑战性问题，扩大解决问题领域的覆盖范围，整体提升训练任务的难度。

10.3.4　智能飞跃：强化学习优化路径

DeepSeek-Prover-V2 通过强化学习在冷启动数据基础上进一步优化模型的证明能力，提升非形式化推理与形式化证明之间的转换能力。强化学习阶段采用 Group Relative Policy Optimization（GRPO）算法，无需单独的价值评估模型，通过对每道题采样多个候选证明并基于相对奖励进行策略优化。训练时使用二元奖励机制，Lean 验证成功则得分 1，失败则得分为 0。为了确保有效学习，精心挑选具有挑战性但可解的题目作为训练提示。

1. 强化学习在冷启动数据上的应用

在冷启动阶段，DeepSeek-Prover-V2 利用合成数据集建立起非形式化推理与形式化证明之间的联系。这些数据集包含 DeepSeek-V3 生成的链式思考过程（chain-of-thought）和相应的形式化证明，为模型训练提供了高质量数据的基础。在此基础上，模型通过 GRPO 算法进一步优化，强化学习过程使模型能够更精准地将非形式化推理转化为形式证明。

2. 提升非形式化推理与形式化证明的连接能力

DeepSeek-Prover-V2 的强化学习阶段通过以下方式增强模型在非形式化推理与形式化证明构建之间的转换能力。

- 增强推理过程的复杂度和深度：GRPO 算法通过对比同一定理的不同证明候选，基于相对奖励优化策略，使模型在保持证明准确性的同时，显著提高了推理过程的复杂度和深度。

- 优化非形式化推理到形式化证明的转换：强化学习阶段对模型进行进一步训练，使其能够更精准地将自然语言证明草稿转化为形式化证明步骤，确保每一步的逻辑连接和数学严谨性。
- 提升模型的适应性和泛化能力：通过在多样化的问题上进行强化学习训练，模型能够适应不同类型的数学问题，并在新的未见问题上表现出良好的泛化能力。

10.4　训练全过程解析

DeepSeek-Prover-V2 的训练过程分为两个阶段：第一阶段是冷启动数据合成，利用 DeepSeek-V3 将复杂定理分解为子目标，通过小模型解决子目标后，将证明结果与思维链结合生成初始训练数据；第二阶段是基于合成数据的强化学习，通过强化学习进一步提升模型的推理能力。

10.4.1　双阶跃进：两阶段训练策略概览

DeepSeek-Prover-V2 模型的训练过程采用了两阶段策略，具体说明如下。

1. 第一阶段：非思维链（non-CoT）模型训练

- 方法：以课程学习框架为基础，采用专家模型迭代方法训练非思维链证明模型。使用 DeepSeek-V3 将复杂定理分解为一系列子目标和推理思路，通过子目标递归求解来合成难题的证明。每次训练迭代中，都用当前最佳证明策略为之前未解决的难题生成证明尝试，这些成功的尝试经 Lean4 证明助手验证后，被纳入监督微调数据集以训练改进的模型，从而确保模型能够从初始演示数据集中学习，并提炼出自己的成功推理轨迹，逐步提高解决难题的能力。
- 优势：non-CoT 模型专注于快速生成形式化的 Lean4 证明代码，不包含显式的中间推理步骤，其推理速度快、验证成本低，非常适合快速迭代与数据采集，为后续阶段的训练提供了丰富的数据基础。

2. 第二阶段：思维链（CoT）模式训练

- 数据生成与初步处理：利用第一阶段训练好的 non-CoT 模型，将其生成的证明结果与 DeepSeek-V3 的推理过程相结合，形成冷启动的思维链数据。这些数据整合了 DeepSeek-V3 的高级数学推理能力与合成的形式化证明，将非正式推理与形式化证明统一起来，建立起两者的联系。
- 强化学习优化：将冷启动思维链数据作为基础，采用高精度思维链模式进行训练。在该模式下，模型会系统地"阐述"中间推理步骤，强调透明度和逻辑进展，构建最终形式证明。然后，利用强化学习进一步提升模型的推理和形式化构造之间的衔接能力，采用的强化学习算法为 Group Relative Policy Optimization（GRPO）。该算法无需单独的评价模型，通过为每个定理提示采样一组候选证明，并根据它们的相对奖励来优化策略，从根本上解决了强化学习中优化策略的挑战，缩短了证明距离。

10.4.2 数据熔炉：训练数据生成与准备

在 DeepSeek-Prover-V2 模型的训练过程中，数据生成与准备信息如下。

1. 冷启动数据合成

- 开发递归证明流水线：利用 DeepSeek-V3 将复杂定理分解为高级别的证明草图（草稿）和一系列子目标，同时在 Lean 4 中形式化这些证明步骤。使用较小的 DeepSeek-Prover-V2-7B 参数模型处理每个子目标的证明搜索，降低计算成本。

- 生成冷启动推理数据：当复杂问题的所有子目标都被解决后，将完整的逐步形式化证明与 DeepSeek-V3 生成的相应思维链配对，形成用于模型初始训练的冷启动数据，将非形式化的解题思路与形式化的证明步骤融为一体。

- 筛选特定问题：筛选出 DeepSeek-Prover-V2-7B 模型无法直接解决，但子目标已被证明的难题，整合子目标证明形成完整的形式化证明，并与 DeepSeek-V3 的推理过程对接，生成合成数据。

2. 数据扩展与增强

- 引入额外问题：引入自动形式化和各种开源数据集中的额外问题，以及通过子目标分解生成的问题，扩大训练问题领域的覆盖范围，提高模型的泛化能力。

- 数据形式转换：将双模式证明模型生成的 Lean 4 证明转换为包含 CoT 的数据点，丰富数据形式和内容，增强数据的多样性和适用性。

10.4.3 策略脉动：强化学习训练方案

在 DeepSeek-Prover-V2 模型的训练过程中，强化学习策略的具体信息如下。

（1）强化学习算法选择：采用 Group Relative Policy Optimization（GRPO）算法，这个算法与传统 Proximal Policy Optimization（PPO）不同，GRPO 通过为每个定理提示采样一组候选证明，并根据它们的相对奖励来优化策略，无需单独的评价模型。

（2）奖励机制：使用二元奖励机制，即每个生成的 Lean4 证明如果被验证为正确则获得 1 个奖励，否则获得 0 个奖励。

（3）训练细节

- 为了确保有效学习，精心挑选训练提示，仅包括那些对监督微调模型具有足够挑战性但可解决的问题。

- 在每次迭代中，采样 256 个不同的问题，为每个定理生成 32 个候选证明，最大序列长度为 32768 个 tokens。

（4）强化学习目的：在冷启动数据合成的基础上，通过强化学习进一步增强模型连接非正式推理与形式化证明构建的能力，使模型能够更精准地将非正式推理转化为形式证明，并显著提高了推理过程的复杂度和深度。

（5）一致性奖励引入：在训练的早期步骤中引入一致性奖励，惩罚结构上的错位，明确强制在最终证明中包含所有分解的"have"结构引理，以提高证明的准确性，特别是在需要多步推理的复杂定理上。

总之，冷启动数据与强化学习结合，使模型在初始阶段就能学习到有效的证明策略和方法，强化学习进一步优化了模型的推理和形式化构造能力，提升了训练效果。

10.5　性能剖析：评测与洞见

DeepSeek-Prover-V2 在数学定理证明基准测试中性能显著提升，如在 MiniF2F 基准测试中达到顶尖水平。同时，它在资源受限设备上表现良好，推理过程透明且具有较强通用性。

10.5.1　标尺铸造：评估指标与方法

DeepSeek-Prover-V2 模型的评估指标与方法如下。

1. 评估指标

- pass@k 指标：在多个基准测试中使用该指标衡量模型性能，如在 MiniF2F-test 数据集上，pass@32 准确率为 82.4%，pass@8192 时准确率为 88.9%。
- 问题解决数量：统计模型在特定基准测试中成功解决的问题数量——在 PutnamBench 中解决了 49 个问题，在 ProverBench 的 15 个 AIME 问题中解决了 6 个。

2. 评估方法

（1）基准测试评估。

- MiniF2F 基准测试：包含 488 个形式化问题，涵盖 AIME、AMC、IMO 等竞赛及 MATH 数据集中的问题，分为 MiniF2F-valid 和 MiniF2F-test 两个子集，各 244 个问题。使用 MiniF2F-test 评估模型性能，MiniF2F-valid 纳入课程学习。DeepSeek-Prover-V2-671B 在该基准测试上体现了新的最先进性能。
- ProofNet-test 和 PutnamBench 基准测试：ProofNet-test 用于评估本科学生水平的数学证明能力，PutnamBench 包含来自 Putnam 数学竞赛的形式化问题。DeepSeek-Prover-V2-671B 在 PutnamBench 中展示了增强的推理能力。
- CombiBench 基准测试：包含用 Lean 4 形式化的组合竞赛问题，评估模型在组合问题上的泛化能力。DeepSeek-Prover-V2 在过滤后的 77 个问题中解决了 12 个。

（2）课程学习评估：在课程学习过程中，利用 MiniF2F-valid 问题进行训练，通过不断解决难题并将其证明纳入训练数据，提升模型能力。

（3）消融实验评估：通过消融实验验证不同训练策略和数据质量对模型性能的影响，如大规模自动形式化、高质量证明数据、迭代增强策略等对模型性能的提升效果。

10.5.2　性能表现与成果

DeepSeek-Prover-V2 模型在评估中的性能表现与成果如下。

- MiniF2F 基准测试：DeepSeek-Prover-V2-671B 在 MiniF2F-test 上创造了新记录，在尝试 32 次（Pass@32）的情况下达到了 82.4% 的准确率，当增加到 8192 次（Pass@8192）时，表现提高到了 88.9%。
- ProofNet-test 基准测试：在 Pass@1024 时解决了 37.1% 的 ProofNet-test 问题。
- PutnamBench 基准测试：DeepSeek-Prover-V2-671B 解决了 658 个问题中的 49 个。
- AIME 问题评估：在 15 个 AIME 问题中，DeepSeek-Prover-V2-671B 成功解决了 6 个问题。
- 与 DeepSeek-V3 对比：在 AIME 问题上，DeepSeek-V3 使用多数投票解决了 8 个问题，而 DeepSeek-Prover-V2-671B 在形式化证明生成设置下解决了 6 个问题，表明形式化和非形式化数学推理之间的差距正在大幅缩小。
- 与其他模型对比：DeepSeek-Prover-V2-7B 在性能上也超越了以往所有开源定理证明模型。
- 整体表现：DeepSeek-Prover-V2 在多个主流基准测试中都取得了不错的成绩，显示出对大学水平定理证明的强大泛化能力。

10.6　应用场景展望

DeepSeek-Prover-V2 模型主要应用于数学定理的形式化证明，能够高效解决复杂数学问题，尤其在竞赛数学和本科数学证明任务中表现出色。此外，它还可扩展至资源受限设备，为教育、研究和实际应用提供强大工具。

10.6.1　自动定理验证：逻辑推演实战

DeepSeek-Prover-V2 模型在自动定理验证中的应用如下。

（1）高效形式化证明生成：DeepSeek-Prover-V2 通过递归定理证明流程与子目标分解，将复杂数学问题拆解为多个可独立解决的子目标。借助 DeepSeek-V3 生成非形式化证明思路，并将其转化为形式化证明步骤，最终整合为完整证明。这种结合非形式化推理与形式化证明的方式，大幅提升了复杂数学问题的证明效率和准确性。

（2）强化学习优化证明策略：基于冷启动数据，DeepSeek-Prover-V2 利用强化学习进一步优化证明策略。采用"对 / 错"二值奖励信号，模型通过不断尝试和学习，逐步提高生成有效形式化证明的能力。

（3）多场景实际应用。

- 形式化验证：DeepSeek-Prover-V2 可应用于软件和硬件系统的形式化验证，确保其符合设计规范，提升系统的可靠性和安全性。
- 教育科研领域：在教育领域，该模型能作为教学辅助工具，帮助学生和教师解决复杂数学问题，自动生成详细证明步骤，助力教学。在科研中，它可协助研究人员进行复杂数学建模和理论验证。此外，它还支持分布式计算，可将复杂证明任务分解并并行处理，提高解题效率。

10.6.2　推理训练营：逻辑思维强化演练

在逻辑推理训练应用中，DeepSeek-Prover-V2 模型主要体现在以下几个方面。

1. 递归定理证明与子目标分解

DeepSeek-Prover-V2 通过递归定理证明流程收集初始化数据，首先引导 DeepSeek-V3 将复杂问题分解为一系列子目标（subgoals），这些子目标被转化为 Lean 4 中的 lemma 陈述，然后利用一个较小的 7B 模型处理每个子目标的证明搜索，从而降低计算负担。当复杂问题的所有分解步骤都得到解决后，将完整的逐步形式化证明与 DeepSeek-V3 的思维链（chain-of-thought）配对，创建冷启动推理数据。这种子目标分解和递归证明搜索的方式，使复杂的证明任务变得模块化，便于后续的递归求解，同时提高了证明的可理解性和模型在处理复杂问题时的表现。

2. 统一非正式推理与形式化证明

DeepSeek-Prover-V2 的另一大亮点是将非正式推理与形式化证明统一起来。借助 DeepSeek-V3 的数学推理能力，模型能够生成详细的证明思路，然后通过递归解决子目标，将这些思路转化为严格的 Lean 4 证明代码。在冷启动阶段，模型通过合成数据集建立起非正式推理与形式化证明之间的联系，这些数据集包含 DeepSeek-V3 生成的链式思考过程和相应的形式化证明，为模型训练提供了高质量数据的基础。随后的强化学习阶段进一步强化了这种联系，使模型能够更精准地将非正式推理转化为形式证明。

3. 强化学习策略

DeepSeek-Prover-V2 采用两阶段训练流程：先是基于课程学习的专家模型迭代训练非链式思考（non-CoT）模式，生成简洁的 Lean 4 证明代码；随后将 DeepSeek-V3 的推理过程与合成的形式证明相结合，通过强化学习优化链式思考模式。在强化学习过程中，模型使用 Group Relative Policy Optimization（GRPO）算法，该算法无需单独的评价模型，通过对比同一定理的不同证明候选，基于相对奖励优化策略。这种训练方式使模型在保持证明准确性的同时，显著提高了推理过程的复杂度和深度。

4. 多样化的训练模式

DeepSeek-Prover-V2 引入了两种互补的"解题风格"。

- 快速模式：专注于速度，直接生成精炼的 Lean 4 代码答案，不展示思考过程，适合处理大量题目。
- 逻辑模式：更详细地列出每一步推理过程，确保逻辑清晰、思路透明。

训练过程分为两阶段，第一阶段主要训练快速模式，采用"专家模型迭代"方法，模型先尝试解决难题，成功的答案再作为新数据反哺模型，不断"打磨"自己的能力。待快速模式趋于稳定后，进入第二阶段，开始训练更复杂的逻辑推理能力，将 DeepSeek-V3 的数学知识迁移到新模型中，并结合形式化数据，引入"冷启动"机制，构建起更复杂的推理路径。

总之，DeepSeek-Prover-V2 在逻辑推理训练中的应用不仅限于数学定理证明，还可扩展至其他需要逻辑推理和形式化验证的领域，如软件和硬件系统的验证、教育科研、金融分析等。它能够帮助学生和教师更好地理解和解决复杂数学问题，协助研究人员进行复杂数学建模和理论验证，同时支持分布式计算，提高处理复杂推理任务的效率。

10.7 开放共生：开源与部署

DeepSeek-Prover-V2 模型遵循开源策略，已在 Hugging Face 平台上开源，方便研究人员和开发者使用和改进。

10.7.1 社群共创：开源现状与资源

DeepSeek-Prover-V2 模型的开源现状如下。

1. 开源平台与地址

DeepSeek-Prover-V2 模型已在 Hugging Face 和 GitHub 平台开源。Hugging Face 上的模型地址为 deepseek-ai/DeepSeek-Prover-V2-671B 和 deepseek-ai/DeepSeek-Prover-V2-7B，GitHub 上的模型地址为 https://github.com/deepseek-ai/DeepSeek-Prover-V2。

2. 模型版本与参数规模

开源的 DeepSeek-Prover-V2 模型包括两个版本，分别是拥有 70 亿参数的 DeepSeek-Prover-V2-7B 和 6710 亿参数的 DeepSeek-Prover-V2-671B，分别如图 10-1 和图 10-2 所示。

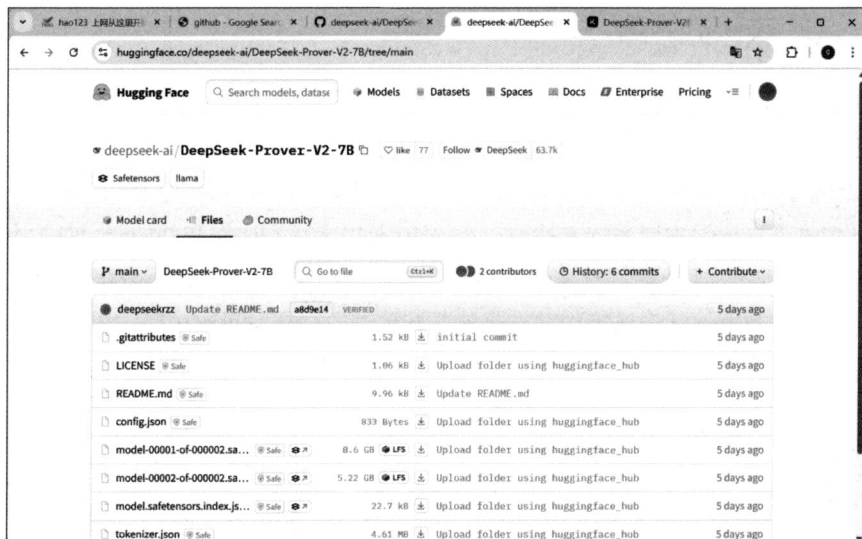

图 10-1　DeepSeek-Prover-V2-7B

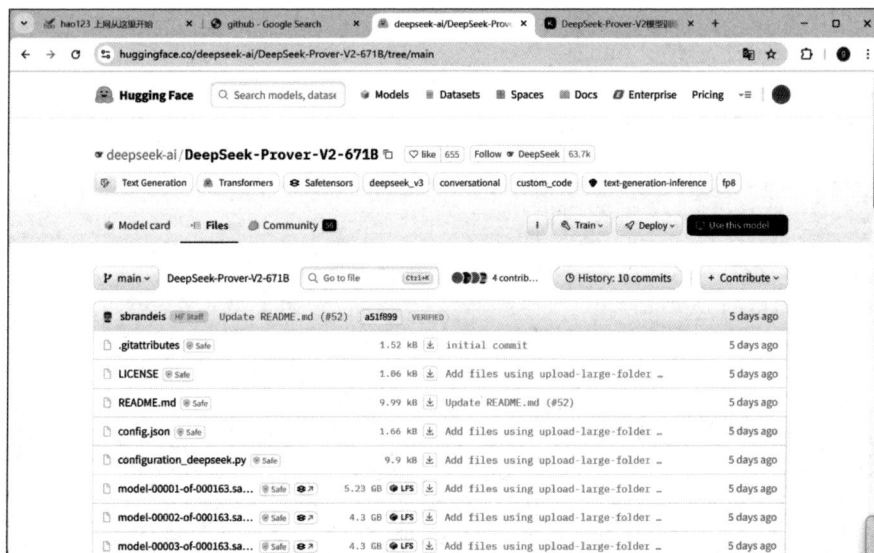

图 10-2　DeepSeek-Prover-V2-671B

　　DeepSeek-Prover-V2 模型开源后，在 AI 领域和数学社区引起了广泛的关注和积极的反响。许多用户和开发者对其在数学推理和定理证明方面的能力表示赞赏，并开始探索其在不同场景下的应用。例如，有用户在论坛上分享了模型的证明结果和示例，展示了其在解决数学竞赛问题等方面的应用潜力。

10.7.2 一键落地：部署方式与实践指南

DeepSeek-Prover-V2 模型支持本地部署和商业使用，用户可以自由下载、部署模型，并在此模型上进行开发应用。

1. 本地部署

（1）环境准备：确保本地系统支持 Windows 10 及以上版本，安装 Python、CUDA、PyTorch 等必要的软件。对于高性能计算有需求的用户，建议他使用配置有 RTX A6000 等高端 GPU 的高性能工作站或服务器，并确保工作站或服务器有足够的存储空间和显存。

（2）下载模型：从 Hugging Face 或 GitHub 平台上下载 DeepSeek-Prover-V2 模型和配置文件。

（3）加载与运行模型：使用 Transformers 库加载模型，可通过以下代码实现：

```
from transformers import AutoModel, AutoTokenizer
model = AutoModel.from_pretrained("deepseek-model")
tokenizer = AutoTokenizer.from_pretrained("deepseek-model")
```

例如，下面是 DeepSeek 官网提供的资料，介绍了使用 Hugging Face 的 Transformers 库进行模型推理的方法。

```
from transformers import AutoModelForCausalLM, AutoTokenizer
import torch
torch.manual_seed(30)

model_id = "DeepSeek-Prover-V2-7B" # or DeepSeek-Prover-V2-671B
tokenizer = AutoTokenizer.from_pretrained(model_id)

formal_statement = """
import Mathlib
import Aesop

set_option maxHeartbeats 0

open BigOperators Real Nat Topology Rat

/-- What is the positive difference between $120\%$ of 30 and $130\%$ of 20? Show
that it is 10.-/
theorem mathd_algebra_10 : abs ((120 : ℝ) / 100 * 30 - 130 / 100 * 20) = 10 := by
  sorry
""".strip()

prompt = """
Complete the following Lean 4 code:
```

```
    ```lean4
    {}
    ```

    Before producing the Lean 4 code to formally prove the given theorem, provide a
detailed proof plan outlining the main proof steps and strategies.
    The plan should highlight key ideas, intermediate lemmas, and proof structures
that will guide the construction of the final formal proof.
    """.strip()

    chat = [
        {"role": "user", "content": prompt.format(formal_statement)},
    ]

    model = AutoModelForCausalLM.from_pretrained(model_id, device_map="auto", torch_
dtype=torch.bfloat16, trust_remote_code=True)
    inputs = tokenizer.apply_chat_template(chat, tokenize=True, add_generation_
prompt=True, return_tensors="pt").to(model.device)

    import time
    start = time.time()
    outputs = model.generate(inputs, max_new_tokens=8192)
    print(tokenizer.batch_decode(outputs))
    print(time.time() - start)
```

上述代码的实现流程如下所示。

（1）首先导入所需的类，即 AutoModelForCausalLM 和 AutoTokenizer，这两个类分别用于加载预训练的语言模型和相应的分词器。

（2）设置随机种子以确保结果的可重复性，这里设置为30。

（3）指定要使用的模型 ID，可以是 DeepSeek-Prover-V2-7B 或 DeepSeek-Prover-V2-671B，然后根据模型 ID 加载对应的分词器。

（4）定义一个形式化的数学问题，这里用的是 MiniF2F-test 数据集中的一个定理证明任务，涉及计算 120% 的 30 和 130% 的 20 之间的正差异并证明其等于 10。

（5）构造一个提示模板，用于指导模型生成证明。这个模板要求模型在生成 Lean 4 代码来正式证明定理之前，提供一个详细的证明计划，包括主要的证明步骤和策略，突出关键思想、中间引理和证明结构。

（6）创建一个聊天记录样式的列表，将上述提示格式化后加入其中。

（7）加载预训练的模型，并指定设备映射为"auto"，允许模型自动选择运行设备（如可用的 GPU），数据类型为 bfloat16，以提高计算效率并减少显存占用。

（8）对输入文本进行分词和张量化处理，并将其移动到与模型相同的设备上。

（9）记录开始时间，然后调用模型的 generate 方法进行推理，生成新的 token 序列作为模型的输出证明，设置最大新生成 token 数量为 8192。

（10）打印输出解码后的结果以及推理所花费的时间。

2. 云端部署

云平台支持：可在支持 GPU 加速的云平台上部署本模型，如腾讯云、阿里云等，大模型的部署方法，读者可参阅各个云平台上的官方介绍。

3. 从源代码编译和运行大模型

- 克隆项目仓库：将 DeepSeek-Prover-V2 项目仓库克隆到本地。

- 创建构建目录并编译：切换到项目根目录，创建构建目录，运行 cmake 命令配置项目，再使用 make 命令编译项目。编译成功后，bin 目录下会生成可执行文件，运行该文件即可启动 DeepSeek-Prover-V2 项目。

需要注意的是，在部署大模型过程中，可能需要根据实际情况调整硬件和软件配置，以满足大模型的运行需求。同时，遵循开源许可证的要求，合理使用和修改大模型。